"十三五"职业教育国家规划教材

电机与拖动技术

（基础篇）

第五版

新世纪高职高专教材编审委员会 / 组　编

张　晶　郑立平　王文一 / 主　编

万　颖 / 副主编

U0245212

大连理工大学出版社

图书在版编目(CIP)数据

电机与拖动技术. 基础篇 / 张晶,郑立平,王文一主编. — 5版. — 大连 : 大连理工大学出版社,2018.7
(2021.9重印)
新世纪高职高专电气自动化技术类课程规划教材
ISBN 978-7-5685-1602-0

Ⅰ. ①电… Ⅱ. ①张… ②郑… ③王… Ⅲ. ①电机—高等职业教育—教材②电力传动—高等职业教育—教材
Ⅳ. ①TM3②TM921

中国版本图书馆 CIP 数据核字(2018)第 153075 号

大连理工大学出版社出版
地址:大连市软件园路 80 号 邮政编码:116023
发行:0411-84708842 邮购:0411-84708943 传真:0411-84701466
E-mail:dutp@dutp.cn URL:http://dutp.dlut.edu.cn
大连永盛印业有限公司印刷 大连理工大学出版社发行

幅面尺寸:185mm×260mm 印张:17.75 字数:424 千字
2006 年 1 月第 1 版 2018 年 7 月第 5 版
2021 年 9 月第 5 次印刷

责任编辑:唐 爽 责任校对:陈星源
封面设计:张 莹

ISBN 978-7-5685-1602-0 定 价:50.80 元

前 言

　　《电机与拖动技术（基础篇）》（第五版）是"十三五"职业教育国家规划教材、"十二五"职业教育国家规划教材。本教材与《电机与拖动技术（实训篇）》（第五版）配套使用。

　　本教材从高职教育的实际情况出发，紧扣高职办学新理念，结合高职教学的基本要求，以理论深度够用为度，注重对学生实践应用能力的培养。本教材内容由浅入深，通俗易懂，层次分明，列举典型实例，突出实际应用环节。本教材是高职高专电气自动化技术专业基础理论课程教材，同《电机与拖动技术（实训篇）》配合使用，效果更佳。

　　本教材在征求用书单位的意见之后，经过历次修订改进，具有如下特色：

　　1.实用性更强

　　本教材根据高职高专人才培养目标，结合专业教育教学改革与实践经验，本着"工学结合、'教学做'一体化"的原则而编写，使读者掌握各种电机的结构、原理、使用及维修方法。本教材适合高职高专电气自动化技术、供用电技术、船舶电气、数控技术、机械自动化、机电一体化等专业的教学使用，还可作为应用本科、成人教育及函授培训教材，也可作为相关工程技术人员的参考用书。

　　2.内容更加先进

　　本教材及时补充新的内容，详细介绍了新兴的步进电动机和伺服电动机，新增了超声波电动机等内容，介绍了最新的技术情况及发展趋势，始终保持内容的先进性。

　　3.突出实际应用

　　本教材介绍了各种电机的实际应用，配合《电机与拖动技术（实训篇）》（第五版），可使理论与实践有机结合。

　　4.方便自学

　　本教材的每章章首都有本章要点，内容层次安排合理，循序渐进，通俗易懂，精心编写例题，章后配有思考与练习题、自测题，方便学生自学。

　　5.配套资源丰富

　　本教材配有 AR、微课、多媒体课件及思考与练习、自测题的详细解答等直观、精美的课程资源，有助于教师教学及学生知识的巩固。

　　本教材共 13 章，其中：第 1～4 章为直流电机及其电力拖动，介绍直流电机的结构和工作原理、型号、工作特性及直流电动机电力拖动等方面的知识；第 5 章为变压器，介绍变压器的结构和工作原理、三相变压器和仪用变压器；第6、7章为三相异步电动机及其电力拖动，介绍三相异步电动机的结构和工作原理、型号、工作特性及电力拖动等方面的知识；第8～12章分别介绍了单相异步电动机、同步电机、伺服电动机、步进电动机和其他微特电机；第13章介绍电动机的选择。

本教材由大连海洋大学应用技术学院张晶、黑龙江职业学院郑立平、荆州职业技术学院王文一任主编，辽宁省电力有限公司辽阳县供电分公司万颖任副主编。具体编写分工如下：第1、2、3、9、10、11章由张晶编写；第4、8章由郑立平编写；第5、6章由王文一编写；第7、12章由万颖编写。全书由张晶负责统稿和定稿。

在编写本教材的过程中，编者参考、引用和改编了国内外出版物中的相关资料以及网络资源，在此表示深深的谢意！相关著作权人看到本教材后，请与出版社联系，出版社将按照相关法律的规定支付稿酬。

尽管我们在《电机与拖动技术（基础篇）》（第五版）教材特色的建设方面做出了很多努力，但教材中仍可能出现不足之处，恳切希望各相关高职院校教师和学生在使用本教材的过程中给予关注，并将意见和建议反馈给我们，以便修订时完善。

编　者
2018 年 7 月

所有意见和建议请发往：dutpgz@163.com

欢迎访问职教数字化服务平台：http://sve.dutpbook.com

联系电话：0411-84707424　84706676

AR 资源使用说明

首先用移动设备在各大应用商店中下载"大工职教教师版"或"大工职教学生版"APP，安装后点击"教材 AR 扫描入口"按钮，扫描书中带有 AR 标识的图片，即可体验 AR 功能。

目 录

第1章

直流电机

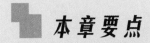 **本章要点**

本章主要介绍直流电机的基本结构和工作原理、直流电机的电枢绕组、直流电机的铭牌数据与主要系列等基本知识。

通过本章的学习，应达到以下要求：

- 掌握直流电机的基本结构。
- 掌握直流发电机和直流电动机的工作原理。
- 掌握直流电机电枢绕组的节距以及单叠、单波绕组的排列规律与特点。
- 熟悉直流电机的铭牌数据与主要系列。

为使用和修理直流电机打好基础。

1.1 直流电机的结构和工作原理

直流电机有直流发电机和直流电动机两种类型。将机械能转化为电能的是直流发电机，将电能转化为机械能的是直流电动机。不管是直流发电机还是直流电动机，其结构基本是相同的。

1.1.1 直流电机的结构

直流电机主要分为定子和转子两大部分。

直流电机的结构

1. 定子

定子是电机的静止部分，主要用来产生磁场。它主要包括：

（1）主磁极

主磁极包括主磁极铁芯和励磁绕组两部分。当励磁绕组中通入直流电流后，主磁极铁芯中即产生励磁磁通，并在气隙中建立励磁磁场。励磁绕组通常用圆形或矩形的绝缘导线制成一个集中的线圈，套在主磁极铁芯外面。主磁极铁芯一般用 1.0~1.5 mm 厚的低碳钢板冲片叠压铆接而成，主磁极铁芯柱体部分称为极身，靠近气隙一端较宽的部分称为极靴，极靴与极身交接处形成一个突出的肩部，用以支撑励磁绕组。极靴沿气隙表面成弧形，使磁极下气隙磁通密度分布更合理。整个主磁极用螺杆固定在机座上。直流电机的结构如图 1-1 所示，如图 1-2 所示为直流电机的正剖视图。

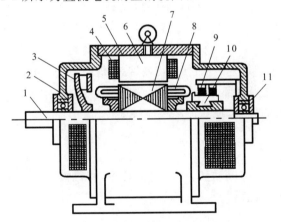

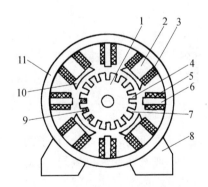

图 1-1 直流电机的结构

1—轴；2—端盖；3—风扇；4—励磁绕组；

5—机座；6—主磁极；7—电枢铁芯；8—电枢绕组；

9—电刷；10—换向器；11—轴承

图 1-2 直流电机的正剖视图

1—电枢铁芯；2—主磁极；3—励磁绕组；4—电枢齿；

5—换向极绕组；6—换向极铁芯；7—电枢槽；

8—底座；9—电枢绕组；10—极靴；11—机座

主磁极总是 N、S 两极成对出现。各主磁极的励磁绕组通常是相互串联连接，连接时要能保证相邻磁极的极性按 N、S 交替排列。

（2）换向极

换向极由换向极铁芯和换向极绕组构成，其结构如图 1-3 所示。中、小容量直流电机的换向极铁芯是用整块钢制成的；大容量直流电机和换向要求高的电机，换向极铁芯用薄钢片叠成。换向极绕组要与电枢绕组串联，因通过的电流大，所以导线截面较大，匝数较少。换向极装在主磁极之间，换向极的数目一般等于主磁极数，在功率很小的电机中，换向极的数目有时只有主磁极数的一半，或不装换向极。换向极的作用是改善换向，防止电刷和换向器之间出现过强的火花。

（3）电刷装置

电刷装置由电刷、刷握、压紧弹簧和刷杆座等组成，如图1-4所示。电刷是用碳-石墨等做成的导电块，电刷装在刷握的盒内，用压紧弹簧把它压紧在换向器的表面上。压紧弹簧的压力可以调整，以保证电刷与换向器表面有良好的滑动接触。刷握固定在刷杆上，刷杆装在刷杆座上，彼此之间绝缘。刷杆座装在端盖或轴承盖上，根据电流的大小，每一刷杆上可以有几个电刷组成的电刷组，电刷组的数目一般等于主磁极数。电刷的作用是与换向器配合引入、引出电流。

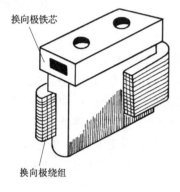

图1-3　换向极的结构

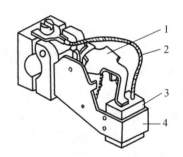

图1-4　电刷装置的结构

1—压紧弹簧；2—铜丝辫；3—电刷；4—刷握

（4）机座和端盖

机座一般用铸钢或厚钢板焊接而成。它用来固定主磁极、换向极及端盖，借助地脚将电机固定于基础上。机座还是磁路的一部分，用以通过磁通的部分称为磁轭。端盖主要起支撑作用，端盖固定于机座上，其上放置轴承，支撑直流电机的转轴，使直流电机能够旋转。

2. 转子

转子是电机的转动部分，转子的主要作用是感应电动势，产生电磁转矩，使机械能变为电能（发电机）或电能变为机械能（电动机）。它主要包括：

（1）电枢

电枢又包括电枢铁芯和电枢绕组两部分。

①电枢铁芯

电枢铁芯一般用0.5 mm厚的涂有绝缘漆的硅钢片冲片（图1-5）叠成，这种铁芯在主磁场中转动时可以减小磁滞和涡流损耗。电枢铁芯表面有均匀分布的齿和槽，槽中嵌放电枢绕组。电枢铁芯构成磁的通路。电枢铁芯固定在转子支架或转轴上。

②电枢绕组

电枢绕组是用绝缘铜线绕制成的线圈按一定规律嵌放到电枢铁芯槽中的，并与换向器做相应的连接。线圈与电枢铁芯之间以及线圈的上、下层之间均要妥善绝缘，用槽楔压紧，再用玻璃丝带或钢丝扎紧。电枢绕组是电机的核心部件,电机工作时在其中产生感应电动势和电磁转矩,实现能量的转换。

（2）换向器

换向器的作用是与电刷配合,将直流电动机输入的直流电流转换成电枢绕组内的交变电流,或是将直流发电机电枢绕组中的交变电动势转换成输出的直流电压。

换向器是一个由许多燕尾状的梯形铜片间隔云母片绝缘排列而成的圆柱体,每片换向片的一端有高出的部分,上面铣有线槽,供电枢绕组引出端焊接用。所有换向片均放置在与它配合的具有燕尾状槽的金属套筒内,然后用 V 形钢环和螺纹压圈将换向片和套筒紧固成一整体。换向片组与套筒、V 形钢环之间均要用云母片绝缘,直流电机换向器的侧剖视图如图 1-6 所示。

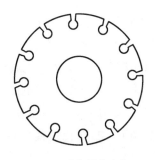

图 1-5　电枢铁芯冲片

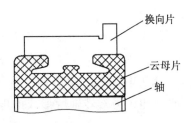

图 1-6　直流电机换向器的侧剖视图

（3）转轴

在转轴上安装电枢和换向器。

3. 气隙

静止的磁极和旋转的电枢之间的间隙称为气隙。在小容量电机中,气隙为 0.7～5.0 mm。气隙数值虽小,但磁阻很大,为电机磁路的主要组成部分。气隙大小对电机运行性能有很大影响。

1.1.2　直流电机的工作原理

1. 直流发电机的基本工作原理

如图 1-7 所示是直流发电机的工作原理。图中 N、S 是静止的主磁极,它产生磁通。能够在两磁极之间转动的电枢铁芯上装有线圈 *abcd*。线圈的两个端头接在相互绝缘的两个铜质的换向片 1、2 上,它们固定于转轴上且与转轴绝缘。在空间静止的电刷 A 和 B 与换向片滑动接触,使旋转的线圈与外面静止的电路相连。

当原动机拖动发电机以恒定转速转动时,线圈的两个边 *ab* 和 *cd* 切割磁力线,由电磁感应定律可知,在其中产生感应电动势,其方向可由右手定则判定。电枢逆时针方向旋转,此时导线 *ab* 中感应电动势方向由 *b* 指向 *a*;而导线 *cd* 中感应电动势的方向由 *d* 指向 *c*。因电动势是从低电位指向高电位,此时电刷 A 为正极,电刷 B 为负极。外电路中的电流,由电刷 A 经负载流向电刷 B。

当电枢旋转 180° 时，线圈 ab 边转至 S 极上，线圈 cd 边转到 N 极下，它们的感应电动势方向发生改变。ab 的感应电动势方向变为由 a 指向 b，cd 中的感应电动势方向变为由 c 指向 d。a 所接的换向片 1 转至与电刷 B 相接触，d 所接的换向片 2 转至与电刷 A 相接触。这时，电刷 A 仍是正极，电刷 B 仍是负极。外电路中的电流仍是由电刷 A 经负载流向电刷 B。

可见，电枢旋转时，在线圈内部产生交变的电动势，由于换向器与电刷的配合作用，电刷 A 总是与位于 N 极下的线圈边接触，电刷 B 总是与位于 S 极上的线圈边接触，因此电刷 A 的极性总为正，电刷 B 的极性总为负，在电刷两端可获得直流电动势。这就是直流发电机的基本工作原理。

2. 直流电动机的基本工作原理

如图 1-8 所示是直流电动机的工作原理。直流电动机是把电能转换成机械能的装置。

直流电动机工作时接于直流电源上，设电刷 A 接电源正极，电刷 B 接电源负极。电流从电刷 A 流入，经线圈 abcd，再由电刷 B 流出。如图 1-8 所示瞬间，在 N 极下的线圈边 ab 中的电流方向是由 a 到 b；在 S 极上的线圈边 cd 中的电流方向是由 c 到 d。根据电磁力定律知道，载流导体在磁场中要受力，其方向可由左手定则判定。ab 边受力的方向向左，cd 边受力的方向向右。两个电磁力对转轴所形成的电磁转矩为逆时针方向，电磁转矩使电枢逆时针方向旋转。

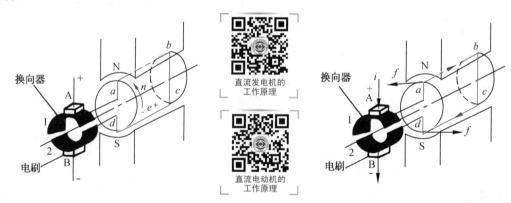

图 1-7　直流发电机的工作原理　　　　　　图 1-8　直流电动机的工作原理

当线圈转过 180° 时，换向片 2 转至与电刷 A 接触，换向片 1 转至与电刷 B 接触。电流由正极经换向片 2 流入，cd 边的电流由 d 流向 c，ab 边的电流由 b 流向 a，再由换向片 1 经电刷 B 流回负极。线圈中的电流方向改变了，导体所在磁场的极性也改变了，电磁力及电磁力对转轴所形成的电磁转矩的方向未变，仍为逆时针方向，这样可使电动机沿一个方向连续旋转下去。

通过电刷和换向器，使每一磁极下的导体中的电流方向始终不变，因而产生单方向的电磁转矩，电枢始终向一个方向旋转，这就是直流电动机的基本工作原理。

综上所述，不论是直流发电机还是直流电动机，电刷之间的外部电压是直流的，而线圈内部的电流却是交变的，所以换向器是直流电机中的关键部件。直流电机原则上既可以作为发电机运行，也可以作为电动机运行，只是外部条件不同而已。

1.2　直流电机的电枢绕组

1.2.1　电枢绕组的基本知识

电枢绕组是直流电机的核心部分。无论是发电机还是电动机,感应电动势和电磁转矩都是在电枢绕组中产生的,电枢绕组是实现机电能量转换的枢纽,电枢绕组的名称由此而来,并为此把直流电机的转子称为电枢。

电枢绕组是由许多分布在转子表面的线圈按一定规律连接而成的闭合绕组。根据连接规律的不同,电枢绕组可分为单叠绕组、单波绕组、复叠绕组、复波绕组及混合绕组五种形式。直流电机对电枢绕组的要求是:在保证产生足够大的感应电动势和电磁转矩的前提下,尽可能地节约有色金属和绝缘材料,并且要求结构简单,运行可靠,散热良好。

1. 绕组元件

构成绕组的线圈称为绕组元件,是用绝缘铜线绕制的。元件的开始端头称为首端,终了端头称为末端。嵌放在电枢铁芯槽中的直线部分称为有效边,连接两个有效边的部分称为端接部分。一个元件可以是单匝或多匝。

2. 元件数、槽数、换向片数的关系

直流电机的电枢绕组是双层的,即每个槽分上、下两层嵌放元件的有效边。每个元件的一个边嵌放在一个槽的上层,另一个边嵌放在另一个槽的下层,如图 1-9 所示。

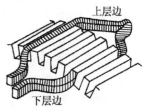

图 1-9　元件的安放

一个元件有两个边,而一个槽的上、下层可以嵌放不同元件的两个边,所以元件数和实槽数相等。一个元件有两个端头,分别连到不同的两个换向片上,而每一个换向片上接两个不同元件的两个端头,元件数等于换向片数。因而元件数等于换向片数等于实槽数,即

$$S = K = Z \qquad (1\text{-}1)$$

式中　S——元件数;

　　　K——换向片数;

　　　Z——电枢实槽数。

实际上,为了减少电机槽的数目,槽中每层可嵌两个、三个或更多的元件边。通常把一个上层边和一个下层边在槽内所占的空间称为一个虚槽。一个电机有 Z 个实槽,每个实槽有 u 个虚槽,则电枢铁芯的虚槽数为

$$Z_{\mathrm{u}} = uZ \qquad (1\text{-}2)$$

因为每个元件有两个有效边和两个端头,每个虚槽可嵌放两个有效边,每个换向片可接两个端头,所以在包含虚槽的电机中元件数等于换向片数等于虚槽数,即

$$S = K = Z_{\mathrm{u}} \qquad (1\text{-}3)$$

3. 叠绕组和波绕组

叠绕组是指相串联的后一个元件端接部分紧叠在前一个元件端接部分的上面,整个绕组成褶叠式前进;波绕组是指相串联的两个元件波浪式前进。单叠、单波绕组如图 1-10 所示。

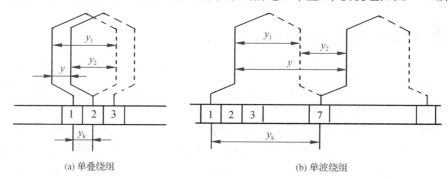

(a) 单叠绕组　　　　　　　　　(b) 单波绕组

图 1-10　单叠、单波绕组

1.2.2　电枢绕组的节距

为了正确地把各元件安放入电枢槽内,并且和相应的换向片按一定规律连接起来,就必须先了解电枢绕组的节距。

1. 极距

极距就是一个磁极在电枢表面的空间距离,即

$$\tau = \frac{\pi D}{2p} \tag{1-4}$$

式中　τ——极距;

D——电枢直径;

p——磁极对数。

实际上,常用一个磁极表面所占的虚槽数 Z_u 来计算极距,即

$$\tau = \frac{Z_u}{2p} \tag{1-5}$$

2. 第一节距 y_1

第一节距是指一个线圈两个有效边之间在电枢表面上的跨距,以虚槽数表示,如图 1-10 所示。由于线圈边要放入槽内,所以 y_1 应是整数。而为了让绕组能感应出最大的电动势,应使 y_1 接近或等于极距,即

$$y_1 = \frac{Z_u}{2p} \pm \varepsilon \tag{1-6}$$

式中,ε 为正分数,是将 y_1 补成整数的一个正分数。若 $\varepsilon = 0$,则 $y_1 = \tau$,称为整距绕组;若 ε 前取正号,则 $y_1 > \tau$,称为长距绕组;若 ε 前取负号,则 $y_1 < \tau$,称为短距绕组。为了节省铜线以及为了符合某些工艺要求,一般采用短距或整距绕组。

3. 第二节距 y_2

第二节距是指相串联的两个相邻线圈中,第一个线圈的下层边与相邻的第二个线圈的上层边之间的距离,用虚槽数表示。

4. 换向片节距 y_k

换向片节距是指线圈的两端所连接的换向片之间的距离,用该线圈跨过的换向片数来表示。

5. 合成节距 y

合成节距是指相串联的两个相邻线圈对应的有效边之间的距离,用虚槽数表示。

1.2.3 单叠绕组

单叠绕组是指元件的首端和末端分别接到相邻的两片换向片上,后一个元件叠在前一个元件之上,元件的连接如图 1-10(a)所示。从图中可以看出,合成节距 y 和换向片节距 y_k 相等,即

$$y = y_k = 1 \tag{1-7}$$

1. 单叠绕组的连接规律

单叠绕组的连接规律可用绕组展开图来表示。绕组展开图是想象把电枢沿轴向剖开,展成平面所见到的绕组图。绘制绕组展开图的步骤如下:

第一步:计算绕组的各节距,包括 τ、y、y_1。

第二步:绘制槽、元件,按顺序编号。电机有多少个槽,就有多少个标号,并且标号是连续的,但起始标号可从任意槽开始。由于直流电机电枢绕组是双层的,所以每槽用两条短线表示,实线表示上层,虚线表示下层。注意:实线上的标号既表示槽号又表示元件号,同时还表示该元件的上层边所在的位置。

第三步:绘制换向片,按顺序编号。用小方块代表各换向片,换向器与电枢同周长,换向片的编号也是按顺序从左向右并以第一元件上层边所连接的换向片的编号作为第一换向片号。

第四步:排列、连接绕组。根据各节距按规律排列连接。

第五步:放置主磁极。主磁极应 N、S 极交替地、均匀地放置在各槽之上,每个磁极的宽度约为极距的 70%。

第六步:安放电刷。放置电刷时应使正、负电刷间的感应电动势最大,或被电刷短路的元件感应电动势最小。在展开图中,直流电机的电刷置于磁极中心线下,电刷大小与换向片相同,电刷数与主磁极数相同。在实际生产过程中,直流电机电刷的位置是通过试验方法确定的。

为了直观起见,下面通过例子说明单叠绕组的连接规律。

> **例** 已知一台直流电机 $2p=2$,$S=K=Z_u=8$,绘制单叠绕组展开图。
>
> **解** 计算绕组的各节距
>
> 极距 $$\tau = \frac{Z_u}{2p} = \frac{8}{2} = 4$$
>
> 第一节距 $$y_1 = \frac{Z_u}{2p} = \frac{8}{2} = 4$$
>
> 合成节距 $$y = y_k = 1$$

按照上述步骤绘制单叠绕组展开图,如图 1-11 所示。

2. 单叠绕组的并联支路图

绘制出元件的连接及有关的换向片和电刷，就绘出了绕组的并联支路图。并联支路图就是绕组的电路简图。

单叠绕组的瞬时并联支路图如图1-12所示。

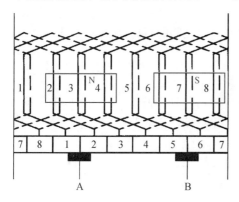

图 1-11 单叠绕组展开图   图 1-12 单叠绕组的瞬时并联支路图

从图1-12中可知，同一磁极下相邻线圈构成一条支路，如N极下的2、3、4三个线圈依次串联，S极下的6、7、8三个线圈依次串联。电刷A接触1号和2号换向片，电刷B接触5号和6号换向片。电枢旋转时，各元件的位置都在不断地变化。每条支路所包含的元件号不断变化，但每条支路所包含的元件数基本不变。单叠绕组是几极的就会有几条支路，因而有

$$2a=2p \tag{1-8}$$

式中　a——并联支路对数；

　　　p——磁极对数。

3. 单叠绕组的特点

综上所述，单叠绕组具有以下特点：

（1）$y=y_k=1$；

（2）$2a=2p$；

（3）电刷数等于主磁极数，电刷位置应使支路感应电动势最大，电刷间电动势等于并联支路电动势；

（4）电枢电流等于各并联支路电流之和。

1.2.4 单波绕组

单波绕组是直流电机电枢绕组的另一种最基本形式。由于线圈连接呈波浪形，所以称为波绕组。

1. 单波绕组的连接规律

（1）单波绕组的节距

单波绕组线圈的第一节距和上述单叠绕组相同，但其端接部分的形状和连接规律与单叠绕组就不同了。单波绕组直接相连的两个线圈的对应边不是在同一个主磁极下面，而是分别处于相邻两对主磁极中的同极性磁极下面，合成节距约等于两个极距，如图1-10（b）所示。这

样,两个线圈在磁场中的相对位置基本上是相同的,使得两者产生的感应电动势方向相同,电磁转矩方向也相同。设电机有 p 对磁极,单波绕组的线圈沿电枢表面绕行一周应串联 p 个线圈,第 $(p+1)$ 个线圈的位置不能与第一个线圈相重合,只能放在与第一个线圈相邻的电枢槽中。因此,一定满足下列条件

$$p \cdot y = Z_u \pm 1 \tag{1-9}$$

从换向器上看,第 p 个线圈的末端,不能接到与第一个线圈的首端相连的第一个换向片上,只能连接到与第一个换向片相邻的换向片上。显然,也应该满足下列条件

$$p \cdot y_k = K \pm 1 \tag{1-10}$$

根据式(1-10)可得

$$y = y_k = \frac{K \pm 1}{p} = \frac{Z_u \pm 1}{p} \tag{1-11}$$

式(1-11)应满足 y 或 y_k 为整数的条件。当取正号时,第 p 个线圈的末端将置于第一个换向片的右边,称为右行绕组;当取负号时,第 p 个线圈的末端将置于第一个换向片的左边,称为左行绕组。左行绕组端接线较短,易于制作,故得到广泛应用。

(2)单波绕组的展开图

单波绕组的展开图绘图步骤与单叠绕组基本相同,这里略去。如图 1-13 所示是 $2p=4$,$Z_u=15$ 左行单波短距绕组展开图。

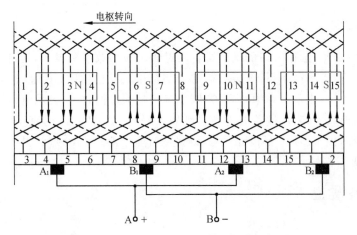

图 1-13　$2p=4$,$Z_u=15$ 左行单波短距绕组展开图

2. 单波绕组的并联支路图

单波绕组的瞬时并联支路图如图 1-14 所示。由图可知,单波绕组只有一对并联支路,支路对数与磁极对数 p 无关,即 $a=1$。

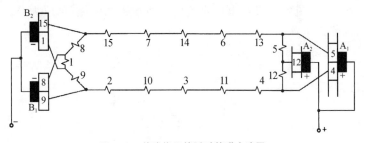

图 1-14　单波绕组的瞬时并联支路图

3. 单波绕组的特点

(1)$y = y_k = \dfrac{K \pm 1}{p}$;

(2)$a = 1$;

(3)电枢电动势等于支路感应电动势；

(4)正、负电刷间电动势最大。

1.3 直流电机的铭牌数据及主要系列

1.3.1 直流电机的铭牌数据

直流电机机座的外表面上都有一个铭牌，上面标有电机的型号和各种数据等，供使用者使用时参考。铭牌数据主要包括：电机型号、额定功率、额定电压、额定电流、额定转速和励磁方式、额定励磁电流、额定励磁电压、工作方式、绝缘等级等。此外，还有电机的出厂数据，如出厂编号、出厂日期等。

1. 直流电机的型号

国产电机的型号一般用大写的汉语拼音字母和阿拉伯数字来表示，其格式为：第一个字符是大写的汉语拼音，表示产品系列代号；第二个字符用阿拉伯数字（下标）表示设计序号；第三个字符是阿拉伯数字，表示机座中心高；第四个字符是阿拉伯数字，表示电枢铁芯长度代号；第五个字符是阿拉伯数字，表示端盖的代号。例如，型号是 Z_4-200-21 的直流电机，Z 是系列（即一般用途直流电动机）代号，4 是设计序号，200 是机座中心高（mm），21 中的 2 是电枢铁芯长度代号，1 是端盖的代号。

2. 直流电机的额定值

(1)额定功率 P_N

指在规定的工作条件下，长期运行时的允许输出功率，单位为 W。对于发电机来说，是指正、负电刷之间输出的电功率；对于电动机来说，则是指轴上输出的机械功率。

(2)额定电压 U_N

指额定运行状况下，直流发电机的输出电压或直流电动机的输入电压，单位为 V。

(3)额定电流 I_N

指在额定情况下，直流发电机输出或直流电动机输入的电流，单位为 A。

直流发电机的额定电流为

$$I_N = \frac{P_N}{U_N} \tag{1-12}$$

直流电动机的额定电流为

$$I_N = \frac{P_N}{U_N \eta_N} \tag{1-13}$$

（4）额定效率 η_N

$$\eta_N = \frac{P_N}{P_1} \times 100\%$$

（1-14）

式中　P_N——额定（输出）功率；

　　　P_1——输入功率。

（5）额定转速 n_N

指在额定功率、额定电压、额定电流时电机的转速，单位为 r/min。

（6）额定励磁电压 U_f

指在额定情况下，励磁绕组所加的电压，单位为 V。

（7）额定励磁电流 I_f

指在额定情况下，通过励磁绕组的电流，单位为 A。

若电机运行时，各物理量都与额定值一样，则称此时为额定运行状态。电机在实际运行时，由于负载的变化，经常不在额定状态下运行。电机在接近额定的状态下运行，才是经济的。

3. 直流电机出线端标志

直流电机每个绕组的出线端都有明确的标志，用字母标注在接线柱旁或引出导线的金属牌上，见表 1-1。

表 1-1　　　　　直流电机出线端标志

绕组名称	出线端标志			
	新国家标准		旧国家标准	
电枢绕组	A_1	A_2	S_1	S_2
换向极绕组	B_1	B_2	H_1	H_2
补偿绕组	C_1	C_2	BC_1	BC_2
串励绕组	D_1	D_2	C_1	C_2
并励绕组	E_1	E_2	B_1	B_2
他励绕组	F_1	F_2	T_1	T_2

注：下标 1 是首端，为正极；下标 2 是末端，为负极。

1.3.2　直流电机的主要系列

所谓系列电机，就是在应用范围、结构形式、性能水平、生产工艺等方面有共同性，功率按某一系数递增的成批生产的电机。搞系列化的目的是为了产品的标准化和通用化。我国直流电机的主要系列有：

（1）Z_2 系列　一般用途的中、小型直流电机。

（2）Z 和 ZF 系列　一般用途的中、大型直流电机，其中 Z 系列为直流电动机系列，ZF 系列为直流发电机系列。

（3）ZT 系列　用于恒功率且调速范围较宽的宽调速直流发电机。

（4）ZZJ 系列　冶金辅助拖动机械用的冶金起重直流电动机，它具有快速启动和承受较大过载能力的特性。

（5）ZQ 系列　电力机车、工矿电机车和蓄电池供电的电车用的直流牵引电动机。

（6）Z-H 系列　船舶上各种辅机用直流电动机。

(7)ZA 系列　用于矿井和易爆气体场合的防爆安全型直流电机。

(8)ZU 系列　用于龙门刨床的直流电动机。

(9)ZW 系列　无槽直流电动机,在快速响应的伺服系统中做执行元件。

(10)ZLJ 系列　力矩直流电动机,在伺服系统中做执行元件。

(11)BFG 系列　直流三换向片永磁电动机,用于盒式录音机、电动玩具等。

还有许多系列,请参阅电机手册。

思考与练习

1-1　直流电机由哪些主要部件构成?各部分的主要作用是什么?

1-2　简述直流发电机的工作原理。

1-3　简述直流电动机的工作原理。

1-4　在直流电机中,为什么要用电刷和换向器,它们各自起什么作用?

1-5　单叠绕组的特点有哪些?

1-6　单波绕组的特点有哪些?

1-7　绘图表示单叠绕组的各种节距。

1-8　绘图表示单波绕组的各种节距。

1-9　直流电机绕组元件的电动势和电刷两端的电动势有什么区别?

1-10　一台直流发电机,$P_N=145$ kW,$U_N=230$ V,$n_N=1\,450$ r/min,求该发电机额定电流。

1-11　一台直流电动机,$P_N=10$ kW,$U_N=220$ V,$n_N=1\,550$ r/min,$\eta_N=90\%$,求其额定电流。

1-12　一台直流电动机,$P_N=100$ kW,$U_N=220$ V,$n_N=2\,850$ r/min,$\eta_N=85\%$,求该电动机的额定电流及额定负载时的输入功率。

1-13　计算单叠绕组 $2p=4$,$S=K=18$ 的节距 y_1、y_2、y_k,并绘出绕组展开图,安放主磁极和电刷,求出并联支路数。

1-14　计算单波绕组 $2p=4$,$S=K=19$ 的节距 y_1、y_2、y_k,并绘出绕组展开图,安放主磁极和电刷,求出并联支路数。

自测题

一、填空题

1.直流电机主要由(　　　)和(　　　)两大部分组成。

2.直流发电机是将(　　　)能转化为(　　　)能;直流电动机是将(　　　)能转化为(　　　)能。

3.直流发电机若要产生大电流,电枢绕组常采用(　　　　　)绕组。

4.直流发电机电磁转矩的方向和电枢旋转方向(　　　　　),直流电动机电磁转矩的方向和电枢旋转方向(　　　　　)。

5.单叠和单波绕组,极对数均为 p 时,并联支路数分别为(　　　　　)和(　　　　　)。

二、选择题

1.直流电机的换向极绕组(　　　)。

A. 与励磁绕组串联 　　　　　　　　B. 与电枢绕组串联

C. 与电枢绕组并联 　　　　　　　　D. 与励磁绕组并联

2.下列关系式中属于单波绕组的是(　　　)。

A. $y=1$ 　　　　B. $a=p$ 　　　　C. $a=2p$ 　　　　D. $a=1$

三、判断题

1.直流电机的电枢绕组是单层的。　　　　　　　　　　　　　　　　　　　(　　)

2.一台直流发电机,若把电枢固定,而电刷与磁极同时旋转,则在电刷两端仍能得到直流电压。　　　　　　　　　　　　　　　　　　　　　　　　　　　　　　　　(　　)

3.直流电机原则上既可以作为发电机运行,也可以作为电动机运行,只是外部条件不同而已。　　　　　　　　　　　　　　　　　　　　　　　　　　　　　　　　　　(　　)

4.直流电机电枢绕组中的电流当然是直流电。　　　　　　　　　　　　　　(　　)

四、简答题

1.直流发电机的工作原理是什么?

2.直流电动机的工作原理是什么?

五、计算题

1.一台直流电动机,$P_N=2\text{ kW}$,$U_N=220\text{ V}$,$n_N=1\ 500\text{ r/min}$,$\eta_N=90\%$,求其额定电流。

2.一台直流发电机,$P_N=10\text{ kW}$,$U_N=230\text{ V}$,$n_N=1\ 450\text{ r/min}$,$\eta_N=85\%$,求其额定电流及额定负载时的输入功率。

3.计算单叠绕组 $2p=2$,$S=K=18$ 的节距 y_1、y_2、y_k,并求出并联支路 1 数。

4.计算单波绕组 $2p=4$,$S=K=15$ 的节距 y_1、y_2、y_k,并求出并联支路数。

第2章

直流电机的基本理论及运行特性

本章要点

本章主要介绍直流电机的电枢反应、直流电机的电枢电动势和电磁转矩、直流电机的换向、直流电机的基本方程、直流发电机的运行特性、直流电动机工作特性等知识。

通过本章的学习，应达到以下要求：

- 熟悉直流电机的电枢反应。
- 掌握直流电机的电枢电动势和电磁转矩。
- 熟悉直流电机的换向过程，掌握直流电机的换向方法。
- 掌握直流发电机和直流电动机的基本方程。
- 掌握直流发电机的空载特性、外特性和调节特性。
- 掌握直流电动机的工作特性。

为直流电机的使用和运行、维护打好基础。

2.1 直流电机的电枢反应

直流电机的磁场是由电机中的各个绕组,包括励磁绕组、电枢绕组、换向极绕组、补偿绕组等共同产生的,其中励磁绕组起着主要作用。为此,先研究只有励磁绕组中有电流,其他绕组中无电流(空载)时的磁场情况,此时的磁场称为空载磁场。

2.1.1 直流电机的空载磁场

1.直流电机空载磁场的分布

直流电机空载(发电机与外电路断开,没有电流输出;电动机轴上不带机械负载)运行时,其电枢电流等于零或近似等于零。因而可以认为空载磁场仅仅是励磁电流通过励磁绕组产生的励磁磁通势 F_f 所建立的。

励磁绕组通入电流将建立磁场。铁磁材料的磁导率远比空气大得多,磁力线绝大部分集中于铁磁材料内。在直流电机中,如图 2-1 所示,从 N 极出来的磁通,绝大部分经气隙到电枢,而后再进入 S 极经定子磁轭闭合。与励磁绕组和电枢绕组相连的磁通称主磁通 Φ_0。还有一小部分磁通,从磁极出来,经气隙就闭合了,这一小部分磁通,称为漏磁通。它只与励磁绕组相连,而不与电枢绕组相连,因漏磁路的磁阻很大,故漏磁通仅为主磁通的 $15\%\sim20\%$。

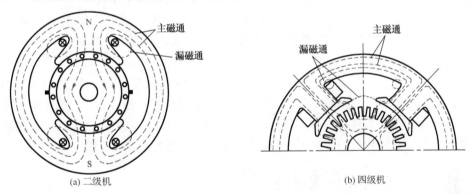

(a) 二级机   (b) 四级机

图 2-1 直流电机的磁路

主磁通对应主磁路,由气隙、电枢的齿槽部分、电枢磁轭、主磁极、定子磁轭五部分组成。因此根据磁路定律,产生空载磁场的励磁磁通势全部降落于气隙和铁磁材料这两大部分之中,即励磁磁通势为气隙磁通势和铁磁材料磁通势之和。虽然气隙长度在整个闭合磁路中只占很小的一部分,但是,由于空气的磁导率远比铁磁材料的磁导率小,气隙的磁阻极大。可以认为,磁路的励磁磁通势几乎都消耗在气隙部分,而对应产生的磁场常称为空载气隙磁场。

电枢绕组是在气隙磁场下进行电磁感应的,因此气隙磁密的分布是我们分析的主要对象。根据安培环路定律,每对磁极下的任意一条闭合磁力线所包围的电流总和等于励磁磁通势。因此当励磁绕组匝数和励磁电流一定时,磁通势是一常数。忽略铁磁材料磁压降,即 $F_f \approx F_\sigma$,则空载气隙磁密 $B_\sigma \propto F_\sigma/\sigma = F_f/\sigma$。由于在磁极极靴范围内气隙较小,磁阻最小,因此气隙磁密在极靴范围内达到最大值且均匀分布。在极靴的两端,气隙是越向外越大,磁阻也越来越大,气隙磁密减小得很快,到两极间的几何中性线上气隙磁密急剧减小到零。因此,在一个磁极极距范围内,气隙磁密分布近似为梯形,如图 2-2 所示。

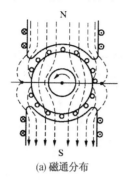
(a) 磁通分布

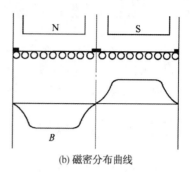
(b) 磁密分布曲线

图 2-2　直流电机空载时主极磁场

2. 直流电机的磁化曲线

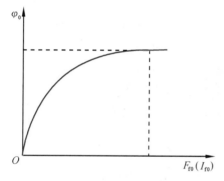

图 2-3　直流电机的磁化曲线

为了产生一定的感应电动势和电磁转矩,要求直流电机每极必须有一定数量的磁通,即每极要有一定的励磁磁通势。在设计电机时,可以根据磁路进行计算。取不同的磁通,计算出对应的励磁磁通势的值,依点绘出每极磁通和励磁磁通势间的关系曲线,即直流电机的磁化曲线 $\varphi_0 = f(F_{f0})$。制造好的直流电机,可以用试验的方法求得磁化曲线,直流电机的磁化曲线如图 2-3 所示。

当磁通势较小时,电机的磁路中铁磁部分没有饱和,磁化曲线几乎是一段直线。当磁通势再增大,因铁磁部分逐渐趋于饱和,磁阻逐渐增大,磁通的增加没有磁通势快,磁化曲线开始弯曲。磁化曲线饱和与未饱和的转折点称为膝点。电机在正常运行时,常将磁通值取在膝点附近,可使磁通势不太大时获得较大的磁通,使电机的各种材料得到更合理的使用。

2.1.2　直流电机的负载磁场

直流电机负载运行时,电枢绕组中便有电流流过,产生电枢磁通势。该磁通势所建立的磁场,称为电枢磁场。电枢磁场与主极磁场共同作用,在气隙内建立一个合成磁场。现以两极直流电动机为例,简单分析直流电动机负载运行时的磁场合成情况,如图 2-4 所示。

直流电动机的励磁绕组流入电流,便产生主磁场(空载磁场)。应用右手螺旋定则,就可以确定主磁场的方向,如图 2-4(a)所示。在电枢表面上磁感应强度为零的地方是物理中性线 m-m,它与磁极的几何中性线 n-n 重合,几何中性线与磁极轴线相互垂直。

当直流电动机负载运行时,电枢绕组中流过电流,有电流就有磁场,在不考虑主磁场时,电枢磁场的分布如图 2-4(b)所示。从图中可以看出,不论电枢如何转动,电枢电流的方向总是以电刷为界限来划分的。在电刷两边,N 极下的导体和 S 极上的导体电流方向始终相反,只要电刷固定不动,电刷两边的电流方向就不变。因此,电枢磁场的方向不变,即电枢磁场是静止不动的,它的强弱由电枢电流决定。

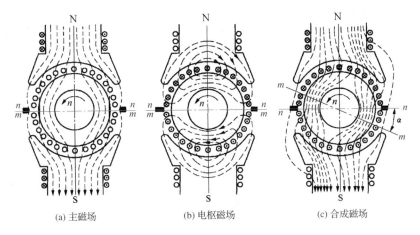

(a) 主磁场　　　　　　　(b) 电枢磁场　　　　　　　(c) 合成磁场

图 2-4　直流电动机气隙磁场

如图 2-4(c)所示为合成磁场,它是由主磁场和电枢磁场共同产生的。

2.1.3　直流电机的电枢反应

直流电机在工作过程中,定子主磁极产生主磁场,电枢电流产生电枢磁场,电枢磁场对主磁场的影响称为电枢反应。

电枢反应发生时,会有两个结果:一是使气隙磁场畸变,一极尖磁场加强,另一极尖磁场减弱;二是去磁效应,由于磁饱和,每一磁极的两个极尖磁通的增大量与减小量不相等,减小量大于增大量,从而使总磁通有所减小。明显表现在:原来的几何中性线 n-n 处的磁感应强度不等于零,磁感应强度为零的位置,即物理中性线 m-m 逆旋转方向移动一角度(电动机),物理中性线与几何中性线不再重合。而且电枢电流越大,电枢磁场越强,电枢反应的影响就越大,物理中性线偏移的角度也就越大,这样会给电机的换向带来困难。发电机的电枢反应结果与电动机类似。

2.2　直流电机的电枢电动势和电磁转矩

2.2.1　直流电机的电枢电动势

当电枢旋转时,在气隙磁场作用下电枢绕组将产生感应电动势 E_a,在发电机运行状态下 E_a 为电源电动势,促进电流 I_a 向用电负载输出电功率;而在电动机运行状态下,E_a 为反电动势,阻碍电流 I_a 从电源吸收电功率。我们所讨论的电动势是指两电刷间的电动势,即电枢绕组每一条支路的感应电动势。从电刷两端看,每条支路在任何瞬间所串联的元件数都是相等的,而且每条支路里的元件边分布在同一磁极下的不同位置,所以每个元件内感应电动势的瞬时值是不同的,但任何瞬时值构成支路的情况基本相同,因此每条支路中各元件电动势瞬时值总和可以认为是不变的。要计算支路电动势,只要先求出一根导体的平均感应电动势 e_{av},再乘以一条支路的总导体数 $N/2a$,就可以求出电枢感应电动势 E_a,即

$$E_a = \frac{N}{2a} e_{av}$$

(2-1)

而一根导体的平均感应电动势为

$$e_{av} = B_{av} l v \tag{2-2}$$

式中　B_{av}——一个磁极范围内气隙磁密的平均值，T；

　　　e_{av}——一根导体的平均感应电动势，V；

　　　l——电枢导体的有效长度，m；

　　　v——电枢导体运动的线速度，m/s。

B_{av}与每极磁通的关系为

$$B_{av} = \frac{\Phi}{\tau l} \tag{2-3}$$

而线速度

$$v = \frac{2p\tau n}{60} \tag{2-4}$$

可得

$$e_{av} = \frac{2p\Phi n}{60} \tag{2-5}$$

当电刷与位于几何中性线上的元件相接触时，电枢感应电动势为

$$E_a = \frac{N}{2a} \cdot 2p\Phi \frac{n}{60} = \frac{pN}{60a}\Phi n = C_e \Phi n \tag{2-6}$$

式中　C_e——电动势常数，$C_e = \dfrac{pN}{60a}$。

2.2.2　直流电机的电磁转矩

当电枢绕组中有电流通过时，在气隙磁场作用下将产生电磁转矩 T_{em}，电动机运行状态下 T_{em} 为拖动转矩，带动机械负载旋转，输出机械功率；而在发电机运行状态下，T_{em} 为制动转矩，阻碍机组旋转，吸收原动机的机械功率。

载流导体在磁场中要受到电磁力的作用。根据电磁力定律，任一导体所受到的电磁力为

$$f = B l i \tag{2-7}$$

设电枢总电流为 I_a，则流过每一根导体的电流 i_a 为

$$i_a = \frac{I_a}{2a} \tag{2-8}$$

先求出一根导体所受到的平均电磁力

$$f_{av} = B_{av} l i_a \tag{2-9}$$

每根导体产生的平均电磁转矩为

$$T_{av} = f_{av} \frac{D}{2} \tag{2-10}$$

式中　T_{av}——平均电磁转矩，N·m；

　　　D——电枢直径，m，$D = 2p\tau/\pi$。

电枢表面共有 N 根导体，则总的电磁转矩为

$$T_{em} = \frac{pN}{2\pi a}\Phi I_a = C_T \Phi I_a \tag{2-11}$$

式中 C_T——转矩常数,它由电机的结构决定,$C_T = \dfrac{pN}{2\pi a}$。

根据电磁转矩和电枢电动势的表达式,可以得出同一台电机的转矩常数与电动势常数之间的比例关系

$$C_T = \frac{30}{\pi} C_e = 9.55 C_e \qquad (2\text{-}12)$$

2.3 直流电机的换向

直流电机运行时,随着电枢和换向器的旋转,电枢绕组的元件将依次地由一个支路转入另一个支路,元件中的电流将改变方向,这个过程称为换向。换向的外观表现是在电刷和换向器间常出现火花,如果火花过大,就会烧坏电刷和换向器,使电机不能继续运行。

2.3.1 直流电机的换向过程

如图 2-5 所示为单叠绕组的换向过程。电刷不动,绕组和换向片以速度 n 自右向左运动。

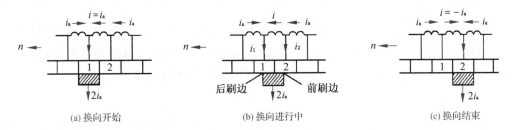

(a) 换向开始   (b) 换向进行中   (c) 换向结束

图 2-5 单叠绕组的换向过程

换向前元件 1 属于右边支路,流过其中的电流 $i = i_a$,如图 2-5(a)所示;换向后元件 1 转入左边支路,元件中的电流 i 由 i_a 变为 $-i_a$,如图 2-5(c)所示。流经换向片 1 的电流 i_1 由 $2i_a$ 减小至零,流经换向片 2 的电流 i_2 由零增至 $2i_a$,在换向过程中,$i_1 + i_2 = 2i_a$ 不变,如图 2-5(b)所示。

如果 i_1、i_2 的变化和换向片与电刷接触面积的变化成正比,即 i_1 均匀地减小,i_2 均匀地增大,这种理想的换向称为直线换向。直线换向时,当换向片 1 与电刷脱离前,流经换向片 1 的电流已趋近于零,所以当换向片 1 与电刷断开时,在电刷与换向器之间不会出现火花。

2.3.2 影响换向的电磁原因

实际上在换向过程中,由于电流的变化,要产生感应电动势,它会影响电流的换向。

1. 电抗电动势

换向时换向元件中换向电流的大小、方向发生急剧变化,因而会产生自感电动势。由于同时换向的线圈不止一个,除了各自产生自感电动势外,各线圈之间还会产生互感电动势。自感

电动势和互感电动势的总和称为电抗电动势。根据楞次定律,电抗电动势 e_X 具有阻碍换向元件中电流变化的趋势,故电抗电动势的方向与线圈换向前的电流方向一致。

2. 切割电动势

直流电机负载运行时,电枢反应使主极磁场畸变,几何中性线处的磁密度不为零,换向元件恰好处在几何中性线上,就要切割电枢磁场的磁力线,产生一种电动势,称为切割电动势 e_v。实际上切割电动势 e_v 的方向也与线圈换向前的电流方向一致。

由于电抗电动势和切割电动势的存在,它们将在换向元件中产生附加电流 I_{ad},它与线圈换向前的电流方向一致,即阻碍换向,使得换向电流随时间的变化比没有附加电流时要延迟。

当换向结束瞬间,被电刷短路的线圈瞬时脱离电刷时,I_{ad} 不为零,因换向元件是电感线圈,所以其中存在着一部分磁场能量 $LI_{ad}^2/2$,这部分能量达到一定数值后,以弧光放电的方式转化成热能,散失在空气中,因而在电刷与换向器之间会出现火花。

2.3.3 改善换向的方法

1. 安装换向极

改善换向、防止火花过强的最有效方法是安装换向极。通过前面的分析,已经知道直流电机换向困难的原因是产生了附加电流 I_{ad},所以改善换向的方法必须从消除附加电流入手。容量在 1 kW 以上的直流电机,几乎都装设换向极,用以改善换向。

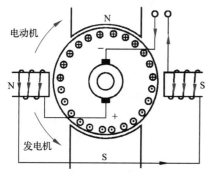

图 2-6 换向极的连接与极性

（1）换向极的安装位置

由于绕组元件是在它的两个有效边接近几何中性线时开始换向,故换向极必须安装在主磁极之间的几何中性线处,如图 2-6 所示。换向元件的有效边在切割换向极所产生的磁场时,产生一个与 e_X 方向相反的旋转电动势 e_k。装设换向极的目的是让它在几何中性线处产生一个磁场,既抵消电枢磁场,又抵消电感电动势,从而起到改善换向的作用。

（2）换向极的极性

换向极的极性应能保证它在换向元件中产生的旋转电动势 e_k 的方向与元件中换向前电流方向相反,即 e_k 应起帮助元件中电流 i 改变方向的作用。对于发电机,换向元件边即将进入的换向极极性应与它即将离开的主磁极极性相反;对于电动机,换向元件边即将进入的换向极极性应与它即将离开的主磁极极性相同。

（3）换向绕组的接线方式

换向绕组与电枢绕组串联。当负载变化时,电枢电流变化使电感电动势随之变化。换向磁极的磁通也随电枢电流的变化而变化,且与电枢电流成正比,基本上可以抵消电感电动势和切割电动势带来的影响。由于换向磁极的绕组气隙较大,所以一般不会饱和,故能很好地改善换向。

2.选择合适的电刷

直流电机电刷的型号规格很多,其中碳-石墨电刷的接触电阻最大,石墨电刷和电化石墨电刷次之,铜-石墨电刷的接触电阻最小。

直流电机如果选用接触电阻大的电刷,有利于换向。在使用维修中,欲更换电刷时,必须选用与原来同一型号的电刷,如果实在配不到相同型号的电刷,应尽量选择特性与原来接近的电刷,并全部更换。

2.4 直流电机的基本方程

2.4.1 直流电机的励磁方式

直流电机一般都是在励磁绕组中通以励磁电流产生磁场的,励磁绕组获得电流的方式称为励磁方式。直流电机按励磁方式的不同,可分为他励和自励两大类。他励电机的励磁绕组由其他直流电源供电,与电枢绕组之间没有电的直接联系,如图 2-7(a)所示;自励电机的励磁绕组由电机本身供电。自励电机按励磁绕组与电枢绕组连接方式的不同,又可分为并励、串励和复励三种,分别如图 2-7(b)~图 2-7(d)所示。

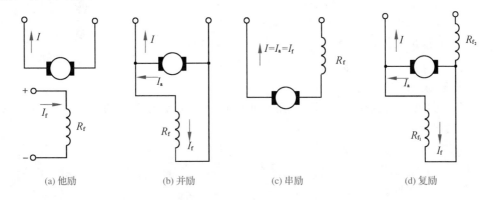

(a) 他励　　　　(b) 并励　　　　(c) 串励　　　　(d) 复励

图 2-7　直流电机的励磁方式

并励电机的励磁绕组与电枢绕组并联。他励和并励电机的励磁电流通常仅为电机额定电流的 1%~3%。串励电机的励磁绕组与电枢绕组串联,励磁电流即电枢电流。复励电机既有并励绕组又有串励绕组,并励绕组流过的电流小、导线细、匝数多;串励绕组流过的电流大、导线粗、匝数少。

2.4.2 直流电机的损耗

直流电机的损耗按其性质可分为机械损耗、铁损耗、铜损耗和附加损耗四种。

1.机械损耗 P_m

不论是发电机还是电动机,当电机转动时,必须先克服摩擦阻力,因此产生机械损耗。它包括轴与轴承摩擦损耗,电刷与换向器摩擦损耗,以及电枢旋转部分与空气的摩擦损耗等。这些损耗与转速高低有关。

2. 铁损耗 P_{Fe}

当直流电机旋转时，电枢铁芯中因磁场反复变化而产生的磁滞损耗和涡流损耗称为铁损耗。

以上分析的机械损耗 P_m 和铁损耗 P_{Fe} 合起来又称为空载损耗 P_0。因为这两种损耗在直流电动机转动起来还没有带负载时就已经存在了，即

$$P_0 = P_m + P_{Fe} \tag{2-13}$$

由于机械损耗和铁损耗都会引起与旋转方向相反的制动转矩，而且是空载时就有的，这个转矩称为空载转矩 T_0。它与 P_0 的关系为

$$P_0 = T_0 \Omega \tag{2-14}$$

式中　Ω——角速度。

3. 铜损耗 P_{Cu}

当直流电机运行时，在电枢回路和励磁回路中都有电流流过，因此在绕组电阻上产生的损耗称为铜损耗。

（1）电枢回路的铜损耗 P_{Cua}

它包括电枢绕组铜损耗；与电枢绕组串联的串励绕组、换向极绕组及补偿绕组的铜损耗；电刷与换向器的接触电阻上的铜损耗。

$$P_{Cua} = I_a^2 R_a \tag{2-15}$$

式中　I_a——电枢电流；

　　　R_a——电枢回路总电阻。

（2）励磁回路的铜损耗 P_{Cuf}

由于励磁回路的铜损耗 P_{Cuf} 很小，而且几乎是一个不变的值，一般把它归入不变损耗范畴。其表达式为

$$P_{Cuf} = I_f^2 R_f \tag{2-16}$$

式中　I_f——励磁电流；

　　　R_f——励磁回路总电阻。

不论是直流发电机还是直流电动机，电枢电流都随负载的变化而变化，因而直流电机中的电枢铜损耗又称为可变损耗。直流电机的机械损耗和励磁一定时的铁损耗只与转速有关，当电机的转速变化不大时，由机械损耗和铁损耗合成的空载损耗是基本不变的，故空载损耗又称为不变损耗。

4. 附加损耗 P_{ad}

附加损耗又称杂散损耗，对于直流电机，这种损耗是电枢铁芯表面有齿槽存在，致使气隙磁通大小脉振和左右摇摆造成的，如在铁芯中引起的铁损耗和换向电流产生的铜损耗等。这些损耗是难以精确计算的，一般占额定功率的 $0.5\% \sim 1.0\%$。

2.4.3　直流发电机的基本方程

直流发电机是将机械能转换为电能的电磁装置。在将机械能转换为电能的过程中，和一

切能量转换一样,也要遵循能量守恒定律,即发电机输入的机械能与输出的电能及在能量转换过程中产生的能量损耗之间要保持平衡关系。当发电机带负载时,向外电路输出电功率,电枢绕组中流过电流。绕组中的电流与磁场作用产生电磁转矩 T_{em},T_{em} 的方向与旋转方向相反,起制动作用。电磁转矩吸收机械功率,为使发电机的转速保持恒定,原动机须向发电机轴上不断地输入机械功率。

电磁转矩吸收机械功率转换成等量的电功率,即

$$P_{\mathrm{em}} = T_{\mathrm{em}}\Omega = \frac{pN}{2\pi a}\Phi I_{\mathrm{a}}\frac{2\pi n}{60} = \frac{pN}{60a}\Phi n I_{\mathrm{a}} = E_{\mathrm{a}}I_{\mathrm{a}} \tag{2-17}$$

由机械功率转换成电功率的这部分功率,称为电磁功率,即

$$P_{\mathrm{em}} = T_{\mathrm{em}}\Omega = E_{\mathrm{a}}I_{\mathrm{a}} \tag{2-18}$$

同理,直流电动机在机电能量转换过程中,为了连续转动而输出机械能,电源电压 U 也必须大于 E_{a},以不断向电动机输入电能,将电功率属性的电磁功率 $E_{\mathrm{a}}I_{\mathrm{a}}$ 转换为机械功率属性的电磁功率 $T_{\mathrm{em}}\Omega$,反电动势 E_{a} 在这里起着关键作用。

直流发电机稳态运行的基本方程,包括电动势平衡方程、转矩平衡方程和功率平衡方程。下面以并励直流发电机为例加以讨论。

1. 电动势平衡方程

根据发电机的工作原理,在图 2-8 中将有关各物理量按惯例标出正方向。

根据电路基尔霍夫定律,可得电枢回路的电动势平衡方程

$$U = E_{\mathrm{a}} - I_{\mathrm{a}}R_{\mathrm{a}} \tag{2-19}$$

式中 I_{a}——$I_{\mathrm{a}} = I + I_{\mathrm{f}}$,$I$ 是发电机的输出电流,$I_{\mathrm{f}} = U/(R_{\mathrm{f}} + R_{\mathrm{fad}})$。

图 2-8 并励直流发电机电路

2. 功率平衡方程

当直流发电机接上负载后,原动机输送给发电机的机械功率为 P_1,在发电机的内部,一小部分能量被机械摩擦和铁芯的磁滞、涡流所消耗,绝大部分能量转换为电磁功率 P_{em},即

$$P_1 = P_{\mathrm{em}} + P_{\mathrm{m}} + P_{\mathrm{Fe}} + P_{\mathrm{ad}} = P_{\mathrm{em}} + P_0 \tag{2-20}$$

$$P_{\mathrm{em}} = E_{\mathrm{a}}I_{\mathrm{a}} = (U + I_{\mathrm{a}}R_{\mathrm{a}})I_{\mathrm{a}} = UI_{\mathrm{a}} + I_{\mathrm{a}}^2 R_{\mathrm{a}} = U(I + I_{\mathrm{f}}) + I_{\mathrm{a}}^2 R_{\mathrm{a}}$$

$$= UI + UI_{\mathrm{f}} + I_{\mathrm{a}}^2 R_{\mathrm{a}} = P_2 + P_{\mathrm{Cuf}} + P_{\mathrm{Cua}} \tag{2-21}$$

式中 P_2——发电机的输出功率,$P_2 = UI$。

如图 2-9 所示是并励直流发电机的功率流程。

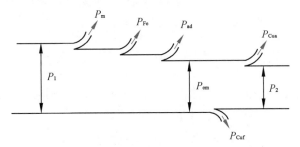

图 2-9 并励直流发电机的功率流程

3. 转矩平衡方程

原动机输入的转矩 T_1 拖动发电机旋转。空载运行时,要克服由空载损耗所对应的空载转矩 T_0,T_0 是个制动转矩,它的方向总与电机的旋转方向相反。带负载时,电枢中有电流,与磁场作用产生电磁转矩 T_{em},T_{em} 与 T_1 的方向相反,也是个制动转矩。在带负载运行时,只有原动机的驱动转矩与电磁转矩 T_{em} 和空载转矩 T_0 之和相等时,发电机才能以恒定转速旋转。此时的转矩平衡方程为

$$T_1 = T_{em} + T_0 \tag{2-22}$$

2.4.4 直流电动机的基本方程

直流电动机的基本方程是指直流电动机稳定运行时电路系统的电压平衡方程、机械系统的转矩平衡方程以及能量转换过程中的功率平衡方程。这些方程反映了直流电动机内部的电磁过程,又表达了电动机的机电能量转换,说明了直流电动机的运行原理。

1. 电压平衡方程

当直流电动机运行时,电枢绕组切割气隙磁场产生感应电动势 E_a。由右手定则可判定电

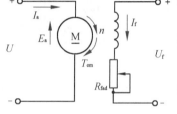

图 2-10 他励直流电动机电路

动势 E_a 的方向与电枢电流 I_a 的方向相反,如图 2-10 所示。

如果以图 2-10 中各物理量的方向为参考正方向,就可以写出他励直流电动机的电压平衡方程,即

$$U = E_a + I_a R_a \tag{2-23}$$

式中 R_a——电枢回路的总电阻;

I_a——电枢电流。

式(2-23)表明,他励直流电动机在电动运行状态下,电枢电动势 E_a 小于端电压 U。

2. 转矩平衡方程

直流电动机的电磁转矩可以直接根据公式 $T_{em} = C_T \Phi I_a$ 计算。对直流电动机来说,其电磁转矩应等于反抗转矩之和。当它以恒定转速运行时,电磁转矩 T_{em} 并不只是电动机轴上的输出转矩,而应与电动机轴上的负载转矩 T_L 和电动机本身的空载转矩 T_0 之和相平衡,即

$$T_{em} = T_L + T_0 \tag{2-24}$$

3. 功率平衡方程

当他励直流电动机接上电源时,电枢绕组中流过电流 I_a,电网向电动机输入的电功率为

$$P_1 = UI = UI_a$$

$$P_1 = (E_a + I_a R_a) I_a = E_a I_a + I_a^2 R_a$$

$$P_1 = P_{em} + P_{Cua} \tag{2-25}$$

式(2-25)说明,输入的电功率一部分被电枢绕组消耗,一部分作为电磁功率转换成了机

械功率。当电动机转动后,还要克服各类摩擦引起的机械损耗 P_m、电枢铁芯产生的铁损耗 P_{Fe} 以及附加损耗 P_{ad},所以电动机转换出来的机械功率,一部分消耗在机械损耗和铁损耗上,大部分从电动机轴上输出,故输出的机械功率为

$$P_2 = P_{em} - P_{Fe} - P_m - P_{ad}$$

忽略附加损耗

$$P_2 = P_{em} - P_{Fe} - P_m = P_{em} - P_0$$

$$P_2 = P_1 - P_{Cua} - P_0 = P_1 - \sum P \tag{2-26}$$

他励直流电动机的励磁铜损耗由其他电源供给,并励直流电动机的励磁铜损耗由电动机电源供给,所以并励直流电动机的功率平衡方程中还应包括励磁铜损耗。

直流电动机的效率为

$$\eta = \frac{P_2}{P_1} \times 100\% = \frac{P_2}{P_2 + \sum P} \times 100\% \tag{2-27}$$

一般中、小型直流电动机的效率为 $75\% \sim 85\%$,大型直流电动机的效率为 $85\% \sim 94\%$。

如图 2-11 所示是他励直流电动机的功率流程。

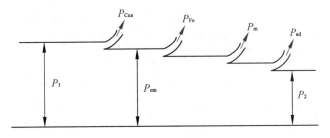

图 2-11　他励直流电动机的功率流程

例　一台他励直流电动机的额定数据为 $P_N = 17$ kW,$U_N = 220$ V,$n_N = 3\,000$ r/min,$I_N = 87.7$ A,电枢回路总电阻 $R_a = 0.114$ Ω,忽略电枢反应影响。求:

(1)电动机的额定电磁功率;

(2)额定电磁转矩;

(3)额定效率。

解　(1)额定电磁功率

$$P_{em} = E_a I_N = (U_N - I_N R_a) I_N = (220 - 87.7 \times 0.114) \times 87.7 = 18.42 \text{ kW}$$

(2)额定电磁转矩

$$C_e \Phi = \frac{U_N - I_N R_a}{n_N} = \frac{220 - 87.7 \times 0.114}{3\,000} = 0.07$$

$$T_{em} = 9.55 C_e \Phi I_N = 9.55 \times 0.07 \times 87.7 = 58.63 \text{ N} \cdot \text{m}$$

(3)额定效率

$$\eta_N = \frac{P_N}{P_1} \times 100\% = \frac{P_N}{U_N I_N} \times 100\% = \frac{17 \times 10^3}{220 \times 87.7} \times 100\% = 88.11\%$$

2.5 直流发电机的运行特性

直流发电机的运行特性是指直流发电机运行时，端电压 U、负载电流 I 和励磁电流 I_f 这三个基本物理量之间的函数关系。保持其中一个量不变，其余两个量就构成一种特性。在分析中，因直流发电机的转速由原动机给出，故认为转速不变。

2.5.1 直流发电机的空载特性

1. 他励直流发电机的空载特性

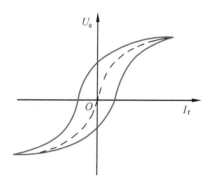

图 2-12　他励直流发电机的空载特性曲线

他励直流发电机的空载特性是指 $n = n_N$，负载电流 $I = 0$，空载电压与励磁电流之间的关系为

$$U_0 = E_0 = f(I_f) \tag{2-28}$$

他励直流发电机空载运行时，励磁电路接外电源 U_f。调节励磁电路的电阻，使励磁电流 I_f 从零开始逐渐增大，直至电枢空载电压 $U_0 = (1.1 \sim 1.3)U_N$ 为止，然后逐渐减小 I_f，U_0 也随之减小，测量空载端电压 U_0 及励磁电流 I_f；改变励磁电流的大小和方向，重复上述过程即可得到空载特性曲线，如图 2-12 所示。此曲线与磁化曲线相似，这是由于 $U_0 = E_0 = C_e \Phi n_N$，n_N 及 C_e 都是常数，故把磁化特性曲线改换一下坐标，即他励直流发电机的空载特性 $U_0 = f(I_f)$。

空载特性是直流发电机最基本的特性曲线，空载特性表明了直流发电机空载运行时，输出端电压与励磁电流之间的关系，实质上表明了直流发电机的磁路性质。所以对并励和复励直流发电机也都以他励方式测取其空载特性。

2. 并励直流发电机的空载自励过程

并励直流发电机的励磁电流 I_f 由发电机本身的电枢绕组来供给，而在没有励磁电流的前提下，电枢绕组是怎样建立起端电压的呢？

并励直流发电机电压建立的过程，称为自励过程。并励直流发电机电压建立的首要条件是发电机必须有剩磁。发电机在经过一次他励运行后，在主磁极铁芯中将保留一定的剩磁，一般发电机的剩磁量为额定磁通的 2%～5%。当原动机拖动发电机以恒定转速旋转时，电枢绕组便产生一个微小的电动势。在此电动势的作用下，就有一个小电流流过励磁绕组。励磁电流产生的磁通，有可能与剩磁方向相同，也有可能与剩磁方向相反。建立电压的第二个条件是励磁绕组与电枢绕组的连接要正确，使励磁电流产生的磁通方向与剩磁方向相同。这样，发电机的磁场将增强，感应电动势和励磁电流可以增大，使磁通进一步加强。并励直流发电机的自励过程可以用图 2-13 来表示。

满足以上两个条件，只能说明有了自励的可能性，但是否可以达到所需的稳定电压，还必须从发电机的磁路关系上考虑。励磁绕组的端电压 U_0 与励磁电流 I_f 的关系应满足图 2-13 中

曲线 1 所示的空载特性,从励磁电路上观察,在稳定状态下,$U_0 = U_f$ 又必须满足

$$U_0 = R_f I_f \qquad (2\text{-}29)$$

当 R_f 保持不变时,U_0 随 I_f 成正比变化,即 $U_0 = R_f I_f$ 的关系为一直线,如图 2-13 中直线 2 所示,其斜率为

$$\tan\alpha = U_0/I_f = I_f R_f/I_f = R_f \qquad (2\text{-}30)$$

故直线 2 称为励磁电阻线。

图 2-13 中,曲线 1 和直线 2 交于点 A。此时励磁电流产生的空载电动势正好与励磁电路中电阻压降平衡,励磁电流不再增大,发电机进入空载稳定状态,交点 A 就是并励直流发电机的空载电压的稳定点。

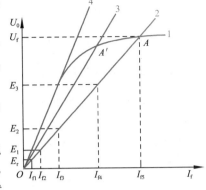

图 2-13 并励直流发电机的自励过程

由此可见,并励直流发电机的空载电压值取决于空载特性和励磁电阻线的交点 A,因此增大励磁电路中的电阻可以改变 R_f,即增大励磁电阻线的斜率,则交点 A 将沿着空载特性曲线向原点移动。空载电压逐步减小,当励磁电路的电阻线与空载特性的直线部分重合时,便没有固定的交点,空载电压不稳定,如图 2-13 中直线 4 所示。此种状态称临界状态,对应的电阻称为临界电阻。所以,励磁电路的总电阻必须小于相应的临界电阻。

综上,并励直流发电机的自励条件如下:

(1)发电机必须有剩磁。如果发现剩磁没有或太弱,应用其他直流电源励磁一次,以恢复剩磁。剩磁是发电机自励的首要条件。

(2)励磁绕组与电枢绕组的连接正确。否则励磁绕组接通后,电枢电压反而减小,如遇到这种现象,应将励磁绕组的两个接线端对调或将发电机的旋转方向反向。

(3)励磁电路电阻应小于发电机运行转速对应的临界电阻。因为当励磁电阻大于临界电阻时,交点电压与剩磁电压差不多,直流发电机的输出电压无法增大。

2.5.2 直流发电机的外特性

1. 他励直流发电机的外特性

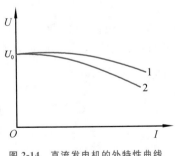

图 2-14 直流发电机的外特性曲线

他励直流发电机的外特性是指发电机接上负载后,在保持励磁电流不变的情况下,电枢的端电压 U 随负载电流变化而变化的规律,即 $n = n_N$,$I_f = I_{fN}$,$U = f(I)$。

他励直流发电机的外特性如图 2-14 中曲线 1 所示。这是一条略微向下倾斜的曲线,表明他励直流发电机端电压随负载电流的增大略有减小。

电压减小的原因有两个:一是电枢电流的增大,使电枢反应的去磁作用增大,发电机的电枢电动势随之减小;二是电枢回路电阻的电压降增大,结果使发电机端电压减小。

发电机端电压随负载电流变化的程度,通常用电压变化率 $\Delta U\%$ 来衡量,即从空载到额定负载,端电压的变化对额定电压的百分比。它反映了发电机对外供电的稳定性。其表达式为

$$\Delta U\% = \frac{U_0 - U_N}{U_N} \times 100\% \tag{2-31}$$

通常情况下,他励直流发电机的电压变化率为 $5\%\sim10\%$,基本属于恒压电源。

2. 并励直流发电机的外特性

并励直流发电机的外特性是指励磁回路总电阻为常数,端电压 U 与负载电流 I 的关系曲线,即 $U=f(I)$。它与他励直流发电机的外特性在 I_f 为常数的情况不同,并励直流发电机当端电压随负载电流变化时,励磁电流也随之变化,故不能保持为常数。

并励直流发电机的外特性如图 2-14 中曲线 2 所示。与他励直流发电机的外特性曲线相比,在同一负载电流下,端电压较低。并励直流发电机端电压随负载电流的增大而减小的原因,除了与他励直流发电机有相同的电枢反应的去磁作用和电枢回路电阻的压降有关以外,还因为励磁电流随端电压减小而减小,从而引起主磁通和电枢电动势的进一步减小,所以并励直流发电机的外特性比他励时下降得快。并励直流发电机的电压变化率约为 20%。

2.5.3 直流发电机的调节特性

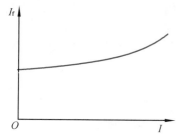

图 2-15 他励直流发电机的调节特性曲线

直流发电机的调节特性是指当 $n=n_N$,$U=$常数时,励磁电流 I_f 随负载电流 I 的变化关系,即 $I_f=f(I)$。

当输出电流 I 增大时,为使端电压 U 不减小,必须适当增大励磁电流 I_f,在消除电枢反应去磁作用的基础上,使 Φ 和 E_a 不但不减小反而略有增大,以补偿内阻压降 $I_a R_a$ 的增大。如图 2-15 所示为他励直流发电机的调节特性曲线。

并励直流发电机的电枢电流,比他励直流发电机只多了一个励磁电流,所以调节特性与他励直流发电机相差不大。

2.6 直流电动机的工作特性

2.6.1 他励(并励)直流电动机的工作特性

直流电动机的工作特性是指 $U=U_N$(常数),电枢回路不串入附加电阻,励磁电流是额定值时,电动机的转速 n、电磁转矩 T_{em} 和效率 η 与输出功率 P_2 之间的关系。下面以他励直流电动机为例进行讨论。

1. 转速特性 $n=f(P_2)$

根据
$$U=E_a+I_a R_a=C_e\Phi n+I_a R_a \tag{2-32}$$

得
$$n=\frac{U-I_a R_a}{C_e\Phi} \tag{2-33}$$

当电动机轴上的机械负载增大时,输出的机械功率 P_2 随之增大,输入功率 P_1 和电枢电流 I_a 也随之增大,电枢电阻压降增大,使转速 n 降低。但随着电枢电流的增大,电枢反应也增强,去磁作用使气隙磁通减小,又使转速上升。如图 2-16 中直线 1 所示,转速特性是一条略微向下倾斜的直线。

2. 转矩特性 $T_{em}=f(P_2)$

由转矩平衡方程

$$T_{em}=T_2+T_0=9.55\frac{P_2}{n}+T_0$$

可知,如果 n 不变,则输出转矩 T_2 与 P_2 成正比关系。$T_2=f(P_2)$ 特性曲线是一条过坐标原点的直线。考虑到 P_2 增大时,n 略有下降,故 $T_2=f(P_2)$ 特性曲线呈上翘趋势,如图 2-16 中曲线 3 所示。

空载转矩 T_0 在转速变化不大的情况下,可认为是一恒定值,因此 $T_{em}=f(P_2)$ 特性曲线与 $T_2=f(P_2)$ 特性曲线平行,并比 $T_2=f(P_2)$ 特性曲线高一个数值 T_0,如图 2-16 中曲线 2 所示。

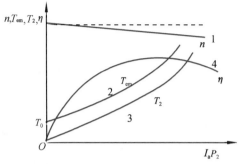

图 2-16 他励直流电动机的工作特性曲线

他励直流电动机的工作特性

3. 效率特性

直流电动机的效率公式为

$$\eta=\frac{P_2}{P_1}\times100\%=\left(1-\frac{\sum P}{P_1}\right)\times100\% \tag{2-34}$$

即

$$\eta=\left(1-\frac{P_0+P_{Cua}}{UI_a}\right)\times100\%=\left(1-\frac{P_0+I_a^2R_a}{UI_a}\right)\times100\% \tag{2-35}$$

式中

$$\sum P=P_{Cua}+P_0$$
$$P_1=UI_a$$

直流电动机的损耗分为不变损耗和可变损耗两部分。当电动机的输出功率从零逐渐增大时,可变损耗很小,电动机损耗以不变损耗为主,此过程效率上升很快。当输出功率达到一定值时,效率下降。效率曲线是一条先上升后下降的曲线,如图 2-16 中曲线 4 所示。曲线中出现了最大值 η_{max}。用数学方法可以求得 η_{max},对式(2-35)求导,并令 $d\eta/dI_a=0$,可得他励直流电动机获得最大效率的条件是

$$P_0=P_{Cua} \tag{2-36}$$

可见,当电动机的可变损耗等于不变损耗时其效率最高。从效率曲线上可以看出,电动机空载、轻载时效率低,满载时效率高,过载时效率反而降低。在使用和选择电动机时,应尽量使电动机工作在满负荷状态。

2.6.2 串励直流电动机的工作特性

串励直流电动机的励磁绕组与电枢绕组相串联,电枢电流即励磁电流。串励直流电动机的工作特性与并励直流电动机有很大区别。当负载电流较小时,磁路不饱和,主磁通与励磁电流(负载电流)按线性关系变化;而当负载电流较大时,磁路趋于饱和,主磁通基本不随电枢电流变化。因此,讨论串励直流电动机的转速特性、转矩特性和效率特性必须分段讨论。

在负载较轻时,电机的磁路没有饱和,每极磁通与励磁电流呈线性变化,即

$$\Phi=k_fI_f=k_fI_a \tag{2-37}$$

k_f 是比例系数,串励直流电动机的转速为

$$n=\frac{U}{C_e\Phi}-\frac{RI_a}{C_e\Phi}=\frac{U}{k_fC_eI_a}-\frac{R}{k_fC_e} \tag{2-38}$$

串励直流电动机的转矩为

$$T_{em} = C_T \Phi I_a = k_f C_T I_a^2 \tag{2-39}$$

可见，随着 I_a 的增大，Φ 增大较快，故转速 n 下降很快；当磁路饱和后，Φ 的增大变缓，转速 n 的下降也逐渐变缓；当负载电流趋于零时，电机转速趋于无穷大。因此，串励直流电动机不可以空载或轻载运行，电磁转矩与负载电流的平方成正比。

当负载电流较大时，磁路已经饱和，磁通 Φ 基本不随负载电流变化，串励直流电动机的工作特性与并励直流电动机的工作特性相同。如图 2-17 所示为串励直流电动机的工作特性曲线。

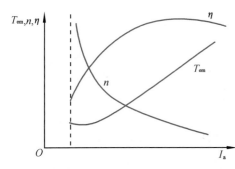

图 2-17　串励直流电动机的工作特性曲线

思考与练习

2-1　什么是直流电机的电枢反应？

2-2　直流电机的电枢反应对气隙磁场有什么影响？

2-3　在直流发电机中是否有电磁转矩？如果有，电磁转矩的方向与电枢旋转方向相同还是相反？

2-4　直流电动机工作时，电枢回路是否有感应电动势产生？如果有，电动势的方向与电枢电流的方向相同还是相反？

2-5　直流电机的换向极应安装在电机的什么位置？

2-6　直流电机的换向极绕组如何接线？

2-7　什么是换向？直流电机改善换向的方法有哪几种？

2-8　绘图表示直流电机的励磁方式，并说出直流电机的励磁方式有哪几种。

2-9　直流发电机的空载特性曲线与磁化曲线有何区别？又有何联系？

2-10　如何判断直流电机是发电机运行还是电动机运行？它们的电磁转矩、电枢电动势、电枢电流、端电压的方向有何不同？

2-11　直流发电机的功率、转矩、电压平衡方程有什么内在联系？

2-12　绘图表示他励直流电动机的功率流程图。

2-13　绘图表示并励直流发电机的功率流程图。

2-14　并励直流发电机的自励条件是什么？如发电机正转时能自励，反转时能否自励？

2-15　为什么并励直流发电机的外特性曲线比他励直流发电机的外特性曲线向下倾斜严重？

2-16　一台直流发电机，$2p=6$，单叠绕组，电枢绕组的总导体数 $N=398$，气隙每极磁通 $\Phi=2.1\times10^{-2}$ Wb。当转速分别为 $n=1\,500$ r/min 和 $n=500$ r/min 时，求电枢绕组的感应电动势。

2-17　一台直流发电机，$2p=6$，电枢绕组的总导体数 $N=398$，气隙每极磁通 $\Phi=2.1\times10^{-2}$ Wb，电枢电流 $I_a=10$ A。求当采用单叠绕组和单波绕组时，电磁转矩分别为多大？

2-18　一台直流发电机，$P_N=17$ kW，$U_N=230$ V，$2p=4$，单波绕组，电枢绕组的总导体数 $N=468$，气隙每极磁通 $\Phi=1.03\times10^{-2}$ Wb，$n=1\,500$ r/min。求：

(1)额定电流；

(2)电枢绕组的感应电动势。

2-19　一台并励直流电动机，额定电压 $U_N=220$ V，额定电枢电流 $I_{aN}=75$ A，额定转速 $n_N=1\,000$ r/min，电枢回路电阻 $R_a=0.26$ Ω(包括电刷接触电阻)，励磁回路总电阻 $R_f=91$ Ω，额定负载时电枢铁损耗 $P_{Fe}=600$ W，机械损耗 $P_m=1989$ W，忽略附加损耗。求：

(1)电动机在额定负载运行时的输出转矩；

(2)额定效率。

2-20　一台并励直流电动机的额定数据如下：$P_N=17$ kW，$U_N=220$ V，$n_N=3\,000$ r/min，$I_N=88.9$ A，$R_a=0.114$ Ω，励磁电阻 $R_f=181.5$ Ω，忽略电枢反应。求：

(1)电动机的额定输出转矩；

(2)额定负载时的电磁转矩；

(3)额定负载时的效率。

自测题

一、填空题

1.并励直流发电机自励建压的条件是(　　　)、(　　　)和(　　　)。

2.直流电机在工作过程中，定子主磁极产生(　　　)磁场，电枢电流产生(　　　)磁场，(　　　)对(　　　)的影响称为电枢反应。

3.直流电机的电磁转矩是由(　　　)和(　　　)共同作用产生的。

4.电枢反应的结果，一是(　　　)，二是(　　　)。

二、选择题

1.直流发电机主磁极磁通产生感应电动势存在于(　　　)中。

A.电枢绕组　　　B.励磁绕组　　　C.电枢绕组和励磁绕组

2.直流发电机电刷在几何中性线上，如果磁路不饱和，这时电枢反应是(　　　)。

A.去磁　　　B.助磁　　　C.不去磁与不助磁

三、判断题

1.一台并励直流发电机,若正转能自励,则反转也能自励。　　　　　　　　（　　）

2.一台并励直流电动机,若改变电源极性,则电动机转向也改变。　　　　　（　　）

3.直流电动机的电磁转矩是驱动性质的,因此稳定运行时,大的电磁转矩对应的转速就高。　　　　　　　　　　　　　　　　　　　　　　　　　　　　　　　　　　　（　　）

四、简答题

1.直流发电机的励磁方式有哪几种? 绘图说明。

2.改善换向的方法有哪几种?

3.判断直流电机运行状态的依据是什么? 何时为发电机状态? 何时为电动机状态?

五、计算题

1.一台直流电机,$P_N=12$ kW,$U_N=220$ V,4 极,单叠绕组,电枢绕组的总导体数 $N=468$,气隙每极磁通为 1.02×10^{-2} Wb,转速 $n=1\,500$ r/min,电枢电流 $I_a=10$ A,求此直流电机的感应电动势和电磁转矩。

2.一台并励直流发电机,励磁回路电阻 $R_f=44$ Ω,负载电阻 $R_L=4$ Ω,电枢回路电阻 $R_a=0.25$ Ω,端电压 $U=230$ V。求:

(1)励磁电流 I_f 和负载电流 I;

(2)电枢电流 I_a 和电动势 E_a(忽略电刷电阻压降);

(3)输出功率 P_2 和电磁功率 P_{em}。

第3章

直流电动机的电力拖动基础

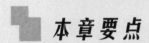 本章要点

本章主要介绍电力拖动系统的运动方程、生产机械的负载特性、直流电动机的机械特性、电力拖动系统的稳定运行条件等知识。

通过本章的学习，应达到以下要求：

- 掌握电力拖动系统的运动方程。
- 掌握生产机械的恒转矩、恒功率和通风机类负载的特性。
- 掌握直流电动机的固有机械特性和人为机械特性。
- 掌握电力拖动系统的稳定运行条件。

3.1 电力拖动系统的运动方程

原动机带动负载运转称为拖动,以电动机带动生产机械运转的拖动方式称为电力拖动,其中电动机为原动机,生产机械是负载。

电力拖动系统中所用的电动机种类很多,生产机械的性质也各不相同。因此,需要找出它们普遍的运动规律,予以分析。从动力学的角度看,它们都服从动力学的统一规律。所以,在研究电力拖动时,首先要分析电力拖动系统的动力学问题,建立电力拖动系统的运动方程。

3.1.1 运动方程

电力拖动系统的运动方程描述了系统的运动状态,系统的运动状态取决于作用在原动机转轴上的各种转矩。下面分析电动机直接与生产机械的工作机构相接时,拖动系统的各种转矩及运动方程。电动机的电磁转矩 T_{em} 通常与转速 n 同方向,是驱动性质的转矩;生产机械的工作机构转矩,即负载转矩 T_L 通常是制动性质的转矩。如果忽略电动机的空载转矩 T_0,根据牛顿第二定律可知,拖动系统旋转时的运动方程为

$$T_{em} - T_L = J \frac{d\Omega}{dt} \tag{3-1}$$

式中 J——运动系统的转动惯量,$kg \cdot m^2$;

Ω——系统旋转的角速度,rad/s;

$J \dfrac{d\Omega}{dt}$——系统的惯性转矩,$N \cdot m$。

在实际工程计算中,经常用转速 n 代替角速度 Ω 来表示系统的转动速度,用飞轮惯量或称飞轮矩 GD^2 代替转动惯量 J 来表示系统的机械惯性。Ω 与 n、J 与 GD^2 的关系分别为

$$\Omega = \frac{2\pi n}{60} \tag{3-2}$$

$$J = m\rho^2 = \frac{G}{g} \cdot \frac{D^2}{4} = \frac{GD^2}{4g} \tag{3-3}$$

式中 n——转速,r/min;

m——旋转体的质量,kg;

G——旋转体的重量,N;

ρ——转动部分的惯性半径,m,$\rho^2 = (\dfrac{D}{2})^2 = \dfrac{D^2}{4}$;

D——转动部分的惯性直径,m;

g——重力加速度,$g = 9.8\ m/s^2$。

把式(3-2)和式(3-3)代入式(3-1),可得运动方程的实用形式,即

$$T_{em} - T_L = \frac{GD^2}{375} \cdot \frac{dn}{dt} \tag{3-4}$$

式中　GD^2——旋转体的飞轮矩，$N \cdot m^2$；

$\dfrac{\mathrm{d}n}{\mathrm{d}t}$——单位为 $r/(\min \cdot s)$。

式(3-4)中的375具有加速度的量纲，即 m/s^2；飞轮矩 GD^2 是反映物体旋转惯性的一个整体物理量。电动机和生产机械的 GD^2 可从产品样本和有关设计资料中查到。

由式(3-4)可知，系统的旋转运动分为三种状态：

(1)当 $T_{em} = T_L$，$\dfrac{\mathrm{d}n}{\mathrm{d}t} = 0$ 时，系统处于静止或恒转速运行状态，即处于稳态；

(2)当 $T_{em} > T_L$，$\dfrac{\mathrm{d}n}{\mathrm{d}t} > 0$ 时，系统处于加速运行状态，即处于瞬态过程；

(3)当 $T_{em} < T_L$，$\dfrac{\mathrm{d}n}{\mathrm{d}t} < 0$ 时，系统处于减速运行状态，即处于瞬态过程。

可见，当 $\dfrac{\mathrm{d}n}{\mathrm{d}t} \neq 0$ 时，系统处于加速或减速运行状态，即处于动态。所以常把 $T_{em} - T_L$ 称为动负载转矩，而把 T_L 称为静负载转矩，运动方程式(3-4)就是动态的转矩平衡方程式。

3.1.2　运动方程中转矩方向的确定

在电力拖动系统中，随着生产机械负载类型和工作状况的不同，电动机的运行状态将发生变化，即作用在电动机转轴上的电磁转矩(拖动转矩)T_{em} 和负载转矩(制动转矩)T_L 的大小和方向都可能发生变化。因此，运动方程式(3-4)中的转矩 T_{em} 和 T_L 是带有正、负号的代数量。在应用运动方程时，必须注意转矩的正、负号。一般规定如下：

首先选定电动机处于电动状态时的旋转方向为转速 n 的正方向，然后按照下列规则确定转矩的正、负号：

(1)电磁转矩 T_{em} 与转速 n 的正方向相同时为正，相反时为负；

(2)负载转矩 T_L 与转速 n 的正方向相反时为正，相同时为负；

(3)惯性转矩 $\dfrac{GD^2}{375} \cdot \dfrac{\mathrm{d}n}{\mathrm{d}t}$ 的大小及正、负号由 T_{em} 和 T_L 的代数和决定。

3.2　生产机械的负载特性

电力拖动的运动方程，集电动机的电磁转矩 T_{em}、生产机械的负载转矩 T_L 及系统的转速 n 之间的关系于一体，描述了拖动系统的运动状态。但是要对运动方程求解，首先必须知道电动机的机械特性 $n = f(T_{em})$ 和生产机械(负载)的机械特性 $n = f(T_L)$。

生产机械运行时常用负载转矩标志其负载的大小，不同的生产机械的转矩随转速变化的规律而不同，负载的机械特性也称为负载转矩特性，简称负载特性。

生产机械的负载转矩特性基本上可以分为以下三大类。

3.2.1 恒转矩负载特性

恒转矩负载特性,指生产机械的负载转矩 T_L 的大小与转速 n 无关的特性,即无论转速 n 如何变化,负载转矩 T_L 的大小都保持不变。根据负载转矩的方向与转向的关系,恒转矩负载又分为反抗性恒转矩负载和位能性恒转矩负载两种。

1. 反抗性恒转矩负载

这类负载的特点:负载转矩的大小恒定不变,而负载转矩的方向总是与转速的方向相反,即负载转矩的性质总是起反抗运动作用的阻转矩性质。显然,反抗性恒转矩负载特性曲线在第一和第三象限内,如图 3-1 所示。皮带运输机、轧钢机、机床的刀架平移和行走机构等由摩擦力产生转矩的机械都属于反抗性恒转矩负载。

2. 位能性恒转矩负载

这类负载是由拖动系统中某些具有位能的部件(如起重类型负载中的重物)造成的,其特点:不仅负载转矩的大小恒定不变,而且负载转矩的方向也不变。例如起重机,无论是提升重物还是下放重物,由物体重力所产生的负载转矩的方向是不变的。因此,位能性恒转矩负载特性曲线位于第一和第四象限内,如图 3-2 所示。

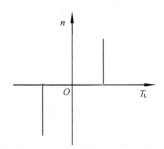

图 3-1 反抗性恒转矩负载特性曲线

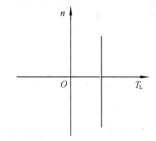

图 3-2 位能性恒转矩负载特性曲线

3.2.2 恒功率负载特性

恒功率负载的特点:负载转矩与转速的乘积为一常数,即负载功率 $P_L = T_L \Omega = \dfrac{2\pi}{60} T_L n = $ 常数,也就是负载转矩 T_L 与转速 n 成反比。恒功率负载特性曲线如图 3-3 所示。

某些生产工艺要求具有恒功率负载特性。例如车床的切削,粗加工时需要较大的吃刀量和较低的转速,精加工时需要较小的吃刀量和较高的转速;又如轧钢机轧制钢板时,小工件需要高速度小转矩,大工件需要低速度大转矩。这些工艺要求都需要利用恒功率负载特性。

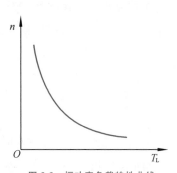

图 3-3 恒功率负载特性曲线

3.2.3 通风机类负载特性

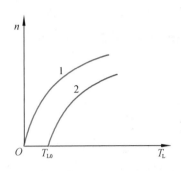

图 3-4 通风机类负载特性曲线

水泵、油泵、通风机和螺旋桨等机械的负载转矩基本上与转速的平方成正比,即 $T_L \propto kn^2$,其中 k 是比例常数。这类机械的负载特性曲线是一条曲线,如图 3-4 中曲线 1 所示。

以上介绍的恒转矩负载特性、恒功率负载特性及通风机类负载特性都是从实际各种负载中概括出来的典型的负载特性。实际生产机械的负载特性可能是以某类典型特性为主,或者是几种典型特性的结合。例如,实际通风机除了主要具有通风机类负载特性外,由于其轴承上还有一定的摩擦转矩 T_{L0},因而实际通风机的负载特性应为 $T_L = T_{L0} + kn^2$,如图 3-4 中曲线 2 所示。

3.3 直流电动机的机械特性

电动机的机械特性是指电动机的转速 n 与其电磁转矩 T_{em} 之间的关系:$n = f(T_{em})$。

3.3.1 直流电动机的机械特性方程

他励直流电动机的接线如图 3-5 所示。

电枢回路的总电阻称为电枢内阻 R_a,电枢回路有时还串入附加电阻,此时电枢回路电阻包括附加电阻。为了使电动机能正常工作,在励磁电路中一般加入一个可调节大小的电阻,用于调节励磁电流的大小。

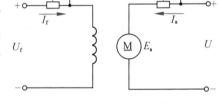

图 3-5 他励直流电动机的接线

我们已经知道直流电动机的几个基本公式:

电磁转矩 $\qquad\qquad T_{em} = C_T \Phi I_a$

感应电动势 $\qquad\qquad E_a = C_e \Phi n$

电枢回路电压平衡方程 $\qquad U = E_a + I_a R_a$

由上面的公式可得机械特性方程为

$$n = \frac{U}{C_e \Phi} - \frac{R_a}{C_e C_T \Phi^2} T_{em} \qquad (3-5)$$

当 U、R_a、Φ 的数值不变时,直流电动机的机械特性方程可写为

$$n = n_0 - \beta T_{em} = n_0 - \Delta n \qquad (3-6)$$

式中 　n_0——电磁转矩 $T_{em} = 0$ 时的转速,称为理想空载转速,$n_0 = U/C_e\Phi$,电动机实际空载运行时,由于 $T_{em} = T_0 \neq 0$,所以实际空载转速 n_0' 略小于理想空载转速 n_0;

　　β——机械特性的斜率,$\beta = R_a/C_e C_T \Phi^2$;

　　Δn——转速降,$\Delta n = R_a T_{em}/C_e C_T \Phi^2$。

在同样的理想空载转速下,β 值较小时,直线倾斜不大,即转速随电磁转矩的变化较小,称此机械特性为硬机械特性;β 值越大,直线倾斜越厉害,称此机械特性为软机械特性。电动机的机械特性分为固有机械特性和人为机械特性。

3.3.2 直流电动机的固有机械特性

把他励直流电动机的电源电压、磁通保持额定值,电枢回路未接附加电阻时的机械特性称为固有机械特性。其固有机械特性的方程为

$$n = \frac{U_N}{C_e \Phi_N} - \frac{R_a}{C_e C_T \Phi_N^2} T_{em} \tag{3-7}$$

式中,U_N 可以从铭牌数据中查到;电枢电阻 R_a 可由近似公式估算得到。

一般电动机额定运行时,铜损耗是总损耗的 $\frac{1}{2} \sim \frac{2}{3}$,则电枢电阻为

$$R_a = (\frac{1}{2} \sim \frac{2}{3}) \frac{U_N I_N - P_N}{I_N^2} \tag{3-8}$$

得到 R_a 后,$C_e \Phi_N$ 可根据额定运行时的电压平衡方程得出

$$C_e \Phi_N = \frac{U_N - I_N R_a}{n_N}$$

从而求出

$$C_T \Phi_N = \frac{C_e \Phi_N}{0.105}$$

如果要绘出电动机的机械特性曲线,可以按照上面的计算步骤,在机械特性方程中代入不同的电磁转矩,就可以得到不同的转速。他励直流电动机的固有机械特性曲线如图 3-6 所示。

可以看出,他励直流电动机的固有机械特性曲线是一条直线。因为电枢电阻较小,对应额定电磁转矩时的转速降也很小,所以他励直流电动机的固有机械特性是硬特性。

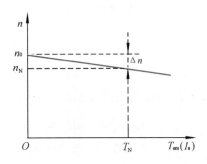

图 3-6　他励直流电动机的固有机械特性曲线

3.3.3 直流电动机的人为机械特性

如果人为地改变电动机机械特性中磁通、电源电压和电枢回路串联电阻任意一个或两个,甚至三个参数,这样得到的机械特性称为人为机械特性。

1.电枢回路串接电阻时的人为机械特性

当电源电压和磁通都是额定值时,电枢回路串接电阻,这时的人为机械特性方程为

$$n = \frac{U_N}{C_e \Phi_N} - \frac{R_a + R_{ad}}{C_e C_T \Phi_N^2} T_{em} \tag{3-9}$$

与固有机械特性相比,电枢回路串接电阻的人为机械特性的特点:

（1）理想空载转速保持不变。

（2）斜率 β 随 R_{ad} 的增大而增大，转速降增大，特性曲线变软。如图 3-7 所示是 R_{ad} 不同时的一组人为机械特性曲线。改变电阻 R_{ad} 的大小，可使电动机的转速发生变化。

2. 改变电枢电压时的人为机械特性

当他励直流电动机由电压可调的电源供电时，保持额定磁通不变，电枢回路也不串接电阻，改变电枢电压可得到另一类人为机械特性。由于电动机的外加电压不允许超过额定值，因此改变电枢电压只能在额定值以下进行。改变电枢电压的人为机械特性方程为

$$n=\frac{U}{C_e\Phi_N}-\frac{R_a}{C_eC_T\Phi_N^2}T_{em} \tag{3-10}$$

由式（3-10）看出，减小电枢电压后，理想空载转速 n_0 下降，特性曲线的斜率 β 不变，因此减小电枢电压情况下的人为机械特性曲线是一组平行线，如图 3-8 所示。改变电枢电压可以调速。当负载转矩不变时，电压越小，转速也越低。

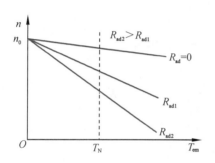

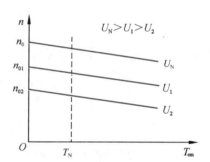

图 3-7　他励直流电动机电枢回路串接电阻时的人为机械特性曲线

图 3-8　他励直流电动机改变电枢电压时的人为机械特性曲线

3. 改变磁通时的人为机械特性

保持电动机的电枢电压为额定值，电枢回路不串接电阻，改变他励直流电动机励磁绕组的串联电阻 R_{ad}，就可以改变励磁电流，从而改变磁通。由此得出改变磁通时的人为机械特性方程为

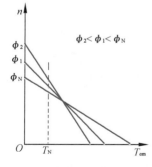

图 3-9　他励直流电动机改变磁通时的人为机械特性曲线

$$n=\frac{U_N}{C_e\Phi}-\frac{R_a}{C_eC_T\Phi^2}T_{em} \tag{3-11}$$

由于电动机设计时，Φ_N 处于磁化曲线的膝点，接近饱和值，因此，磁通一般从额定值 Φ_N 减弱。与固有机械特性相比，改变磁通时的人为机械特性的特点：

（1）理想空载转速与磁通成正比，比例系数为负，减弱磁通 Φ，n_0 升高。

（2）斜率 β 与磁通的平方成反比，减弱磁通使斜率增大。改变磁通时的人为机械特性曲线如图 3-9 所示，它是一组随 Φ 减弱，理想空载转速升高，斜率绝对值变大的直线。

例 一台他励直流电动机的铭牌数据：$P_N = 13$ kW，$U_N = 220$ V，$I_N = 68.6$ A，$n_N = 1\,500$ r/min。（比例系数取 $\frac{1}{2}$）

(1)绘制固有机械特性曲线。

(2)绘制下述情况下的人为机械特性曲线：

①电枢电路串接电阻 $R_{ad} = 0.9$ Ω；

②电源电压降至 $U = \frac{1}{2}U_N = 110$ V；

③磁通减至 $\Phi = \frac{2}{3}\Phi_N$。

解 (1)绘制固有机械特性曲线

计算电枢电阻 R_a、$C_e\Phi_N$ 及 n_0：

$$R_a = \frac{1}{2} \cdot \frac{U_N I_N - P_N}{I_N^2} = \frac{220 \times 68.6 - 13 \times 1\,000}{2 \times 68.6^2} = 0.222\ \Omega$$

$$C_e\Phi_N = (U_N - I_N R_a)\frac{1}{n_N} = \frac{220 - 68.6 \times 0.222}{1\,500} = 0.136$$

$$n_0 = \frac{U_N}{C_e\Phi_N} = \frac{220}{0.136} = 1\,618\ \text{r/min}$$

计算额定电磁转矩 T_{em}

$$C_T\Phi_N = \frac{C_e\Phi_N}{0.105} = \frac{0.136}{0.105} = 1.30$$

$$T_{em} = C_T\Phi_N I_N = 1.30 \times 68.6 = 89.18\ \text{N} \cdot \text{m}$$

固有机械特性曲线如图 3-10 中曲线 1 所示。

(2)绘制人为机械特性曲线

①电枢电路串接电阻 $R_{ad} = 0.9$ Ω，$n_0 = 1\,618$ r/min。电磁转矩 $T_{em} = 89.18$ N·m 时，电枢电流为 $I_N = 68.6$ A，电动机的转速为

$$n = n_0 - \frac{I_N(R_a + R_{ad})}{C_e\Phi_N} = 1\,618 - \frac{68.6 \times (0.222 + 0.9)}{0.136} = 1\,052\ \text{r/min}$$

其串联电阻的人为机械特性曲线如图 3-10 中曲线 2 所示。

②电源电压降至 $U = 110$ V，在理想空载时，理想空载转速 n_0' 为

$$n_0' = \frac{U}{C_e\Phi_N} = \frac{110}{0.136} = 809\ \text{r/min}$$

额定电磁转矩时，电枢电流仍为 $I_N = 68.6$ A，此时电动机的转速为

$$n' = n_0' - \frac{I_N R_a}{C_e\Phi_N} = 809 - \frac{68.6 \times 0.222}{0.136} = 697\ \text{r/min}$$

其降压的人为机械特性曲线如图 3-10 中曲线 3 所示。

③磁通减至 $\Phi = \frac{2}{3}\Phi_N$ 时，电动机在 $T_{em} = 0$ 时，理想空载转速 n_0'' 为

$$n_0'' = \frac{U_N}{C_e\Phi} = \frac{U_N}{\frac{2}{3}C_e\Phi_N} = \frac{220}{\frac{2}{3}\times0.136} = 2\ 426\ \text{r/min}$$

当 $T_{em} = 89.18$ N·m 时，因磁通减小了，电动机的转速为

$$n'' = n_0'' - \frac{R_a}{\frac{2}{3}C_e\Phi_N \times \frac{2}{3}C_T\Phi_N} T_{em}$$

$$= 2\ 426 - \frac{0.222}{\frac{2}{3}\times0.136 \times \frac{2}{3}\times1.30}\times89.18$$

$$= 2\ 174\ \text{r/min}$$

其减弱磁通的人为机械特性曲线如图3-10中曲线4所示。

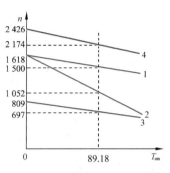

图 3-10　电动机的机械特性曲线

3.4　电力拖动系统稳定运行的条件

　　一台电动机拖动生产机械，以多高的转速运行，取决于电动机的机械特性和生产机械的负载特性。如果知道了生产机械的负载转矩特性 $n = f(T_L)$ 和电动机的机械特性 $n = f(T_{em})$，把两种特性配合起来，就可以研究电力拖动系统的稳定运行问题。

　　设有一电力拖动系统，原来在某一转速下运行，由于受到外界某种扰动，如负载的突然变化或电网电压的波动等，系统的转速发生变化而离开了原来的平衡状态，如果系统能在新的条件下达到新的平衡状态，或者当外界扰动消失后能自动恢复到原来的转速下继续运行，则称该系统是稳定的；如果当外界扰动消失后，系统的转速或是无限制地上升，或是一直下降至零，则称该系统是不稳定的。

　　一个电力拖动系统能否稳定运行，是由电动机机械特性和负载转矩特性的配合情况决定的，当把实际系统简化为单轴系统后，电动机的机械特性和负载的转矩特性可绘在同一坐标图中，图 3-11 给出了恒转矩负载特性和电动机的两种不同机械特性的配合情况。下面以图 3-11 为例，分析电力拖动系统稳定运行的条件。

　　由运动方程可知，系统处于恒转速运行的条件是电磁转矩 T_{em} 与负载转矩 T_L 相等。所以图 3-11 中，电动机机械特性和负载转矩特性的交点 A 或 B 是系统运行的工作点。在 A 或 B 点处，均满足 $T_{em} = T_L$，且均具有恒定的转速 n_A 或 n_B，但是，当出现扰动时，它们的运行情况是有区别的。

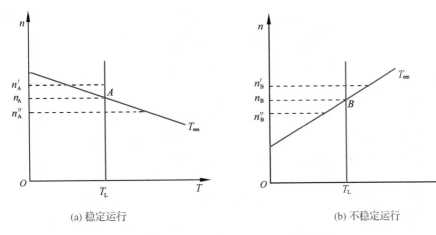

图 3-11　电力拖动系统稳定运行的条件

当在 A 点运行时，若扰动使转速获得一个微小的增量 Δn，转速由 n_A 上升到 n'_A，此时电磁转矩小于负载转矩，所以当扰动消失后，系统将减速，直到回到 A 点运行。若扰动使转速由 n_A 下降到 n''_A，此时电磁转矩大于负载转矩，所以当扰动消失后，系统将加速，直到回到 A 点运行，可见 A 点是系统的稳定运行点。当在 B 点运行时，若扰动使转速获得一个微小的增量 Δn，转速由 n_B 上升到 n'_B，这时电磁转矩大于负载转矩，即使扰动消失了，系统也将一直加速，不可能回到 B 点运行。若扰动使转速由 n_B 下降到 n''_B，则电磁转矩小于负载转矩，扰动消失后，系统将一直减速，也不可能回到 B 点运行，因此 B 点是不稳定运行点。

通过以上分析可知，电力拖动系统的工作点在电动机机械特性与负载转矩特性的交点上，但是并非所有的交点都是稳定工作点。也就是说，$T_{em} = T_L$ 仅仅是系统稳定运行的一个必要条件，而不是充分条件。要实现稳定运行，还需要电动机机械特性与负载转矩特性在交点($T_{em} = T_L$)处配合得好。因此，电力拖动系统稳定运行的充分必要条件是：

(1)必要条件　电动机的机械特性与负载的转矩特性必须有交点，即存在 $T_{em} = T_L$。

(2)充分条件　在交点 $T_{em} = T_L$ 处，满足 $\dfrac{dT_{em}}{dn} < \dfrac{dT_L}{dn}$。或者说，在交点的转速以上存在 $T_{em} < T_L$，而在交点的转速以下存在 $T_{em} > T_L$。

由于大多数负载转矩都随转速的升高而增大或者保持恒定，因此只要电动机具有下倾的机械特性，就能满足稳定运行的条件。

应当指出，上述电力拖动系统的稳定运行条件，无论对直流电动机还是对交流电动机都是适用的，具有普遍的意义。

电机与拖动技术（基础篇）

思考与练习

3-1　什么是电力拖动系统？

3-2　写出电力拖动系统的运动方程，并说明该方程中转矩正、负号的确定方法。如何判定系统是处于加速、减速、稳定还是静止的各种运行状态？

3-3　绘图表示生产机械的负载特性有哪几种基本类型？

3-4　什么是电动机的固有机械特性和人为机械特性？

3-5　什么是电动机稳定运行？电力拖动系统稳定运行的充分必要条件是什么？

3-6　他励直流电动机稳定运行时，电磁转矩和电枢电流的大小由什么决定？

3-7　在同一张图上定性地绘出直流电动机的固有机械特性曲线和人为机械特性曲线。

3-8　图 3-12 中，哪些系统是稳定的？哪些系统是不稳定的？

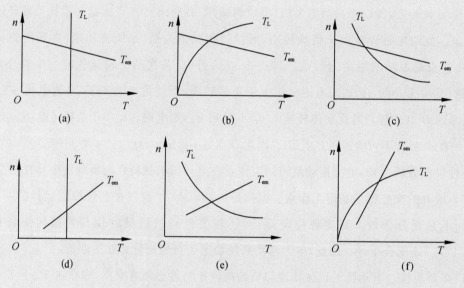

图 3-12　题 3-8 图

3-9　一台并励直流电动机，$U_N=220$ V，$R_a=0.316$ Ω，理想空载转速 $n_0=1\,600$ r/min。求电枢电流为 50 A 时，电动机的转速 n 和电磁转矩 T_{em}。

3-10　一台他励直流电动机，$P_N=10$ kW，$U_N=220$ V，$I_N=53.4$ A，$n_N=1\,500$ r/min。求下列几种情况下的机械特性方程，并在同一坐标上绘出机械特性曲线：

(1)固有机械特性；

(2)电枢回路串接 1.6 Ω 电阻；

(3)电源电压降至原来的一半；

(4)磁通减小 30%。

3-11　他励直流电动机，$P_N=18$ kW，$U_N=220$ V，$n_N=1\,000$ r/min，$I_N=94$ A，$R_a=0.152$ Ω，则在额定负载下，转速降至 800 r/min 稳定运行，应外串多大电阻？

一、填空题

　　1. 他励直流电动机的固有机械特性是指在（　　　　　）的条件下,（　　　　　）和（　　　　　）的关系。

　　2. 以电动机带动生产机械运转的拖动方式称为（　　　　　）,其中（　　　　　）为原动机,（　　　　　）为负载。

　　3. 在同样的理想空载转速下,β 值较小时,直线倾斜不大,称此机械特性为（　　　　　）机械特性;β 值较大时,直线倾斜较大,称此机械特性为（　　　　　）机械特性。

二、选择题

　　1. 电力拖动系统运动方程中的 GD^2 反映了（　　　）。

　　A. 旋转体的重量与旋转体直径平方的乘积,它没有任何物理意义

　　B. 系统机械惯性的大小,它是一个整体物理量

　　C. 系统储能的大小,但它不是一个整体物理量

　　2. 某他励直流电动机的人为机械特性与固有机械特性相比,其理想空载转速和斜率均发生了变化,那么此人为机械特性一定是（　　　）。

　　A. 电枢回路串接电阻的人为机械特性

　　B. 改变电枢电压的人为机械特性

　　C. 改变磁通时的人为机械特性

三、判断题

　　1. 电力拖动系统的稳定运行条件只适用于直流电动机。　　　　　　　　（　　　）

　　2. 位能性恒转矩负载位于第一象限与第三象限内。　　　　　　　　　　（　　　）

　　3. 如图 3-13 所示,电力拖动系统在 B 点以下能稳定运行。　　　　　　（　　　）

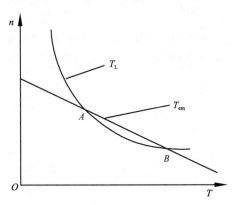

图 3-13　判断题 3 图

四、简答题

1.电力拖动系统稳定运行的条件是什么？

2.生产机械的负载特性有哪几种基本类型？（绘图说明）

五、计算题

一台他励直流电动机，铭牌数据为 $P_N = 60$ kW，$U_N = 220$ V，$I_N = 305$ A，$n_N = 1\ 000$ r/min。求：

(1)固有机械特性曲线，并绘制在坐标纸上；

(2)$T_{em} = 0.75T_N$ 时的转速；

(3)转速 $n_N = 1\ 100$ r/min 时的电枢电流。

第4章
直流电机的电力拖动

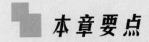

本章要点

本章首先介绍启动过程中存在的问题、启动要求、启动方法等基本知识，然后介绍制动目的及三种制动方式，最后介绍调速性能指标、调速方法及直流电动机的反转。

通过本章的学习，应达到以下要求：

- 了解启动过程存在的问题、启动基本要求，掌握启动方法。
- 掌握能耗制动、反接制动、回馈制动三种制动方式。
- 掌握调速性能指标，熟悉直流电动机各种调速方法及应用。

直流电动机的启动、调速及反转是使用中经常遇到的问题，本章将介绍它们的基本原理、方法和优缺点。

4.1　他励直流电动机的启动

4.1.1　启动过程存在的问题

电动机的启动是指电动机接通电源后,由静止状态加速到稳定运行状态的过程。如果给他励直流电动机直接加上额定电压启动,即直接启动,将会产生大的启动电流和过大的启动转矩。

1. 过大的启动电流

因为电动机启动瞬间是静止的,转速 $n=0$,电枢电动势 $E_a=0$,故启动电流为

$$I_{st}=U_N/R_a \tag{4-1}$$

因为电枢电阻 R_a 很小,所以启动电流将达到很大的数值,通常可为额定电流的 $10\sim20$ 倍。从电动机本身考虑,换向条件许可的最大电流通常只为额定电流的 2 倍左右,同时,过大的启动电流使电网电压迅速减小,引起电网电压的波动,影响其他设备的正常工作。过大的启动电流会在电刷与换向器间产生强烈的火花,使电刷与换向器表面接触电阻增大,使电动机在正常运行时的转速降落增大,使电动机的换向严重恶化,甚至会烧毁电动机。

2. 过大的启动转矩

启动转矩为

$$T_{st}=C_T\Phi I_{st} \tag{4-2}$$

因为电动机启动电流很大,故启动转矩也很大,通常可为额定转矩的 $10\sim20$ 倍。电枢绕组会因受到过大的电动力而损坏;对于传动机构来说,过大的启动转矩会损坏齿轮等传动部件。

直流电动机启动时,必须满足下列三项要求:

(1)启动电流不能过大;

(2)启动转矩足够大,以保证电动机正常启动;

(3)启动设备要简单、可靠。

他励直流电动机的启动方法有三种,即直接启动(此方法因启动电流太大,一般不采用)、电枢回路串接电阻启动、减小电枢电压启动。

4.1.2　直接启动

直接启动又称全压启动,是指在接通励磁电压后,不采取任何限制启动电流的措施,把他励直流电动机的电枢直接接到额定电压的电源上启动。由于电枢电感一般很小,拖动系统的机械惯性较大,因此,通电瞬间电枢转速 $n=0$,感应电动势 $E_a=0$,启动电流 $I_{st}=U_N/R_a$,启动转矩 $T_{st}=C_T\Phi I_{st}$。

直接启动过程可以用如图 4-1 所示的机械特性曲线来说明,

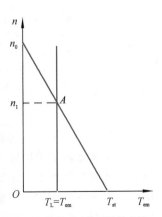

图 4-1　直接启动机械特性曲线

特性曲线的斜率由电枢电阻决定。设电动机的负载转矩为 T_L，电枢电压接通后因启动转矩 T_{st} 很大，直流电动机开始升速，随着转速 n 的上升，感应电动势 E_a 随之增大，电枢电流 I_a 减小，电磁转矩 T_{em} 减小，但此时 T_{em} 仍大于 T_L，转速继续上升，直至电动机的机械特性与负载特性相交于 A 点，$n=n_1$，$T_{em}=T_L$，启动过程结束。

直接启动不需要专用启动设备，操作简便，主要缺点是启动电流太大。因此只有额定功率在几百瓦以下的直流电动机才能在额定电压下直接启动，额定功率较大的电动机启动时必须采取措施限制启动电流，即采用电枢回路串接电阻启动或减小电枢电压启动。

4.1.3 电枢回路串接电阻启动

一般的他励直流电动机，启动时在电枢回路中串接电阻来限制启动电流。专门用来启动电动机的电阻称为启动电阻器（又称为启动器）。启动器实际上是一个多级电阻，启动时，将启动电阻全部串入，当转速上升时，再将电阻分级逐步切除，直到电动机的转速上升到稳定值，启动过程结束。

他励直流电动机串接三级启动电阻的启动过程如图 4-2 所示。KM 为接通电源用的接触器主触点，KM_1、KM_2、KM_3 为启动过程中切除启动电阻的三个接触器的主触点，$R_1=R_a+R_{st1}+R_{st2}+R_{st3}$ 为电枢电路总电阻。启动时使励磁绕组有额定电流流入，然后将接触器 KM 主触点闭合，接通电枢电源，此时接触器 KM_1、KM_2、KM_3 断开，启动电阻全部串入电枢。设电枢电压为 U，则启动电流 $I_{st}=U/R_1$，由 I_{st} 产生启动转矩 T_{st1}。在 T_{st1} 的作用下，电动机开始升速，随着 n 的上升，感应电动势 E_a 相应增大，电枢电流 I_a 减小。当 I_a 减小到 I_2 时，KM_1 主触点闭合，切除电阻 R_{st1}，电枢电流增大到 I_1，转速继续上升，I_a 又开始减小，待 I_a 又减小到 I_2 时，KM_2 主触点闭合，切除电阻 R_{st2}，电枢电流增大到 I_1，转速继续上升，电枢电流 I_a 又开始减小，待 I_a 再次减小到 I_2 时，KM_3 主触点闭合，切除电阻 R_{st3}，此时三级启动电阻全部切除，直流电动机的转速沿着固有机械特性继续上升，直至 $n=n_N$，启动过程结束。

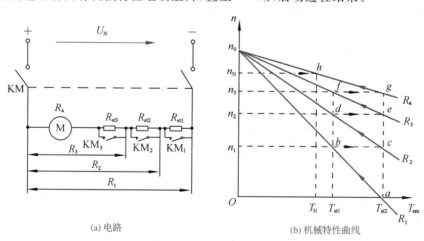

(a) 电路　　　　　　　　　　(b) 机械特性曲线

图 4-2　他励直流电动机电枢串接三级启动电阻的启动过程

以上所述都是手动启动器，在启动过程中，若要使电动机的转速均匀上升，只有让启动电流和启动转矩保持不变，即启动电阻应平滑地切除，但是实际上很难办到。通常将启动电阻分成许多段，分的段越多，则加速过程越平滑。因手动启动靠人操作，不易将各段启动电阻及时切除，因而仍不能保证平滑的启动过程。如果操作不熟练，各段启动电阻切除得太快，将使电动机的启动电流过大,难以保证安全,故手动启动器广泛应用于各种中、小型直流电动机中,而较大容量的直流电动机须采用自动启动器。

4.1.4 减小电枢电压启动

减小电枢电压启动又称降压启动,由专用的直流可调压电源供电,通过减小启动时的电枢电压来限制启动电流。在他励直流电动机中,当外加电压减小时,启动电流也随之正比减小,因而启动转矩减小。电动机启动后,随着转速的上升,可相应增大电压,以获得所需的加速转矩,待电压达到额定值时,电动机稳定运行,启动过程结束。

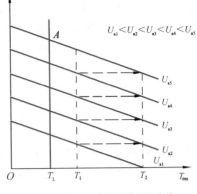

图 4-3 降压启动过程的特性曲线

降压启动过程的特性曲线如图 4-3 所示。在整个启动过程中,利用自动控制方法,使电压连续增大,保持电枢电流为最大允许电流,从而使系统在较大的加速转矩下迅速启动。自动化生产线中均采用降压启动,在实际工作中一般从 50 V 开始启动,稳定后逐渐增大电压直至达到生产要求的转速为止,因此这是一种比较理想的启动方法。

降压启动的优点是启动电流小,启动过程中消耗的能量小,启动平滑,但需配备专用的直流电源,设备投资较大,多用于要求经常启动的大、中型直流电动机。

4.2 他励直流电动机的制动

根据电磁转矩 T_{em} 与转速 n 之间的方向关系,可以将电动机分为两种运行状态:当 T_{em} 与 n 同方向时,为电动运行状态,简称电动状态;当 T_{em} 与 n 方向相反时,为制动运行状态,简称制动状态。

在电力拖动系统中,电动机经常需要工作在制动状态。例如,许多生产机械工作时,常常需要快速停止或者由高速运行迅速降到低速运行,这就要求电动机进行制动;对于起重机下放重物,为了获得稳定的下放速度,电动机必须运行在制动状态。

制动的方法有机械制动和电气制动两种。机械制动是指制动转矩靠摩擦获得,常见的机械制动装置是抱闸;电气制动是指利用电动机制动状态产生阻碍运动的电磁转矩来制动。电气制动具有许多优点,例如没有机械磨损,便于控制,有时还能将输入的机械能转换成电能送回电网,经济节能等,因此得到了广泛应用。

他励直流电动机的电气制动方法可分为三种,即能耗制动、反接制动和回馈制动,下面分别加以介绍。

4.2.1 能耗制动

如图 4-4 所示是能耗制动接线。开关合在 1 的位置为电动状态;开关合在 2 的位置,电动机便进入能耗制动状态。

能耗制动时,切断直流电源并串入一个制动电阻 R_z,在拖动系统惯性作用下,电动机继续旋转,励磁仍然保持不变。在电动势作用下,电动机变成发电机状态,把旋转系统所贮存的动能变为电能,消耗在制动电阻和电枢内阻中,故称为能耗制动。由于此时电动机的电压 $U=0$,则电枢电流为

$$I_a = \frac{U-E_a}{R} = -\frac{E_a}{R_a+R_z} \tag{4-3}$$

电枢电流与电动运行状态的电枢电流方向相反,由此产生的电磁转矩也与电动状态的电磁转矩方向相反,变为制动转矩,使电动机很快减速直至停转。

在能耗制动时,因为 $U=0$,$n_0=0$,所以电动机的机械特性方程为

$$n = -\frac{R}{C_e\Phi}I_a = -\frac{R_a+R_z}{C_eC_T\Phi^2}T_{em} \tag{4-4}$$

能耗制动时机械特性曲线为通过原点的直线,它的斜率 $\beta = -\frac{R_a+R_z}{C_eC_T\Phi^2}$ 与电枢回路总电阻成正比,机械特性曲线位于第二象限。图 4-5 中还绘出不同制动电阻下的机械特性曲线。可以看出,在一定的转速下,电枢总电阻越大,制动电流和制动转矩就越小。因此,在电枢回路中串接不同的电阻值,可满足不同的制动要求。当确定了制动时最大允许电流 I_{amax} 时,可由式(4-4)计算出电阻 R_z 的数值。由于

$$R = R_z + R_a = -\frac{E_a}{I_a}$$

故

$$R_z = -\frac{E_a}{I_a} - R_a = -\frac{C_e\Phi n}{I_a} - R_a \tag{4-5}$$

式中　E_a——制动起始时的电枢电动势;

n——制动起始时电动机的转速;

I_a——制动起始时的制动电流。

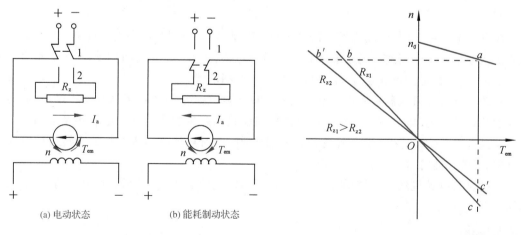

图 4-4　能耗制动接线　　　　　图 4-5　能耗制动机械特性曲线

能耗制动的优点:制动减速较平稳可靠;控制线路较简单;当转速减至零时,制动转矩也减小到零,便于实现准确停止。其缺点:制动转矩随转速下降成正比地减小,影响制动效果。

能耗制动适用于不可逆运行、制动减速要求较平稳的情况下。

例 一台他励直流电动机,额定数据为 $P_N=40\ kW$,$U_N=220\ V$,$I_N=210\ A$,$n_N=1\ 000\ r/min$,电动机电枢电阻 $R_a=0.07\ \Omega$。求:

(1)在额定情况下进行能耗制动,欲使切换点的制动电流等于 $2I_N$,电枢应外接多大的制动电阻?

(2)机械特性方程。

(3)如电枢无外接电阻,制动电流有多大?

解 (1)在额定情况下运行,电动机电动势为

$$E_{aN}=U_N-I_NR_a=220-210\times0.07=205.3\ V$$
$$I_a=-2I_N=-2\times210=-420\ A$$

能耗制动时电枢电路总电阻为

$$R=-\frac{E_{aN}}{I_a}=-\frac{205.3}{-420}=0.489\ \Omega$$

应接入的制动电阻为

$$R_z=R-R_a=0.489-0.07=0.419\ \Omega$$

(2)机械特性方程

$$C_e\Phi_N=\frac{E_{aN}}{n_N}=\frac{205.3}{1\ 000}=0.205$$

$$C_T\Phi_N=\frac{C_e\Phi_N}{0.105}=1.952$$

特性方程为

$$n=-\frac{R}{C_eC_T\Phi_N^2}T_{em}=-\frac{0.489}{0.205\times1.952}T_{em}=-1.222T_{em}$$

(3)如不外接制动电阻,制动电流为

$$I_a=-\frac{E_{aN}}{R_a}=-\frac{205.3}{0.07}=-2\ 932.857\ A$$

此电流约为额定电流的 14 倍。所以能耗制动时,不许直接将电枢短接,必须接入一定数值的制动电阻。

4.2.2 反接制动

反接制动分为电源反接制动和倒拉反接制动两种。

1. 电源反接制动

反接制动在电源反接的情况下实现,称为电源反接制动。

如图 4-6 所示为电源反接制动原理。当开关投向位置 1 时,电动机以电动状态运行。当开关投向位置 2 时,加到电枢绕组两端的电源电压极性和电动状态相反,电动势方向不变,外加电压与电动势方向相同,故电枢电流为

$$I_a=\frac{-U-E_a}{R}=-\frac{U+E_a}{R} \tag{4-6}$$

电磁转矩方向随 I_a 改变,起制动作用,使转速迅速下降。由于这时电枢电路的电压

$U+E_a \approx 2U$，因此在反接电源的同时必须在电枢回路中串入制动电阻 R_z，以限制过大的制动电流。这个电阻 R_z 一般约等于启动电阻的 2 倍。

电源反接的机械特性方程为

$$n = \frac{-U}{C_e \Phi} - \frac{R_a + R_z}{C_e C_T \Phi^2} T_{em} = -n_0 - \frac{R_a + R_z}{C_e C_T \Phi^2} T_{em} \qquad (4-7)$$

电源反接制动机械特性曲线如图 4-7 所示。在制动前，电动机运行在机械特性曲线 1 的 a 点上，当串接电阻 R_z 并将电源反接的瞬间，电动机工作点变到机械特性曲线 2 的 b 点上，电磁转矩变为制动转矩，使工作点沿机械特性曲线 2 开始减速。当转速降至零时，如果是反抗性负载，当电磁转矩小于负载转矩，即 $T_{em} < T_L$ 时，电动机便停止不动；当电磁转矩大于负载转矩，即 $T_{em} > T_L$ 时，在反向电磁转矩的作用下，电动机将由反向启动进入反向电动运行状态，如图 4-7 中 df 段。如果是位能负载，当 T_L 大于拖动系统空载的摩擦转矩时，则不管电动机在 $n=0$ 时电磁转矩有多大，电动机都反向旋转。要避免电动机反转，必须在 $n=0$ 瞬间及时切断电源，并使机械抱闸动作，保证电动机准确停止。

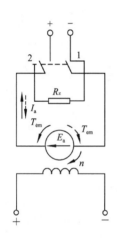

图 4-6　电源反接制动原理

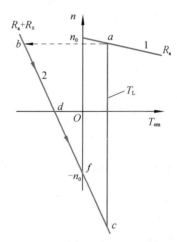

图 4-7　电源反接制动机械特性曲线

2. 倒拉反接制动

倒拉反接制动可用起重装置来说明。图 4-8(a) 中，电动机在提升负载，电动机沿逆时针方向旋转，稳定运行于图 4-9 中机械特性曲线的 a 点上。

如果在电枢电路中串联大电阻 R_z，电枢电流减小，电动机变到该电阻机械特性曲线上的 b 点运行。这时 $T_{em} \leqslant T_L$，电动机的转速下降。转速与转矩的变化沿着该曲线箭头所示的方向。当转速降至零时，若仍有 $T_{em} \leqslant T_L$，则在负载位能转矩作用下，将电动机倒拉反转，其旋转方向变为下放重物的方向，如图 4-8(b) 所示。此时，电动势方向与电源电压方向相同，于是电枢电流为

$$I_a = \frac{U-(-E_a)}{R} = \frac{U+E_a}{R} \qquad (4-8)$$

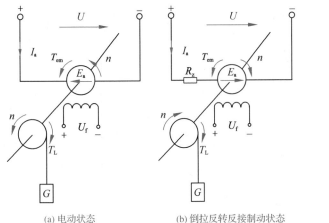

(a) 电动状态　　　　　　(b) 倒拉反转反接制动状态

图 4-8　倒拉反接制动原理

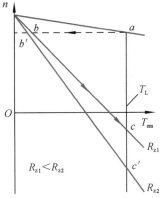

图 4-9　倒拉反接制动机械特性曲线

因为 I_a 方向不变,所以电磁转矩 T_{em} 方向也不变。但因旋转方向已改变,所以电磁转矩变成了阻碍反向运动的制动转矩。如略去 T_0,当 $T_{em} = T_L$ 时,就制止了重物下放速度的继续增大,可稳定运行于图 4-9 中机械特性曲线的 c 点上。

由于串联了大电阻,电动机的转速降 Δn 大于 n_0,电动机的转速变为负值,所以特性曲线应在第四象限内。图 4-9 中绘出了不同电枢电阻下倒拉反接制动的机械特性曲线。

倒拉反接制动时机械特性方程为

$$n = \frac{U}{C_e\Phi} - \frac{R_a + R_z}{C_e C_T \Phi^2} T_{em} = n_0 - \frac{R_a + R_z}{C_e C_T \Phi^2} T_{em} \qquad (4\text{-}9)$$

反接制动的优点:制动转矩较恒定,制动较强烈,效果好。其缺点:需要从电网中吸收大量电能;电源反接制动转速为零时,如不及时切断电源,会自行反向加速。

电源反接制动适用于要求迅速反转、较强烈制动的场合;倒拉反接制动应用于吊车以较慢的稳定转速下放重物。

4.2.3　回馈制动

当起重机下放重物或电机车下坡时,电动机转速都可能超过 n_0,这时电动机将处于回馈制动状态。如图 4-10 所示,重物下放时,习惯以提升方向为正,可设电动机做反向电动运行。在图 4-10(a)中标出了电动机电流和转矩的方向,这时机械特性和电源反接机械特性相同,位能负载转矩仍为正值。如图 4-11 所示,在电动机电磁转矩和位能负载转矩的作用下,电动机沿机械特性曲线 2 在 d 点反向启动并加速。当转速达到某一数值,如图 4-11 所示机械特性曲线 2 上 f' 点,可将串在电枢的外电阻切除,使电动机工作点由 f' 点变换到机械特性曲线 3 上 f 点并继续反向加速。当下放转速超过理想空载转速时,电动机工作点进入第四象限的回馈制动状态。

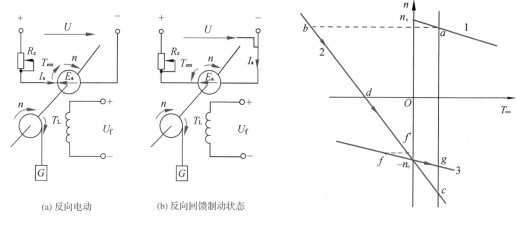

<table>
<tr><td>(a) 反向电动</td><td>(b) 反向回馈制动状态</td></tr>
</table>

图 4-10　回馈制动原理　　　　　　　　图 4-11　回馈制动机械特性曲线

当 $|-n|>|-n_0|$，$E_a>U$ 时，电动机的 I_a 与 E_a 方向相同。电磁转矩随 I_a 改变方向，变为制动转矩。于是电动机变为发电机状态，把系统的动能变为电能，反馈回电网。此时，稳定在 g 点上运转，以 n_g 速度稳定下放重物。从图 4-11 中可以看到，如果电枢电路中保留外接电阻，电动机将稳定在较高转速的 c 点上。为了防止转速过高，减小电阻损耗，在回馈制动时，不宜接入制动电阻。

在上面讨论起重装置的电动机回馈制动时，把提升作为运动的正方向，所以下放重物的回馈制动就是反向制动，机械特性在第四象限。如果把下放方向定为正方向，则应把如图 4-11 所示的机械特性曲线转过 $180°$，成为正向的回馈制动，机械特性曲线在第二象限。

反向回馈制动的稳定转速为

$$n=-n_0-\frac{R}{C_e C_T \Phi^2}T_{em} \qquad (4-10)$$

回馈制动的优点：不需要改接线路即可从电动状态自行转化到制动状态，电能可反馈回电网，简单、可靠、经济。其缺点：制动只能出现在 $n>n_0$ 时，应用范围较小。

回馈制动适用于位能负载的稳定速度下放。

现将各种运转状态的机械特性曲线绘制在图 4-12 中，以便于比较和理解。

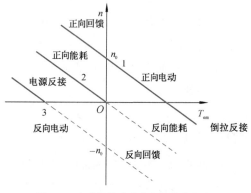

图 4-12　各种运转状态的机械特性曲线

4.2.4　直流电动机的反转

许多生产机械要求电动机做正、反转运行，如起重机的升降、龙门刨床的前进与后退、轧钢机对工件的往返压延等。直流电动机的转向是由电枢电流方向和主磁场方向确定的，要改变其转向：一是改变电枢电流的方向；二是改变励磁电流的方向（即改变主磁场的方向）。如果同时改变电枢电流和励磁电流的方向，则电动机的转向不会改变。

要实现直流电动机的反转，通常采用改变电枢电流方向的方法，具体就是改变电枢两端电压的极性，或者把电枢绕组两端换接，而很少采用改变励磁电流方向的方法。因为励磁绕组匝数较多，电感较大，切换励磁绕组会产生较大的自感电压而危及励磁绕组的绝缘材料。

4.3 他励直流电动机的调速

为了提高生产率或满足生产工艺的要求,许多生产机械都需要调速。例如车床切削工件时,粗加工需要低转速,精加工需要高转速;又如轧钢机在轧制不同品种和不同厚度钢板时,也必须有不同的工作速度。

电力拖动系统的调速可以采用机械调速、电气调速或二者配合起来调速。通过改变传动机构速比进行调速的方法称为机械调速;通过改变电动机参数进行调速的方法称为电气调速。本节只介绍他励直流电动机的电气调速。

根据他励直流电动机的转速公式

$$n = \frac{U}{C_e\Phi} - \frac{R}{C_e C_T \Phi^2} T_{em} \qquad (4-11)$$

可知,他励直流电动机调速方法有三种:改变电枢电路电阻调速;改变磁通调速;改变电压调速。为了评价各种调速方法的优缺点,提出了一定的技术经济指标,称为调速性能指标。下面先介绍调速性能指标。

4.3.1 调速性能指标

电动机速度调节性能的好坏,常用下列各项指标来衡量。

1. 调速范围

调速范围是指电动机拖动额定负载时,所能达到的最大转速与最小转速之比,通常用 D 表示,即

$$D = \frac{n_{max}}{n_{min}} \qquad (4-12)$$

不同的生产机械对电动机的调速范围有不同的要求。要扩大调速范围,必须尽可能地提高电动机的最高转速和降低电动机的最低转速。电动机的最高转速受到电动机的机械强度、换向条件、电压等级等方面的限制,而电动机的最低转速则受到低速运行的相对稳定性等方面的限制。

2. 调速的平滑性

在一定的调速范围内,调速的级数越多,就认为调速越平滑。相邻两个调速级的转速 n_i 与 n_{i-1} 之比称为平滑系数,用 K 表示,即

$$K = \frac{n_i}{n_{i-1}} \qquad (4-13)$$

K 值越接近于1,调速的平滑性越好。无级调速,即转速可以连续调节。调速不连续时,级数有限,称为有级调速。

3. 调速的相对稳定性

调速的相对稳定性是指负载转矩发生变化时,电动机转速随之变化的程度。常用静差率

来衡量调速的相对稳定性,它是指电动机在某一机械特性曲线上运转时,在额定负载下的转速降占理想空载转速 n_0 的百分比,即

$$s=\frac{\Delta n_\mathrm{N}}{n_0}\times100\%$$ (4-14)

静差率和机械特性的硬度有关,电动机的机械特性越硬,转速变化率越小,静差率越小,相对稳定性越高。但机械特性硬度相等,静差率可能不等。如图 4-13 所示,两条互相平行的机械特性,虽然 $\Delta n_\mathrm{N1}=\Delta n_\mathrm{N2}$,但 $n_{01}>n_{02}$,因此 $s_1<s_2$,即低速机械特性的静差率大,相对稳定性差。

不同的生产机械,对静差率的要求不同。普通车床要求 $s\leqslant30\%$,而高精度的造纸机则要求 $s\leqslant0.1\%$。

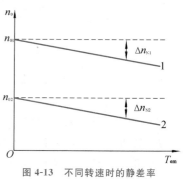
图 4-13 不同转速时的静差率

4.调速的经济性

调速的经济性主要指调速设备的初投资、运行效率及维修费用等。

4.3.2 调速方法

1.电枢回路串接电阻调速

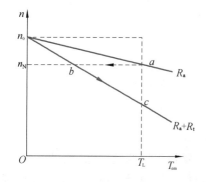
图 4-14 电枢回路串接电阻调速的机械特性曲线

电枢回路串接电阻调速时,必须保持电动机端电压为额定电压,磁通为额定磁通不变,并且假设电动机轴上负载转矩不变。

调速前,电动机带额定负载,运行在 $T_\mathrm{em}=T_\mathrm{L}$ 的固有机械特性曲线 a 点上,如图 4-14 所示,这时电动机的转速为 n_N,电枢电流为 I_N。当电枢串入调速电阻时,电枢电流为

$$I_\mathrm{a}=-\frac{U_\mathrm{N}-C_\mathrm{e}\varPhi_\mathrm{N}n}{R_\mathrm{a}+R_\mathrm{t}}$$ (4-15)

同一瞬间,电动机转速还没有变化,电枢电流将随电枢回路电阻增大而减小,电磁转矩必然减小,这时运行点由 a 点变换到人为机械特性曲线的 b 点上。由于负载转矩 T_L 不变,在 b 点 $T_\mathrm{em}<T_\mathrm{L}$,电动机的转速便降低。在转速降低的同时,电动机的电动势与转速成正比地减小,使电枢电流和对应的电磁转矩又逐渐增大,一直恢复到与 T_L 相平衡的数值为止,电动机的转速便不再下降,稳定在点 c 上。如果负载转矩恒定,电枢电流将保持原值不变,即 $I_\mathrm{c}=I_\mathrm{a}=I_\mathrm{N}$,新的稳定转速为

$$n=n_0-\frac{(R_\mathrm{a}+R_\mathrm{t})}{C_\mathrm{e}C_\mathrm{T}\varPhi^2}T_\mathrm{em}$$ (4-16)

这种调速方法的特点:调速的平滑性差;低速时,特性较软,稳定性较差;轻载时调速效果不大;串入的电阻损耗大,效率低;电动机的转速不宜调节得太低,因此调速范围小,一般 $D=2\sim3$。但这种调速方法具有设备简单、操作方便的优点,适宜做短时调速,在起重和运输牵引装置中得到广泛的应用。

2. 改变磁通调速

他励直流电动机改变磁通调速,比较简便的方法是在励磁电路中串联调速电阻,改变励磁电流,使磁通改变,接线如图 4-15 所示。

电枢电路不串接外电阻,端电压 $U=U_N$,负载转矩 $T_L=T_N$ 不变条件下,电动机稳定运行在图 4-16 中的固有机械特性曲线 a 点上。改变磁通调速时,增大励磁调速电阻,使励磁电流减小,磁通减弱,电动势随之减小。虽然电动势减小得不多,但由于电枢电阻很小,电枢电流将增大很多,电磁转矩也增大。在这一瞬间运行点由固有机械特性曲线上 a 点,变换到人为机械特性曲线上的 b 点。此时,由于 $T_{em}>T_L$,电动机的转速开始上升,电动势随之增大,使电枢电流逐渐减小,电磁转矩和转速沿着人为机械特性曲线从 b 点变化到 c 点时,电磁转矩恢复到 $T_{em}=T_L$,这时转速便稳定在 n_1。

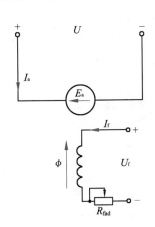

图 4-15 他励直流电动机改变磁通调速接线

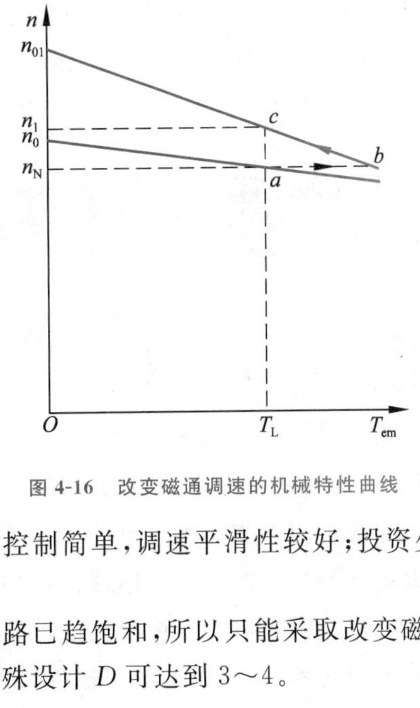

图 4-16 改变磁通调速的机械特性曲线

这种调速方法的优点:可以用小容量调节电阻,控制简单,调速平滑性较好;投资少,能量损耗小,调速的经济性好。

这种调速方法的主要缺点:因为正常工作时,磁路已趋饱和,所以只能采取改变磁通调速方式,调速范围不广。普通电动机 $D=1.2\sim2.0$,特殊设计 D 可达到 $3\sim4$。

3. 改变电枢电压调速

电动机的工作电压不许超过额定电压,因此电枢电压只能在额定电压以下进行调节。

设电动机拖动恒转矩负载在图 4-17 中固有机械特性曲线 1 上的 a 点运行,若电枢两端电压减小至 U,在此瞬间电动机的转速没有变化,电动势也没有变化,电枢电流将减小,这样必将导致电磁转矩减小,运行点由 a 点变换到人为机械特性曲线 2 上的 b 点,如图 4-17 所示。这时 $T_{em}<T_L$,转速开始下降,电动势 E_a 也随之减小,又使电磁转矩和电枢电流逐渐增大,工作点由 b 点向 c 点变化,当电磁转矩一直增大到 $T_{em}=T_L$ 时,电动机就稳定在人为机械特性曲线的 c 点上运行。同样道理,若电枢两端电压降至 U',运行点由 a 点变换到人为机械特性曲线 3 上的 b' 点,沿人为机械特性曲线 3 向 d 点变化,最后稳定运行在 d 点。

这种调速方法的特点:可以实现无级调速,平滑性很好;机械特性斜率不变,相对稳定性较好;调速范围较广;调速过程能量损耗较小;需专用电源,设备投资较大。

电动机一般不允许超过额定电压运行,因此这种调速方法只能在额定电压以下进行调节。

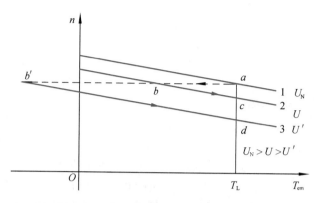

图 4-17　改变电枢电压调速的机械特性曲线

改变电枢电压调速，电动机电枢电路要由专门的直流调节电源供电。这种专门的调速装置有发电机-电动机系统（G-M 系统）和可控硅整流调整系统（V-M 系统）。

为了扩大调速范围，常常把改变磁通和改变电枢电压两种调速方法结合起来。在额定转速以下采用改变电枢电压调速，在额定转速以上采用改变磁通调速。

4.4　直流电机的应用

4.4.1　直流电机应用概述

直流电机具有响应快速、较大的启动转矩、从零转速至额定转速具备可提供额定转矩的性能，但直流电机的优点也正是它的缺点，因为直流电机要产生额定负载下恒定转矩的性能，则电枢磁场与转子磁场须恒维持 $90°$，这就要采用碳刷及整流子。碳刷及整流子在电机转动时会产生火花、碳粉，因此除了会造成组件损坏，使用场合也受到限制。交流电机没有碳刷及整流子，免维护，坚固，应用广，但特性上若要达到相当于直流电机的性能须用复杂控制技术。

随着电子技术、新兴电力电子器件和高性能永磁材料技术和工艺的发展，直流电机的励磁部分已用永磁材料替代，产生了永磁无刷直流电机。电机内部的电磁作用原理与直流电机相同。不通过碳刷及换向器进行换向，也就免去了换向给传统的直流电机所带来的困难，所以无刷直流电机的过载能力高，高速性能好。由于这种直流电机的体积小，结构简单，效率高，无转子损耗，所以目前已在中、小功率范围内得到广泛的应用。其特点：

（1）电机可以无级调速，工作转速范围很大，可满足各种运行模式下的转速要求。

（2）无刷直流电机可以工作在超低转速，这一点超越了交流变频器的性能，所以新型无刷直流电机完全可以取代小功率交流变频器。

（3）无刷直流电机启动转矩大，几乎不受电网电压波动的影响。

（4）无刷直流电机比交流变频系统效率还要高。

（5）无刷直流电机温升较低，与同功率交流电机相比温升可低 30% 左右，因而其寿命要长于交流电机。

（6）无刷直流电机噪声较小。

无刷直流电机由电机主体和驱动器组成,是一种典型的机电一体化产品。其控制原理如图 4-18 所示。

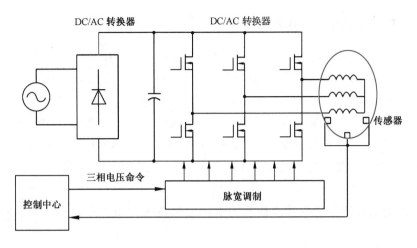

图 4-18　无刷直流电机的控制原理

无刷直流驱动器包括电源部及控制部,电源部提供三相电源给电机,控制部则依需求转换输入电源频率。

要想让电机转动起来,首先控制部就必须根据霍尔传感器感应到电机转子目前所在的位置,然后依照定子绕线决定开启或关闭 DC/AC 转换器中功率晶体管的顺序,如图 4-19 所示。

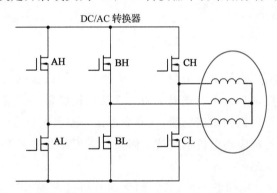

图 4-19　无刷直流电机的控制顺序

我国是世界上家电产品生产及销售市场最大的国家之一,同时我国的家电产品在近几十年得到了突飞猛进的发展,有些企业的产品已成为国际知名品牌。无刷直流电机在较大的转速范围内可以获得较高的效率,更适合家电的需要,日本的变频空调的全直流化早已批量生产,我国的变频压缩机厂家已开始采用无刷直流电机来代替三相交流感应电机。

4.4.2　直流电机在电动自行车上的应用

电动自行车主要由电机、控制器、蓄电池和充电器四大电气部件与车体构成,其中电机和控制器是最重要的配件,它们性能的优劣基本上决定了电动车的性能和档次。目前,电动自行车所使用的电机几乎全部为稀土永磁式电机,大致可分为有刷直流电机和无刷直流电机,其中有刷直流电机包括盘式高速有刷直流电机＋齿轮减速器以及低速有刷直流电机。而无刷直流电机绝大部分为低速直接驱动型,个别采用高速无刷电机＋齿轮减速器。

1. 盘式高速有刷直流电机＋齿轮减速器

盘式高速有刷直流电机根据电机本体的绕组形式不同有印制绕组和线绕式绕组电机之分,印制绕组高速有刷直流电机简称为印制电机。印制电机＋齿轮减速器是目前电动自行车普遍采用的一种驱动形式,其设计技术和制造设备多从国外引进。印制电机和齿轮减速器构成电动轮毂,开始阶段为半轴式,以后逐渐过渡到通轴式。印制电机设计技术和制造技术是成熟的,后来为延长换向器寿命和提高效率,逐步被线绕盘式高速有刷直流电机所取代。直到现在,部分公司仍采用这种线绕盘式高速有刷直流电机＋齿轮减速器构成的电动轮毂,其原因是认为该电机加速快,爬坡能力强。

无论是印制电机还是线绕式高速有刷直流电机构成的电动轮毂,普遍存在着以下不足之处:

(1)因为电机转速一般为 3 000～4 000 r/min,所以换向器和电刷间的磨损较为严重,导致电机寿命短,效率低。

(2)这种电动轮毂结构复杂,维护、维修周期短,而且需要由专业人员进行。

(3)这种电动轮毂运行一定时间后,因齿轮磨损会产生较大的振动和噪声。

(4)这种电动轮毂制造工艺复杂,成本高。为减弱振动和减小噪声,须提高齿轮的加工精度,这自然加大了制造成本。

2. 低速有刷直流电机

电动自行车的低速有刷直流电机是 20 世纪 90 年代中期面世的,但迟了三四年才获得普遍应用。这种电机用在电动自行车上省去了加工复杂且须经常维护的齿轮减速器,减弱了振动,减小了噪声,也延长了电机的维修周期,其寿命也比高速有刷直流电机有所增加,再加上启动、加速较为平稳,所以这种驱动电机很快被人们接受。但是从技术和发展的观点来看,低速有刷直流电机存在以下缺陷:

(1)这种电机仍存在着换向器和电刷,它们之间有机械磨损,所以须定期更换电刷,定期维护。

(2)因为换向器和电刷间存在机械损耗、接触损耗以及电损耗,所以在使用同样材料的情况下,其效率较低。

(3)为了提高电机效率,低速有刷直流电机应用了较多的永磁体、硅钢片和铜材,且工艺复杂,制造成本较高。

(4)体积大,重量较重。

3. 低速无刷直流电机

低速无刷直流电机在电动自行车上的应用在电动自行车热潮开始之初已出现,当时占有一定的市场份额。鉴于国内外均认为无刷电机是未来电机的发展方向,而且它和有刷电机相比,的确也显现出一定的优势,所以当时很多使用盘式高速有刷直流电机＋齿轮减速器的厂商准备在大约三年内全部更换为低速无刷直流电机。但在更换过程中,出现了两个问题:其一,成本高,原因在于电机本体材料用量较多,且工艺复杂。相对应的控制器也很复杂,功率元器件较多,其成本难以降低,电动自行车厂商一时难以接受。其二,控制器故障率较高,维修需要有较高的专业技术水平。这不要说对消费者,就是对电动自行车厂商也是一个不小的难题。鉴于此,原准备用无刷电机代替有刷电机的厂商纷纷走回头路,仍用有刷电机。这也是低速有刷直流电机很快得到推广的原因之一。

无刷电机和有刷电机相比有以下优势:

(1)在功率、转速和使用同等材料的前提下,效率高,功率密度高,体积小,重量轻。

(2)因为无刷电机用电子换向代替了有刷电机的机械换向,所以寿命长,免维护,且减小了噪声,增强了可靠性。

(3)电机结构、工艺简单,在性能指标相同的条件下,电机本体的成本较有刷电机低。

其不足之处有以下两点:

(1)其控制器复杂,维修技术水平要求较高。

(2)启动加速没有有刷电机平稳,在某区间有可能产生振动和噪声。但时间较短,不影响骑行,在全速运行时,则很平稳。从理论上讲,产生这种现象的原因很多,其中之一是实际换向时刻和理论有偏差。只要调整控制器相关参数,电机本体采取一些措施,启动加速过程中的振动和噪声可大幅削弱。

4. 结论

综合以上分析,从性能、经济性、维修性等各方面来看,低速无刷直流电机特别是无位置传感器的无刷电机,配合智能控制器,是电动自行车电机的发展方向,国内外的相关报道也证明了这点。尽管目前低速无刷直流电机应用在电动自行车上还有些问题需要进一步研究,但是随着电机设计技术的进步、控制技术的发展、新型多功能元器件的出现,彻底解决现存问题为期不远。

思考与练习

4-1 直流电动机为什么不能直接启动?如果直接启动会引起什么后果?

4-2 直流电动机在电枢电路串接电阻启动时,在启动过程中为什么必须将启动电阻分级切除?若把启动电阻留在电枢电路中,对电机运行有什么影响?

4-3 直流电动机有几种启动方法?比较它们的优、缺点。

4-4 电动机电动状态与制动状态的主要区别是什么?

电机与拖动技术(基础篇)

4-5 他励直流电动机有哪几种电磁制动的方法？说明它们各用于什么场合。

4-6 实现倒拉反接制动和回馈制动的条件各是什么？

4-7 说明能耗制动状态、回馈制动状态及反接制动状态各有何特点。

4-8 什么是静差率？它与哪些因素有关？为什么低速时的静差率较大？

4-9 衡量调速性能的好坏采用哪些指标？说明各项指标的意义。

4-10 电动机的理想空载转速与实际空载转速有何区别？

4-11 最高转速一定时，调速范围与静差率、机械特性的硬度有什么关系？

4-12 直流电动机有哪几种调速方法？各有何特点？

4-13 为什么直流电动机在一般规定的额定转速以上才进行改变磁通调速？

4-14 串励直流电动机为什么不能实现回馈制动？怎样实现能耗制动和反接制动？

4-15 怎样改变他励、串励及复励直流电动机的转向？

4-16 串励直流电动机为何不能空载运行？

4-17 复励直流电动机与他励、串励直流电动机比较有何特点？

4-18 分别说明在反抗性恒转矩负载和位能性负载下，将他励直流电动机的电压反接后，最终将进入什么运行状态。

4-19 一台他励直流电动机额定数据如下：$P_N=10\text{ kW}$，$U_N=220\text{ V}$，$I_N=53\text{ A}$，$n_N=1\,000\text{ r/min}$，$R_a=0.3\ \Omega$，电枢电流最大值等于 $2I_N$。求：

(1)在额定情况下进行能耗制动，电枢应串联的制动电阻值；

(2)在能耗制动状态下，以 300 r/min 的转速下放重物，电枢电流为额定值，电枢应串联的制动电阻值。

4-20 一台他励直流电动机额定数据如下：$U_N=220\text{ V}$，$I_N=41.1\text{ A}$，$n_N=1\,500\text{ r/min}$，$R_a=0.4\ \Omega$，电枢电流最大值等于 $2I_N$，保持额定负载不变。求：

(1)电枢回路中串入 1.65 Ω 电阻后的稳态转速；

(2)电枢电压降到 110 V 时的稳态转速。

自测题

一、填空题

1.直流电动机的电压为额定值,电流小于额定值时的运行状态称为（   ）运行,电流超过额定值时的运行状态称为（   ）运行。

2.按静负载转矩的大小随转速变化的规律分类,静负载可以分为（   ）、（   ）和（   ）三类。

3.他励直流电动机的固有机械特性是指在（   ）的条件下,（   ）和（   ）的关系。

4.直流电动机的启动方法有（   ）、（   ）和（   ）。

5.当电动机的转速超过( )时,出现回馈制动。

二、选择题

1.在机电能量的转换过程中,发电机的作用是( )。

A. 将电能转换成机械能　　　　　　B. 将机械能转换成电能

C. 将某种电能转换成另一种电能　　D. 将某种机械能转换成另一种机械能

2.直流电动机采用减小电源电压的方法启动是为了( )。

A. 使启动过程平稳　　　　　　　　B. 减小启动电流

C. 减小启动转矩　　　　　　　　　D. 减小绕组电压

3.一般直流电动机都采用在电枢回路串接电阻的方法启动,它与直接启动相比( )。

A. 启动电流小,启动转矩大

B. 启动电流小,启动转矩小

C. 启动电流大,启动转矩小

D. 启动电流大,启动转矩大

4.直流电机的不变损耗等于( )时,效率最高。

A. 铜损耗　　　B. 铁损耗　　　　C. 可变损耗　　　　D. 机械损耗

5.对于直流电动机,下列表达式正确的是( )。

A. $I_N = \dfrac{P_N}{U_N \cos\varphi_N}$　　　　　　　　B. $I_N = \dfrac{P_N}{U_N \cos\varphi\eta_N N}$

C. $I_N = \dfrac{P_N}{U_N \eta_N}$　　　　　　　　　D. $I_N = \dfrac{P_N}{U_N}$

6.他励直流电动机的人为机械特性与固有机械特性相比,其理想空载转速和斜率均发生了变化,那么这条人为机械特性一定是( )。

A. 电枢回路串接电阻的人为机械特性

B. 改变电枢电压的人为机械特性

C. 改变磁通的人为机械特性

7.他励直流电动机拖动恒转矩负载进行串接电阻调速,设调速前、后的电枢电流分别为 I_1 和 I_2,那么( )。

A. $I_1 < I_2$　　　　　　　B. $I_1 = I_2$　　　　　　　C. $I_1 > I_2$

三、判断题

1.电动机启动时,满载启动时的启动电流应与空载启动时的启动电流一样大。　( )

2.直流电动机的人为机械特性都比固有机械特性软。　　　　　　　　　　　( )

3.他励直流电动机改变电枢电压或在电枢回路串接电阻调速时,最大静差率数值越大,调速范围也越大。　　　　　　　　　　　　　　　　　　　　　　　　　　( )

四、简答题

1.如何改变他励直流电动机的转向?

2.电磁制动状态的特征是什么? 制动的作用是什么?

3.评价调速性能的指标包括什么？

五、计算题

1.某他励直流电动机的铭牌数据：$P_N = 30$ kW，$U_N = 220$ V，$I_N = 158.5$ A，$n_N = 1\,000$ r/min，$R_a = 0.1$ Ω，$T_L = 0.8T_N$。求：

(1)在固有机械特性上的稳定转速；

(2)在电枢回路中串入 3 Ω 的电阻时，电动机的稳定转速；

(3)将电枢电压降到 188 V 时，降压瞬间的电枢电流及稳定转速；

(4)将磁通减到 $80\%\Phi_N$ 时，电动机的稳定转速。

2.他励直流电动机，$U_N = 220$ V，$I_N = 207.5$ A，$R_a = 0.067$ Ω，求：

(1)直接启动时的启动电流是额定电流的多少倍？

(2)如限制启动电流为 $1.5I_N$，电枢回路应串入多大的电阻？

第5章

变 压 器

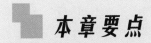 **本章要点**

本章主要介绍变压器的基本结构和工作原理、变压器的参数测定、三相变压器及仪用互感器、整流变压器等常用变压器。

通过本章的学习，应达到以下要求：

- 掌握变压器的主要用途和基本原理。
- 掌握变压器的结构、铭牌数据。
- 掌握单相变压器的空载运行、负载运行。
- 掌握三相变压器的连接组别特点和应用。
- 熟悉常用变压器的特点与应用。

5.1 变压器的基本结构和工作原理及其额定值

变压器是一种静止的电器,它利用电磁感应原理进行工作。本章以电力变压器为主要研究对象。

5.1.1 变压器的作用及分类

1. 变压器的作用

变压器是发电厂和变电站的主要电气设备。它是一种能量的传输装置,它的作用是将一种电压等级的交流电能转换成另一种电压等级的交流电能。在转换前后,电压、电流会发生变化,但频率保持不变。

随着国民经济的发展,对电力的需求会越来越大。一般来说,大型火力发电厂和水电站都分别建造在煤矿附近和水力资源丰富的地区,远离工业城市用电中心,电能需要经过长距离的输送。为了提高输电效率、减小损耗,希望输电线路的电压越大越好,如 110 kV、220 kV 或更大。但是发电厂的发电机出口电压受到定子绕组绝缘、母线和开关设备等技术条件的限制,电压不可能很大,一般为 10~18 kV,最大不能超过 27 kV。所以必须利用升压变压器先将发电机出线端的电压增大,再远距离传送。而用户的用电设备电压却是较小的,如 6 kV、380 V、220 V,这又需要降压变压器将几十万伏的输电线路电压降下来,以适应用电设备的要求。

由上述可知,变压器是电力系统中不可缺少的重要电气设备,它对电能的经济传输、灵活分配和安全使用具有十分重要的意义,同时在电气测量、控制和特殊用电设备的应用中也是十分广泛的。

2. 变压器的分类

变压器的种类繁多,可按其用途、结构、相数、冷却方式等不同来进行分类。

(1)按用途变压器可分为电力变压器(包括升压变压器、降压变压器、配电变压器等)、仪用互感器(电压互感器和电流互感器)和特种变压器(调压变压器、电炉变压器、电焊变压器、整流变压器等)。

(2)按相数可分为单相变压器和三相变压器。

(3)按绕组的个数可分为自耦变压器、双绕组变压器、三绕组变压器、多绕组变压器。

(4)按铁芯结构可分为芯式变压器和壳式变压器。

(5)按冷却介质和冷却方式可分为干式(空气冷却)变压器、油浸式变压器(包括油浸式自冷变压器、油浸式风冷变压器、油浸式强迫油循环变压器等)和充气式冷却变压器。

5.1.2 变压器的工作原理

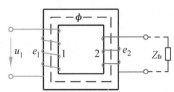

图 5-1 变压器的工作原理

变压器是利用电磁感应定律工作的。如图 5-1 所示是变压器的工作原理。

变压器的结构是将两个(或两个以上)互相绝缘的绕组套在一个共同的铁芯回路上,绕组之间具有磁耦合关系。其中一个绕组接电源,称为一次侧绕组或原绕组,简称一次侧;另一个绕组接负载,称为二次侧绕组或副绕组,简称二次侧。

当一次侧绕组接通交流电源时,在外施电压作用下,一次侧绕组中有交流电流流过,并在铁芯中产生交变磁通,其交变频率与外施电压频率一样。该交变磁通同时交链一、二次侧绕组,根据电磁感应定律,分别在一、二次侧绕组内产生感应电动势。二次侧绕组有了电动势,当接上负载后形成闭合回路,便向负载供电,从而实现交流电能的传递。

设两个绕组的匝数分别为 N_1 和 N_2,根据电磁感应定律,在电动势与磁通规定正方向符合右手螺旋定则的前提下,一次侧电动势为

$$e_1 = -N_1 \frac{\mathrm{d}\Phi}{\mathrm{d}t} \tag{5-1}$$

二次侧电动势为

$$e_2 = -N_2 \frac{\mathrm{d}\Phi}{\mathrm{d}t} \tag{5-2}$$

5.1.3 变压器的基本结构

变压器的基本结构有铁芯、绕组、冷却装置、油箱、绝缘套管和保护装置等。如图 5-2 所示是三相油浸式电力变压器的结构。

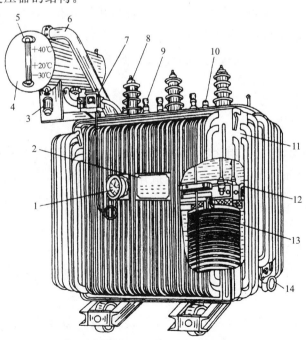

图 5-2 三相油浸式电力变压器的结构

1—信号式温度计;2—铭牌;3—吸湿器;4—储油柜;5—油位计;6—安全气道;7—气体继电器;8—高压套管;9—低压套管;10—分接开关;11—油箱;12—铁芯;13—绕组及绝缘套管;14—放油阀门

1. 铁芯

铁芯既是变压器的磁路,又是变压器的机械骨架。一般是用 0.20～0.50 mm 厚的硅钢片叠装而成的,叠装之前要在硅钢片的两面涂上绝缘漆(冷轧硅钢片表面已有一层无机绝缘,不再涂漆)。如图 5-3 所示是两种接缝硅钢片的形状及相应的叠片次序。为了减小叠片接缝间隙以减小励磁电流,一般叠片均采用交错式叠装,即上层和下层叠片分别按图 5-3(a)和图 5-3(b)所示两种排列顺序放置。直接缝用于热轧硅钢片,如图 5-3(a)所示。由于冷轧硅钢片沿着轧制方向的磁导率高,沿着非轧制方向的磁导率低,为了减小磁阻和铁损耗,冷轧硅钢片的连接处必须用斜接缝,如图 5-3(b)所示。

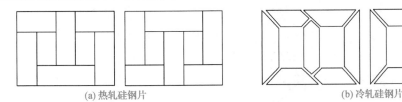

(a) 热轧硅钢片　　　　　　　　　　(b) 冷轧硅钢片

图 5-3　两种接缝硅钢片的形状及相应的叠片次序

铁芯上套绕组的部分称为铁芯柱,不套绕组的部分称为铁芯轭。通常铁芯柱与地面垂直,而铁芯轭与地面平行。如图 5-4 所示为铁芯柱的截面形状,铁芯柱的截面通常是多级阶梯形。如图 5-5 所示为铁芯轭的截面形状,铁芯轭的截面通常是矩形。

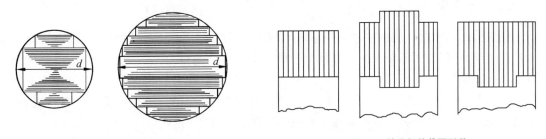

图 5-4　铁芯柱的截面形状　　　　　　　图 5-5　铁芯轭的截面形状

2. 绕组

绕组是变压器的电路部分,一般用绝缘铜线或铝线绕制而成。

根据高、低压绕组排列方式的不同,变压器的绕组可分为同心式和交叠式两类。同心式绕组的高、低压绕组都做成圆筒状,同心地套装在铁芯柱上。为了便于绝缘,一般低压绕组靠近铁芯,高压绕组套装在低压绕组外面;交叠式绕组都做成饼式,高、低压绕组互相交叠放置,如图 5-6 所示,为了减小绝缘距离,通常靠近铁芯轭处放低压绕组。同心式绕组结构简单,制造方便,国产电力变压器均采用这种结构。交叠式绕组的漏抗较小,易于构成多条并联支路,主要用于低压、大电流的电焊、电炉变压器和壳式变压器中。

3. 绝缘套管

变压器的高、低压绕组引出线从油箱内部引出油箱外时必须经过绝缘套管,绝缘套管使引线与油箱外壳绝缘,同时又起着固定引线的作用。35 kV 充油绝缘套管的结构如图 5-7 所示。绝缘套管要有规定的电气强度和足够的机械强度,并具有良好的热稳定性。其材质一般是瓷质的,1 kV 以下采用空心瓷套管;10～35 kV 采用空心充气或充油式套管;110 kV 及以上采用电容式套管。绝缘套管级数越多,耐压越高。

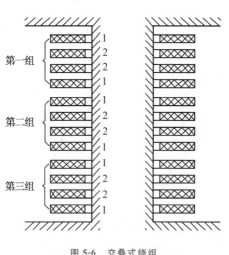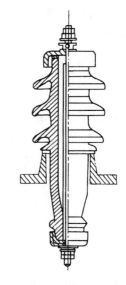

图 5-6　交叠式绕组

1—低压绕组;2—高压绕组

图 5-7　35 kV 充油绝缘套管的结构

4. 油箱及变压器油

通常将铁芯和绕组的整体称为器身,器身安装在储满变压器油的油箱中。油箱是整个变压器的框架,它将变压器所有的零部件组合成一个整体。油箱的另一个重要的作用是使变压器油得到冷却。依靠变压器油的对流作用将铁芯和绕组中的热量通过油箱壁散发到空气中。

变压器油是一种良好的绝缘介质,它一方面可以滋润绝缘物,防止绝缘物与空气接触,保证绕组绝缘的可靠性;另一方面就是上面提到的散热冷却作用。

5. 保护装置

(1)储油柜

储油柜又称为油枕,装在油箱顶部,储油柜体积一般为油箱体积的 8%～10%。在油箱和储油柜之间有管道相通。设置储油柜,不仅可以减小油面与空气的接触面积,减缓变压器油受潮变质速度,同时可使油箱中的油在热胀冷缩时有一个缓冲的余地。

如图 5-8 所示是储油柜的结构。储油柜的侧面装有油位计,在油位计上标出最高、最低温度时的油面线位置。在储油柜上还装有吸湿器,如图 5-9 所示,储油柜经过吸湿器与大气相通,以便在变压器油热胀冷缩时能使储油柜上部的空气通过吸湿器出入,防止油箱损坏。

(2)吸湿器

吸湿器又称为呼吸器,可将进入油枕的空气中的水分吸掉,保证变压器油不受潮。吸湿器为一圆形容器,其中盛有变色硅胶,作为吸潮的物质,以减少油的氧化和水分的浸入。变色硅胶在干燥状态下呈蓝色,吸潮后变成粉红色,硅胶变为粉红色表明硅胶已失去吸湿作用,必须更换。受潮后的硅胶经过烘焙,仍可再次使用。

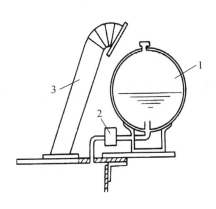

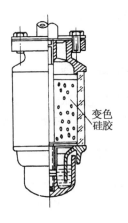

变色硅胶

图 5-8 储油柜的结构

图 5-9 吸湿器

1—储油箱；2—气体继电器；3—安全气道

（3）气体继电器和安全气道

当变压器内部发生故障时，故障点局部产生高温，使油温升高，油内含有的空气被排出，故障点也可能产生电弧，使绝缘物和油分解产生大量气体。为了保护油箱不致爆裂，在变压器上装置了气体继电器和安全气道。

气体继电器安装在油箱和储油柜的连接管道上，作为变压器内部故障的保护。如图 5-10 所示为气体继电器的内部结构。当气体进入气体继电器并使开口杯降到某一限定位置时，磁铁使干簧触点闭合，接通信号回路，发出信号。若故障严重，连接管中的油流将冲动挡板，当挡板运动到某一限定位置时，磁铁使干簧触点闭合，接通跳闸回路，切断变压器的电源，从而起到保护变压器的作用。

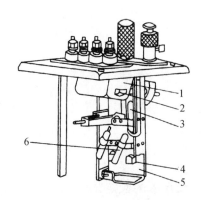

图 5-10 气体继电器的内部结构

1—开口杯；2—磁铁；3—干簧触点（信号用）；4—磁铁；5—干簧触点（跳闸用）；6—平衡锤

安全气道是一根长的钢管，如图 5-8 所示。下部与油箱相连，上部出口处盖一层玻璃或酚醛纸板。当变压器内部发生故障，油箱内部产生大量气体，压力增大到一定数值时，气体和油流将冲破封口向外喷出，以减轻油箱内的压力，保护油箱。

（4）散热器

因为变压器运行中内部有铁损耗与铜损耗，并且各种损耗都以热的形式散发出来，所以变压器的温升很高。为了使变压器内部温度不致很高，变压器上都装有散热器。散热器是可拆卸的，以增大油箱壁的散热面积。

5.1.4 变压器的铭牌

在变压器油箱上有一块铭牌，标注了变压器的型号和主要额定参数等，它是选择和使用变压器的依据。

变压器在额定值下的运行，称为额定运行。变压器的额定值主要有：

1. 变压器的额定容量 S_N

指变压器在额定运行时输出的视在功率，对于三相变压器，额定容量是指三相容量之和。

单位是 $V \cdot A, kV \cdot A, MV \cdot A$。通常将变压器输入侧的额定容量与输出侧的额定容量设计为相等。

2. 变压器的额定电压 U_{1N}/U_{2N}

指变压器在空载状态下一次侧允许的电压和二次侧测得的电压，以伏（V）或千伏（kV）为单位，对于三相变压器来说是指线电压。

3. 变压器的额定电流 I_{1N}/I_{2N}

指变压器在额定容量下，一次侧和二次侧绕组允许长期通过的电流，以安（A）或千安（kA）为单位，对于三相变压器来说是指线电流。

对于单相变压器

$$I_{1N} = \frac{S_N}{U_{1N}}$$

$$I_{2N} = \frac{S_N}{U_{2N}}$$

$$(5-3)$$

对于三相变压器

$$I_{1N} = \frac{S_N}{\sqrt{3} U_{1N}}$$

$$I_{2N} = \frac{S_N}{\sqrt{3} U_{2N}}$$

$$(5-4)$$

4. 变压器的额定频率 f_N

指变压器电压或电流每秒交变的次数，我国规定工业用电的标准频率为 50 Hz。

此外，变压器铭牌上还标有相数、效率、连接组标号、绕组连接图和阻抗电压等参数。

例　　一台三相双绕组变压器，额定数据 $S_N = 750$ kV·A，$U_{1N}/U_{2N} = 6\ 000$ V/400 V，求变压器一次侧和二次侧绕组的额定电流。

解
$$I_{1N} = \frac{S_N}{\sqrt{3} U_{1N}} = \frac{750 \times 10^3}{\sqrt{3} \times 6\ 000} \approx 72.17 \text{ A}$$

$$I_{2N} = \frac{S_N}{\sqrt{3} U_{2N}} = \frac{750 \times 10^3}{\sqrt{3} \times 400} \approx 1\ 082.56 \text{ A}$$

5.2　单相变压器的空载运行和负载运行

本节以单相双绕组变压器为例，分析稳态运行时的电磁关系，从而了解变压器的运行原理及运行特性，所得结论同样适用于对称条件下运行的三相变压器。

5.2.1 单相变压器的空载运行

变压器的空载运行是指变压器一次侧接在额定频率、额定电压的交流电源上,二次侧开路时的运行状态。

1. 正方向的规定

变压器运行时,内部各个物理量都是交变的,必须规定它们的正方向,才能研究各电磁量之间的关系。

正方向就是先规定一个参考方向。如果某个量的实际方向与参考方向相同,那么这个量就是正值,反之就是负值。从理论上讲,正方向可以任意选择,但习惯上以电工习惯方式(电工惯例)规定各量正方向。具体方法如下:

(1)在负载支路(变压器的一次侧对电源而言相当于负载),电流的正方向与电压降的正方向一致;在电源支路(变压器的二次侧对负载而言相当于电源),电流的正方向与电动势的正方向一致。

(2)磁通的正方向与产生它的电流的正方向符合右手螺旋定则。

(3)感应电动势的正方向与产生它的磁通的正方向符合右手螺旋定则。

根据这些原则,变压器各物理量的正方向如图 5-11 所示。

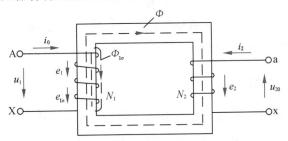

图 5-11　单相变压器空载运行状态

2. 空载运行的电磁关系

(1)主磁通和漏磁通

变压器空载运行时,一次侧绕组 N_1 接上电源,便有空载电流 i_0 通过,产生交变磁通势 $N_1 i_0$,建立交变磁通。该磁通分为两部分:其中一部分磁通沿铁芯闭合,同时与一、二次侧绕组交链,称为主磁通 Φ;另一部分磁通主要沿非铁磁材料(变压器油或空气)闭合,仅与一次侧绕组交链,称为一次侧绕组漏磁通 $\Phi_{1\sigma}$。空载时,主磁通占总磁通的绝大部分,而漏磁通只占主磁通的 1% 左右。

(2)感应电动势与电压比

根据电磁感应定律,当铁芯中的磁通 Φ 和 $\Phi_{1\sigma}$ 变化时,将分别在一、二次侧绕组中产生感应电动势 e_1、e_2 和 $e_{1\sigma}$。

设主磁通 $\Phi = \Phi_m \sin\omega t$,则有

$$\begin{cases} e_1 = -N_1 \dfrac{\mathrm{d}\Phi}{\mathrm{d}t} = -N_1 \dfrac{\mathrm{d}\Phi_m \sin\omega t}{\mathrm{d}t} = -N_1 \Phi_m \omega \cos\omega t = E_{1m}\sin\left(\omega t - \dfrac{\pi}{2}\right) \\[3mm] e_2 = -N_2 \dfrac{\mathrm{d}\Phi}{\mathrm{d}t} = -N_2 \dfrac{\mathrm{d}\Phi_m \sin\omega t}{\mathrm{d}t} = E_{2m}\sin\left(\omega t - \dfrac{\pi}{2}\right) \\[3mm] e_{1\sigma} = -N_1 \dfrac{\mathrm{d}\Phi_{1\sigma}}{\mathrm{d}t} = -N_1 \dfrac{\mathrm{d}\Phi_{1\sigma} \sin\omega t}{\mathrm{d}t} = E_{1\sigma}\sin\left(\omega t - \dfrac{\pi}{2}\right) \end{cases} \tag{5-5}$$

由此可见：当 Φ、$\Phi_{1\sigma}$ 按正弦规律变化时，由它们产生的感应电动势 e_1、e_2 和 $e_{1\sigma}$ 也按正弦规律变化，但均滞后于磁通 90°。

各感应电动势的有效值为

$$\begin{cases} E_1 = \dfrac{\omega N_1 \Phi_m}{\sqrt{2}} = \dfrac{2\pi f_1 N_1 \Phi_m}{\sqrt{2}} = 4.44 f_1 N_1 \Phi_m \\[3mm] E_2 = \dfrac{\omega N_2 \Phi_m}{\sqrt{2}} = \dfrac{2\pi f_1 N_2 \Phi_m}{\sqrt{2}} = 4.44 f_1 N_2 \Phi_m \\[3mm] E_{1\sigma} = \dfrac{\omega N_1 \Phi_{1\sigma m}}{\sqrt{2}} = \dfrac{2\pi f_1 N_1 \Phi_{1\sigma m}}{\sqrt{2}} = 4.44 f_1 N_1 \Phi_{1\sigma m} \end{cases} \tag{5-6}$$

式中　$E_{1\sigma}$——一次侧绕组漏磁感应电动势的有效值。

一、二次侧绕组电动势之比称为变比，用 k 表示，它是变压器的一个重要参数。

$$k = \frac{E_1}{E_2} = \frac{N_1}{N_2} \tag{5-7}$$

式(5-7)表明：变比等于一、二次侧绕组的匝数之比，变压器电压与匝数成正比。要特别注意的是，对于三相变压器来说，变比 k 是指额定相一、二次侧绕组电动势的比值。

3. 空载运行的电动势平衡方程

根据图 5-11 所示各电量的正方向，一次侧绕组的电动势平衡方程为

$$\dot{U}_1 = -\dot{E}_1 - \dot{E}_{1\sigma} + \dot{I}_0 r_1 = -\dot{E}_1 + \dot{I}_0 (r_1 + \mathrm{j}x_1) = -\dot{E}_1 + \dot{I}_0 Z_1 \tag{5-8}$$

式中　Z_1——一次侧绕组的漏阻抗，$Z_1 = r_1 + \mathrm{j}x_1$。

变压器空载时，$\dot{I}_0$ 很小，$\dot{I}_0 Z_1$ 可忽略，$\dot{U}_1 = -\dot{E}_1$。二次侧绕组开路有

$$\dot{I}_2 = 0 \ 或 \ \dot{U}_{20} = \dot{E}_2 \tag{5-9}$$

根据以上对变压器一、二次侧绕组电磁关系的分析，可得如下变压器空载运行时的基本方程为

$$\begin{cases} \dot{U}_1 = -\dot{E}_1 + \dot{I}_0 Z_1 \\[2mm] \dot{U}_{20} = \dot{E}_2 \\[2mm] \dot{E}_1 = k\dot{E}_2 \\[2mm] -\dot{E}_1 = \dot{I}_0 Z_m \end{cases} \tag{5-10}$$

4. 空载运行的等效电路

变压器空载运行时，一次侧绕组电压为

$$\dot{U}_1 = -\dot{E}_1 + \dot{I}_0 Z_1 = \dot{I}_0 (r_m + jx_m) + \dot{I}_0 (r_1 + jx_1) \qquad (5\text{-}11)$$

由此可得变压器空载时的等效电路,如图 5-12 所示。空载的变压器相当于两个阻抗值不等的线圈串联,一个是阻抗值 $Z_1 = r_1 + jx_1$ 的空心线圈;另一个是阻抗值 $Z_m = r_m + jx_m$ 的铁芯线圈。Z_m 为励磁阻抗;r_m 为励磁电阻,对应于铁损耗的等效电阻;x_m 为励磁电抗,对应于主磁通的电抗。r_m 和 x_m 可近似认为是常数,其数值可通过变压器的空载试验测出。

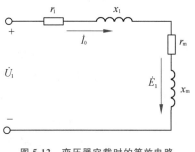

图 5-12 变压器空载时的等效电路

5.2.2 单相变压器的负载运行

变压器的负载运行是指变压器的一次侧接额定频率、额定电压的交流电源,二次侧接负载时的运行状态。如图 5-13 所示是单相变压器负载运行状态。

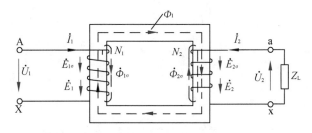

图 5-13 单相变压器负载运行状态

1.负载运行的磁通势平衡方程

变压器负载运行时,二次侧绕组有电流 $\dot{I}_2$ 流过,产生磁通势 $\dot{I}_2 N_2$,它与一次侧绕组磁通势共同作用在同一磁路上。当电源电压和频率不变时,可认为主磁通也保持不变,磁通势平衡方程为

$$\dot{I}_0 N_1 = \dot{I}_1 N_1 + \dot{I}_2 N_2 \qquad (5\text{-}12)$$

将式(5-12)两边同除以 N_1,整理后得

$$\dot{I}_1 = \dot{I}_0 + \dot{I}_2 \left(-\frac{N_2}{N_1}\right) = \dot{I}_0 + \dot{I}_2 \left(-\frac{1}{k}\right) \qquad (5\text{-}13)$$

式(5-13)说明变压器负载运行时,一次侧绕组的电流由两个分量组成:一个分量是 $\dot{I}_0$,它是用来产生主磁通 Φ 的励磁分量(与空载时相同);另一个分量为 $-\dfrac{\dot{I}_2}{k}$(负载分量),是用来平衡二次侧绕组的电流 $\dot{I}_2$ 产生的磁通对主磁通的影响(它与 $\dot{I}_2 N_2 / N_1$ 大小相等、方向相反),保证主磁通基本不变。

2.负载运行的电动势平衡方程

变压器负载运行时,主磁通分别在一次和二次侧绕组中产生感应电动势,各自绕组的漏磁通分别产生感应漏电动势。

（1）一次侧绕组的电动势方程

由图 5-13 可写出一次侧绕组回路的电动势方程为

$$\dot{U}_1 = -\dot{E}_1 - \dot{E}_{1\sigma} + \dot{I}_1 r_1 = -\dot{E}_1 + \dot{I}_1(r_1 + jx_1) = -\dot{E}_1 + \dot{I}_1 Z_1 \tag{5-14}$$

式中　$\dot{E}_{1\sigma}$——一次侧绕组漏电动势，$\dot{E}_{1\sigma} = -j\dot{I}_1 x_1$，$x_1 = \omega L_{1\sigma}$。

（2）二次侧绕组的电动势方程

由图 5-13 可写出二次侧绕组回路的电动势方程为

$$\dot{U}_2 = \dot{E}_2 + \dot{E}_{2\sigma} - \dot{I}_2 r_2 = \dot{E}_2 - \dot{I}_2(r_2 + jx_2) = \dot{E}_2 - \dot{I}_2 Z_2 \tag{5-15}$$

式中　Z_2——二次侧绕组漏阻抗，$Z_2 = r_2 + jx_2$。

（3）负载运行时变压器的基本方程

根据上述讨论、分析，可归纳出变压器负载运行时的基本方程为

$$\begin{cases} \dot{U}_1 = -\dot{E}_1 + \dot{I}_1 Z_1 \\ \dot{U}_2 = \dot{E}_2 - \dot{I}_2 Z_2 \\ \dot{I}_1 = \dot{I}_0 + \dot{I}_2\left(-\dfrac{1}{k}\right) \\ k = \dfrac{\dot{E}_1}{\dot{E}_2} \\ -\dot{E}_1 = \dot{I}_0 Z_m \\ \dot{U}_2 = \dot{I}_2 Z_L \end{cases} \tag{5-16}$$

3. 变压器的参数折算

根据变压器的基本方程，可作出一次侧、二次侧负载运行时的等效电路，如图5-14所示。

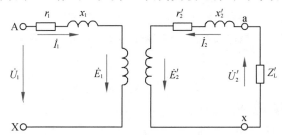

图 5-14　变压器一次侧、二次侧负载运行时的等效电路

（1）变压器折算的目的

变压器的一次侧、二次侧之间没有电的直接联系，通过主磁场来传递能量，为了方便分析和计算，希望将互不相连的两个电路绘制在同一个电路图中，则须将 $\dot{E}_2$ 或 $\dot{E}_1$ 进行折算，使两者相等，可绘出一个等效电路，使该等效电路产生的磁通势与变压器二次侧绕组磁通势在任何情况下都相等，那么该等效电路就可替代变压器二次侧绕组。

综上所述，变压器的参数折算是为了将具有磁耦合的两个电路绘制在同一个电路图中，并可进一步分析和绘制相量图，它是一种人为分析变压器的方法。

（2）变压器折算的方法

变压器折算时可将二次侧折算至一次侧，也可反之。为了达到折算的目的并满足等效条

件,折算的方法应满足:折算前后,变压器的基本电磁关系不变;保持变压器二次侧磁通势平衡关系不变;变压器各功率及损耗不变。

以二次侧折算至一次侧为例说明折算方法。

①二次侧电动势、电压的折算

根据折算前后磁通势不变,电动势与匝数成正比关系,得

$$k = \frac{\dot{E}_2'}{\dot{E}_2} = \frac{N_1}{N_2}$$

$$\dot{E}_2' = k\dot{E}_2$$

同理
$$\dot{U}_2' = k\dot{U}_2 \tag{5-17}$$

即折算后的二次侧电动势及电压是实际二次侧值的 k 倍。

②二次侧电流的折算

根据折算前后磁通势不变,并且 $\dot{I}_2'N_1 = \dot{I}_2N_2$,得

$$\dot{I}_2' = \frac{N_2}{N_1}\dot{I}_2 = \frac{\dot{I}_2}{k} \tag{5-18}$$

即折算后的二次侧电流为实际二次侧电流的 $\frac{1}{k}$。

③二次侧阻抗的折算

根据折算前后铜损耗不变 $I_2'^2 r_2' = I_2^2 r_2$,得

$$r_2' = (\frac{I_2}{I_2'})^2 r_2 = k^2 r_2 \tag{5-19}$$

根据二次侧漏抗的无功损耗不变 $I_2'^2 x_2' = I_2^2 x_2$,得

$$x_2' = (\frac{I_2}{I_2'})^2 x_2 = k^2 x_2 \tag{5-20}$$

即二次侧绕组电阻及二次侧漏抗的折算值是实际值的 k^2 倍。

④二次侧负载阻抗的折算

二次侧负载阻抗的折算与二次侧漏阻抗折算方法相同,即

$$Z_L' = k^2 Z_L \tag{5-21}$$

由此可知,变压器的变比 k 是折算的一个重要物理量,将二次侧绕组各物理量、阻抗参数折算到一次侧,电压和电动势乘以变比,电流除以变比,阻抗乘以变比的平方即完成了变压器参数的折算。

4. 负载运行的等效电路

根据折算后变压器的基本方程,可将两个电路绘制在同一电路图中。该等效电路能准确反映实际变压器内部的电磁关系,因此被称为变压器的 T 形等效电路,如图 5-15 所示。

对 T 形等效电路来说,电路复杂,运算时比较麻烦,考虑到实际电力变压器中,励磁电流很小,近似地可以把励磁支路前移至电源端。这种电路称为变压器的近似等效电路,如图 5-16 所示。

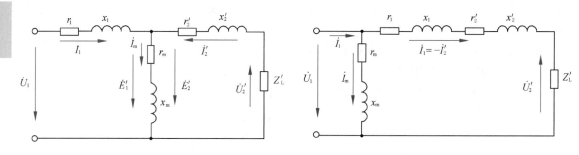

图 5-15　变压器的 T 形等效电路　　　　图 5-16　变压器的近似等效电路

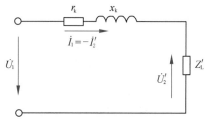

图 5-17　变压器的简化等效电路

在实际变压器工作中,有时励磁电流可忽略不计,去掉励磁支路,得到一个简单串联电路。该电路称为变压器的简化等效电路,如图 5-17 所示。在简化等效电路中,可把变压器一次侧和二次侧的阻抗合并起来,称为变压器的短路阻抗,短路阻抗值可通过变压器的短路试验测出。

变压器运行的分析有三种方法:基本方程、等效电路和相量图。在分析具体问题时,根据不同的要求采用不同的方法,即在定量分析及计算时,基本方程和等效电路比较方便;而相量图主要用于定性分析各物理量之间的大小和相位关系。

5.3　变压器的参数测定

变压器的参数直接影响变压器的运行性能。在设计时,这些参数可根据变压器所使用的材料及结构尺寸计算出来,对于已经制成的变压器,可由空载试验和短路试验来测定。

5.3.1　空载试验

变压器空载试验的目的是测出空载电流 I_0、空载电压 U_0 和空载功率 P_0,并计算变比 k 和励磁参数,包括励磁阻抗 Z_m、励磁电阻 R_m 和励磁电抗 X_m。

励磁阻抗 Z_m 与磁路的饱和程度有关,它随着电压的大小而变化,故应取额定电压下的数据来计算励磁参数。单相变压器空载试验接线如图 5-18 所示。空载试验为了安全和仪表选用方便,一般在低压侧接交流电源(用调压器调到低压侧额定电压),高压侧开路。需要测量空载电压 U_0(低压侧额定电压 U_{2N})、空载电流 I_0、空载功率 P_0 及高压侧的电压 U_1。在三相变压器试验时,由于三相磁路不对称,三相空载电流不相等,可取三相电流的平均值作为空载电流。

变压器空载试验时,二次侧无输出功率,变压器空载功率 P_0 为变压器铁损耗 P_{Fe} 与铜损耗之和,由于铜损耗远远小于 P_{Fe},可以忽略不计,即变压器空载功率 P_0 等于变压器铁损耗,$P_0 = P_{Fe} = I_0^2 R_m$。

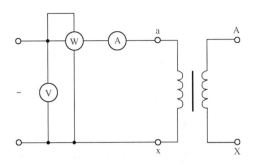

图 5-18　单相变压器空载试验接线

根据所测数据，可计算出单相变压器的参数。

变比
$$k=\frac{U_1}{U_0} \tag{5-22}$$

励磁阻抗
$$Z_m=\frac{U_0}{I_0} \tag{5-123}$$

励磁电阻
$$R_m=\frac{P_0}{I_0^2} \tag{5-24}$$

励磁电抗
$$X_m=\sqrt{Z_m^2-R_m^2} \tag{5-25}$$

由于空载试验是在低压侧做的，所以测量和计算所得的励磁参数是低压侧的值。如果要折算到高压侧，则必须在计算数据上乘以 k^2。

对于三相变压器，在计算励磁参数时，必须采用每一相的值，即每相的功率用相电压和相电流来计算，而变比也取相电压之比。

5.3.2 短路试验

变压器短路试验通常在高压侧进行，其目的是测量短路电流 I_k、短路电压 U_k、短路损耗 P_k，计算短路阻抗 Z_k、短路电阻 R_k、短路电抗 X_k 和短路（阻抗）电压百分数 $U_k(\%)$。单相变压器短路试验接线如图 5-19 所示。

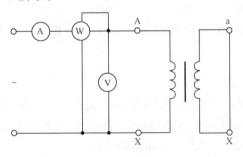

图 5-19　单相变压器短路试验接线

短路试验时，低压侧短接，高压侧加上一个为额定电压的 4.5%～10% 的较小电压，使短路电流 I_k 达到额定值。试验时用调压器外施电压从零逐渐增大，直到高压侧短路电流 I_k 达到额定电流 I_{1N} 时，测出所加电压 U_k 和输入功率 P_k，并记录试验时的室温 $\theta(℃)$。

由于短路试验时外加电压和主磁通很小，所以铁损耗和励磁电流均可忽略不计，这时输出的功率可认为完全消耗在绕组的电阻上，即 $P_k≈P_{Cu}$。由变压器的简化等效电路，根据测量结果，取 $I_k=I_{1N}$ 时的数据计算室温下的短路参数。

短路阻抗 $$Z_k = \frac{U_k}{I_k} = \frac{U_k}{I_{1N}}$$ (5-26)

短路电阻 $$R_k = \frac{p_k}{I_k^2} = \frac{p_k}{I_{1N}^2}$$ (5-27)

短路电抗 $$X_k = \sqrt{Z_k^2 - R_k^2}$$ (5-28)

一般认为：$R_1 \approx R_2' = \frac{1}{2}R_k$；$X_1 \approx X_2' = \frac{1}{2}X_k$。

由于绕组的电阻随温度变化，而短路试验一般在室温下进行，故测得的电阻应换算到 75 ℃ 这个国家标准规定的基准工作温度。

对于铜线变压器 $$R_{k75\,℃} = \frac{234.5+75}{234.5+\theta}R_k$$ (5-29)

对于铝线变压器 $$R_{k75\,℃} = \frac{228+75}{228+\theta}R_k$$ (5-30)

式中 θ——试验时的环境温度，℃；

R_k——温度为 θ 时的短路电阻，Ω。

75 ℃时的短路阻抗为

$$Z_{k75\,℃} = \sqrt{R_{k75\,℃}^2 + X_k^2}$$ (5-31)

当短路电流达到额定值时，外施电压 $U_k = I_k Z_{k75\,℃} = I_{1N}Z_{k75\,℃}$，称为短路电压。

短路试验时，若将短路电压 U_k 表示成额定电压的百分数，可得

$$U_k(\%) = \frac{I_k Z_{k75\,℃}}{U_{1N}} \times 100\% = \frac{I_{1N}Z_{k75\,℃}}{U_{1N}} \times 100\% = \frac{Z_{k75\,℃}}{Z_{1N}} \times 100\% = Z_{k75\,℃}(\%)$$ (5-32)

可见用相对于额定值的百分数表示时，短路电压与短路阻抗是相等的。短路电压通常标在变压器的铭牌上，它的大小反映了变压器在额定负载下运行时的漏阻抗的大小。从运行的角度上看，希望此值小一些，使变压器输出电压波动受负载变化的影响小些。但从限制变压器短路电流的角度来看，则希望此值大一些，这样可以使变压器在发生短路故障时的短路电流小一些。一般中、小型电力变压器的短路电压为额定电压的 4.0%～10.5%，而大型电力变压器的短路电压则可达到额定电压的 10.0%～17.5%。

同样，对于三相变压器，变压器的短路参数也是指一相的参数，因此只要采用相电压、相电流、一相的功率进行计算即可。

例 有一台三相铜线变压器，$S_N = 100$ kV·A，$U_{1N}/U_{2N} = 6\,000$ V/400 V，$I_{1N}/I_{2N} = 9.63$ A/144.5 A，Y，yn0 接法，在室温 25 ℃ 的试验数据如下：

空载试验在低压侧接电源，高压侧开路，测得 $U_0 = U_{2N} = 400$ V，$I_0 = 9.37$ A，$P_0 = 600$ W；

短路试验在高压侧接电源，低压侧短路，测得 $U_k = 325$ V，$I_k = I_{1N} = 9.63$ A，$P_k = 2\,014$ W。

求此变压器的空载参数和短路参数。

解 三相变压器应采用相值进行计算。因为一、二次绕组均接成 Y 接法，所以线电压为相电压的 $\sqrt{3}$ 倍。

变压器的变比为

$$k = \frac{U_{1N}/\sqrt{3}}{U_{2N}/\sqrt{3}} = \frac{6\ 000/\sqrt{3}}{400/\sqrt{3}} = 15$$

由空载数据,计算低压侧的励磁参数为

$$Z'_m = \frac{U_0}{\sqrt{3}\ I_0} = \frac{400}{\sqrt{3} \times 9.37} = 24.65\ \Omega$$

$$R'_m = \frac{p_0}{3 I_0^2} = \frac{600}{3 \times 9.37^2} = 2.28\ \Omega$$

$$X'_m = \sqrt{Z_m'^2 - R_m'^2} = \sqrt{24.65^2 - 2.28^2} = 24.54\ \Omega$$

折算到高压侧的励磁参数为

$$Z_m = k^2 Z'_m = 15^2 \times 24.65 = 5\ 546.25\ \Omega$$

$$R_m = k^2 R'_m = 15^2 \times 2.28 = 513\ \Omega$$

$$X_m = k^2 X'_m = 15^2 \times 24.54 = 5\ 521.5\ \Omega$$

由短路试验数据,计算室温下的短路参数为

$$Z_k = \frac{U_k}{\sqrt{3}\ I_k} = \frac{325}{\sqrt{3} \times 9.63} = 19.49\ \Omega$$

$$R_k = \frac{P_k}{3 I_k^2} = \frac{2\ 014}{3 \times 9.63^2} = 7.24\ \Omega$$

$$X_k = \sqrt{Z_k^2 - R_k^2} = \sqrt{19.49^2 - 7.24^2} = 18.10\ \Omega$$

换算到基准工作温度 75 ℃时的数值为

$$R_{k75\ ℃} = \frac{234.5 + 75}{234.5 + \theta} R_k = \frac{234.5 + 75}{234.5 + 25} \times 7.24 = 8.63\ \Omega$$

$$Z_{k75\ ℃} = \sqrt{R_{k75\ ℃}^2 + X_k^2} = \sqrt{8.63^2 + 18.10^2} = 20.05\ \Omega$$

短路(阻抗)电压百分数为

$$U_k(\%) = \frac{I_k Z_{k75\ ℃}}{U_{1N}/\sqrt{3}} \times 100\% = \frac{9.63 \times 20.05}{6\ 000/\sqrt{3}} \times 100\% = 5.57\%$$

5.4 三相变压器

现代电力系统都采用三相制,三相变压器的应用最为广泛。三相变压器在对称负载下运行时,任何一相的电磁关系均与单相变压器相同,前面对单相变压器的分析方法及其结论完全适用于三相变压器。

5.4.1 三相变压器的磁路系统

三相变压器的磁路系统是指主磁通的磁路系统,按铁芯结构可分为组式磁路和芯式磁路。

1. 三相变压器组的磁路系统

三相变压器组是由三台完全相同的单相变压器组成的,相应的磁路称为组式磁路,如图

5-20 所示。由于每相的主磁通各沿自己的磁路闭合,彼此独立,当一次侧外施加三相对称电压时,各相的主磁通必然对称,即磁路三相对称。

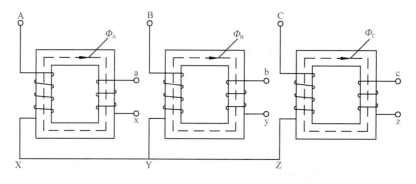

图 5-20　三相变压器组的磁路系统

2. 三相芯式变压器的磁路系统

三相芯式变压器各相磁路彼此相关。这种铁芯结构可以视为是从三台单相变压器演变过来的。如果把三台单相变压器的铁芯按图 5-21 所示演变过程靠在一起,当变压器的三相绕组外施三相对称电压时,由于三相主磁通是对称的,中间铁芯柱内的磁通为 $\dot{\Phi}_A+\dot{\Phi}_B+\dot{\Phi}_C=0$。这样作为公共磁路的中间铁芯往往可以省掉,从而形成了最后的三相芯式铁芯形式。

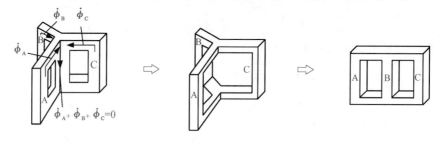

图 5-21　三相芯式变压器的磁路系统

在这种磁路系统中,每相的主磁通都要通过另外两相的铁芯形成闭合的回路,三相的磁路是彼此相关的,B 相的磁路长度比 A、C 两相的磁路长度短,即三相磁路的磁阻不同,当外施三相对称电压时,三相空载电流不等。

由于三相芯式变压器具有价格便宜、消耗材料少、占地面积小、维护方便等优点,所以使用最广泛。只在超高压、大容量的巨型变压器和运输条件受到限制的地方,为了运输方便和减小备用容量,才采用三相变压器组。

5.4.2　三相变压器的电路系统

1. 三相变压器的绕组连接

（1）三相绕组的端点标识

对于三相变压器而言,绕组的标识为:A、B、C 表示三相高压绕组的首端;X、Y、Z 表示三相高压绕组的末端;a、b、c 表示三相低压绕组的首端;x、y、z 表示三相低压绕组的末端;N、n 表示星形连接的高压和低压绕组的中性点。

（2）三相绕组的连接方式

无论是高压侧还是低压侧，三相绕组常用连接方式都是星形连接和三角形连接。

①星形连接

以高压侧绕组为例，将三个绕组的末端 X、Y、Z 接在一起，构成中性点，将首端 A、B、C 作为三相引出端，如图 5-22 所示，称为星形连接。高压绕组的星形连接用符号 Y 表示，低压绕组的星形连接用符号 y 表示。若有中线引出端，分别用 YN 或 yn 表示。

②三角形连接

以高压侧绕组为例，依次把一相绕组的首端和另一相绕组的末端连接在一起，顺次构成一个闭合的回路，由三个连接点引出三条端线，便是三角形连接。三角形连接可以采用将三相绕组按 AX—BY—CZ 的顺序连接成一个闭合的回路，称为顺序三角形连接，如图5-23(a)所示。也可以采用将三相绕组按 AX—CZ—BY 的顺序连接成一个闭合的回路，称为逆序三角形连接，如图 5-23(b)所示。高压绕组的三角形连接用符号 D 表示，低压绕组的三角形连接用符号 d 表示。

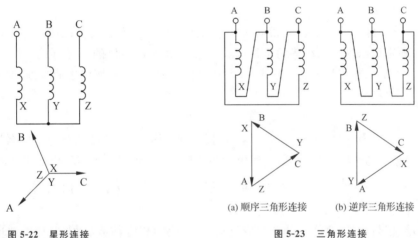

图 5-22　星形连接　　　　　　　　图 5-23　三角形连接

　　　　　　　　　　　　　　　　　　　　(a) 顺序三角形连接　　(b) 逆序三角形连接

在对称三相系统中，当变压器采用星形连接时，线电流等于相电流，线电动势为相电动势的 $\sqrt{3}$ 倍。当变压器采用三角形连接时，线电流为相电流的 $\sqrt{3}$ 倍，线电动势等于相电动势。

变压器除了常见的星形连接和三角形连接以外，还有曲折连接等特殊的连接方式，由于比较少见，在这里就不介绍了。

2. 三相变压器的连接组标号

（1）三相变压器的连接组

三相变压器的高压侧与低压侧绕组可分别采用 Y 或 D 连接，因此，高压侧与低压侧绕组可以有相同的接法，也可以有不同的接法。三相变压器高、低压侧的连接方式有 Y,y；Y,d；D,d；D,y 四种。逗号前面的字母表示高压侧的连接方式，逗号后面的字母表示低压侧的连接方式，绕组的连接方式就是变压器的连接组。

（2）变压器的同名端

无论三相变压器还是单相变压器的高、低压绕组，都是绕在一个铁芯柱上，它们被同一个主磁通所交链。变压器的一次、二次绕组在同一主磁通的作用下，在绕组中产生感应电动势。

在任何瞬间，两个绕组中电动势或电压极性相同的两个端子，称为同名端或同极性端，常用"·"表示。

（3）三相变压器的连接组别

三相变压器的连接组别不仅与绕组的同名端及首末端的标记有关，还与三相绕组的连接法有关。通过三相变压器的连接图可以绘出它的相量图，根据相量图可以写出变压器的连接组标号。也可以通过连接组标号，绘出变压器的连接图。

三相变压器的连接组别采用电动势时钟法，即用时钟的分针代表一次绕组线电动势的相量，始终指向 0 点或 12 点的位置；用时针代表二次绕组线电动势的相量，所指的时刻就是该变压器连接组标号。例如，Y,d11 表示该三相变压器的一次绕组为星形连接，二次绕组为三角形连接，二次绕组的线电动势滞后一次绕组的线电动势 330°。

根据连接图，用电动势时钟法判断连接组标号一般可按下面步骤进行：

第一步，标出连接图中高、低压侧绕组相电动势的正方向。

第二步，绘出高压侧的电动势相量图，将相量图的 B 点放在钟面的 12 点的位置，A、B、C 点按顺时针方向排列。

第三步，绘出低压侧的电动势相量图，以高、低压侧同一铁芯柱上绕组的相电动势之间的相位关系来确定低压侧相电动势的位置，此时 a 点必须和高压侧的 A 点重合。

第四步，以电动势相量 $\dot{E}_{AB}$ 为分针，以电动势相量 $\dot{E}_{ab}$ 为时针所确定的时刻，即所要判定的变压器的连接组标号。

①Y,y 连接

如图 5-24(a)所示是三相变压器 Y,y0 连接组别。图中高、低压侧绕组的同名端在对应位置，其对应的相电动势同相位，对应的线电动势也同相位，如图 5-24(b)所示，若将高压侧线电动势 $\dot{E}_{AB}$ 指向时钟 12 点，由相量图可见此时低压侧线电动势 $\dot{E}_{ab}$ 也指向 12 点，则连接组别为 Y,y0。

若同名端在高、低压侧绕组的非对应位置，其对应的相电动势反相、对应的线电动势也反相，即将高压侧线电动势 $\dot{E}_{AB}$ 指向时钟 12 点，此时低压侧线电动势 $\dot{E}_{ab}$ 则指向 6 点，得到三相变压器连接组别为 Y,y6。

Y,y 连接还可得到其他的连接组别。如高压侧绕组三相标志不变，而低压侧绕组三相标志依次后移一个铁芯柱，在相量图上相当于把对应的电动势沿顺时针方向转了 120°，即 4 个点，则得 Y,y4 连接组别，若依次后移两个铁芯柱，即 8 个点，则得 Y,y8 连接组别。

类似的，星形连接还有 2、6、10 连接组别。这样高、低压侧均采用星形连接的三相变压器共有 0、2、4、6、8、10 六种偶数号的连接组别。

②Y,d 连接

如图 5-25(a)所示是三相变压器 Y,d11 连接组别。图中高、低压侧绕组的同名端标在对应位置，高压侧接成星形，低压侧三相绕组按 ax—cz—by 的顺序接成逆序三角形连接。这时高、低压侧绕组对应的相电动势同相位，对应线电动势 $\dot{E}_{AB}$ 与 $\dot{E}_{ab}$ 的相位差为 330°，在图 5-25(b)中，当高压侧线电动势 $\dot{E}_{AB}$ 指向时钟 12 点，则低压侧线电动势 $\dot{E}_{ab}$ 指向 11 点，故得到 Y,d11 连接组别。同理，如高压侧绕组三相标志不变，而相应将低压侧绕组三相标志依次后移，可得 Y,d3 连接组别和 Y,d7 连接组别。

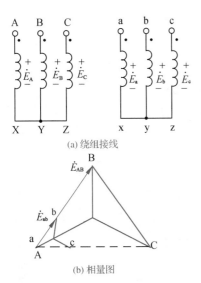

(a) 绕组接线

(b) 相量图

图 5-24 三相变压器 Y,y0 连接组别

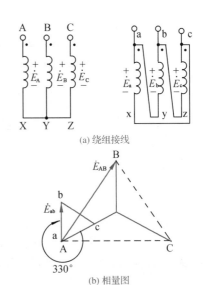

(a) 绕组接线

(b) 相量图

图 5-25 三相变压器 Y,d11 连接组别

若高、低压侧绕组的同名端标在对应位置,高压侧接成星形,低压侧三相绕组按 ax—by—cz 的顺序接成顺序三角形连接。这时高、低压侧绕组对应的相电动势同相位,线电动势的相位差为 30°,得到 Y,d1 连接组别。同理,改变低压侧绕组三相标志,可得 Y,d5 连接组别和 Y,d9 连接组别。

Y,d 连接的三相变压器有 1、3、5、7、9、11 六种奇数组号的连接组别。

(4)三相变压器的标准连接组别

三相变压器的连接组标号较多,再加上同一个连接组标号也可有多种连接方法,容易造成混乱。为了便于制造和并联运行,国家对变压器的连接组别做了统一规定,规定 Y,yn0;Y,d11;YN,d11;YN,y0;Y,y0 五种作为三相双绕组电力变压器的标准连接组别。

最常用的连接组别有三种:

①Y,yn0

主要用于配电线路中,高压侧电压不超过 35 kV,低压侧电压低于 400 V,由于低压侧有中性线,因此低压侧还可提供单相电压 200 V。

②Y,d11

用于高压侧电压不超过 35 kV,低压侧电压超过 400 V 的配电线路。

③YN,d11

用于 110 kV 及 110 kV 以上的高压输电线路,可为高压侧电力系统的中性点接地提供条件。

5.4.3 三相变压器的并列(联)运行

在现代电力系统中,三相变压器的并列(联)运行被广泛采用。所谓三相变压器的并列(联)运行,就是将两台或两台以上的变压器接在公共的母线上,共同对负载供电。这些变压器的一次绕组接在电网侧的公共母线上,二次绕组接在负载侧的公共母线上,如图 5-26 所示。

变压器并列(联)运行有很多优点:首先,能提高供电的可靠性,并列(联)运行后,能保证在不中断供电的情况下,将故障变压器从电网中切除以检修或将备用变压器投入电网运行;其次,可根据负载的变化情况,及时调整投入运行的变压器台数,以提高系统的运行效率和改善系统的功率因数;另外,还可减少总的备用容量,并随用电量的增大分批安装新变压器以减少

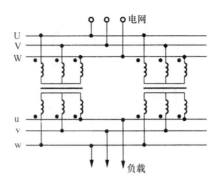

图 5-26　两台三相变压器的并列（联）运行

初期投资。当然，并列（联）变压器的台数不宜太多，因为在总容量相同的情况下，一台大容量变压器要比几台小容量变压器造价低，基建投资少，占地面积小。

三相变压器的并列（联）运行是有条件的。

1. 理想的条件

（1）各台变压器的一次侧、二次侧额定电压相等，即变比相等。

（2）各台变压器的连接组别相同。

（3）各台变压器的短路（阻抗）电压百分数相等，且短路阻抗角也相等。

满足上述条件，空载时，各台变压器二次绕组之间无环流；负载时，各台变压器能按其容量大小成比例地分配负载。

2. 实际条件

实际条件并非理想。

（1）变比可略有不同，但必须满足 $\dfrac{|k_1-k_2|}{\sqrt{k_1 k_2}}\leqslant 0.05\%$。

（2）连接组别必须相同。

（3）短路（阻抗）电压百分数可略有不同，但必须满足：两值之差不超过其平均值的 10%。

5.5　变压器的应用

电力系统中除广泛采用双绕组变压器以外，在实际应用中为适应某些需要也采用一些特殊的变压器，如整流变压器、电焊变压器等。这些常用变压器的基本原理和分析方法与双绕组变压器是相同的，但又具有自己的特点，下面对常见的几种变压器进行分析。

5.5.1　整流变压器

1. 整流变压器的作用

整流变压器主要用作硅整流设备的电源变压器，是整流装置中的重要组成部分。它将电源电压变换成整流器所需要的交流电压，还可以将三相交流系统变换为多相系统，以减小整流器输出直流电压脉动的作用。

整流变压器在工业生产中应用越来越广泛,除了用于电力拖动中的供电,交流发电机的励磁供电以及串级调速的供电外,还大量地用于电解、电镀、电气传动、矿山机械、电力机车和城市电车等直流供电方面,实验室也用它做直流电源。

2. 整流变压器的特点

(1)一、二次侧绕组的视在功率不相等,而且二次视在功率大于一次视在功率。

(2)由于阻抗大,其外形较短胖,并且绕组和铁芯的机械强度也大。

(3)有特殊的绕组连接组及补偿装置。

(4)效率较低,例如单相半波不可控整流电路系统中的整流变压器利用效率为1/3左右,而普通变压器的利用效率接近于1。

3. 整流变压器的分类

整流变压器的种类很多,通常可按用途、相数、调压方式、冷却方式等划分类别。

从相数上分:单相、三相和多相整流变压器(如六相或十二相等)。

从冷却方式上分:干式和油浸式整流变压器。

从用途上分:电力拖动用整流变压器、牵引用整流变压器、电炉用整流变压器、电解电镀用整流变压器和同步电机励磁系统整流装置用整流变压器。

从调压方式上分:不调压、无载调压和有载调压整流变压器。

4. 整流变压器的运行原理

整流变压器的运行原理,基本上与普通电力变压器相同,但负载是整流器加直流拖动设备,所以先将交流电网电压变换成一定大小及相位的电压,再经整流器进行整流,输出给直流拖动设备。现以整流电路为例来说明整流变压器工作的基本特点。

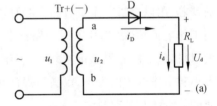

如图 5-27(a)所示为单相半波不可控整流电路,整流变压器的一次侧接正弦交流电源,二次侧通过整流元件接负载电阻 R_L。设变压器的二次侧电压为 $u_2 = \sqrt{2}U_2\sin\omega t$,波形如图 5-27(b)所示。$u_2$ 为正半周时,整流二极管导通,电源电压加在负载上,负载电阻得到的电压瞬时值波形如图 5-27(c)所示。直流电流瞬时值的波形与电压的波形相似,如图 5-27(d)所示。u_2 为负半周时,整流二极管截止,电路中无电流通过。这时 $u_d = i_d R = 0$,二极管 D 两端的反向电压 u_D 的波形如图5-27(e)所示。这种整流电路由于负载电压只利用了电源电压的半个周期波形,故称半波整流。

在单相半波不可控整流电路中,整流变压器一、二次侧绕组中的电流都不是正弦波,二次电流含有直流分量,一次电流不含直流分量。并且一、二次容量均比输出的直流功率大得多,整流变压器的利用情况很差。

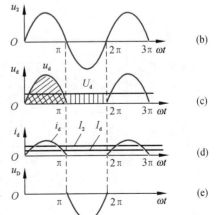

图 5-27 单相半波不可控整流原理

5.5.2 电焊变压器

电焊变压器又称焊接用变压器，在生产实际中广泛应用。交流电弧焊接的电源通常是电焊变压器，实际上它是一种特殊的降压变压器。为了保证电焊的质量和电弧燃烧的稳定性，对电焊变压器有下面几点要求：

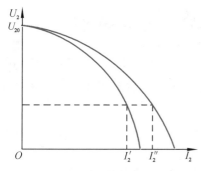

图 5-28　电焊变压器的外特性曲线

（1）电焊变压器应具有 60～70 V 的空载电压，以保证容易起弧，但考虑操作的安全，电压一般不超过 85 V。

（2）焊接电流要求能够调节大小。

（3）电焊变压器应有迅速下降的外特性，其曲线如图 5-28 所示，以满足电弧特性的要求。

（4）短路电流要大小适宜。短路电流太大，会使焊条过热，金属颗粒飞溅，工件易烧穿；短路电流太小，引弧条件差，电源处于短路时间过长。一般短路电流不超过额定电流的 2 倍，在工作中电流要比较稳定。

电焊变压器具有较大的可调电抗。它的一、二次侧绕组分装在两个铁芯柱上，使绕组的漏抗增大。改变漏抗的方法很多，常用的有磁分路法和串联可变电抗法两种。

在图 5-29(a)中，电焊变压器二次侧绕组中串接可调电抗器。电抗器中的气隙可以用螺杆调节，当气隙增大时，电抗器的电抗减小，电焊工作电流增大；反之，当气隙减小时，电抗增大，电焊工作电流减小。另外，在一次侧绕组中还备有分接头，以便调节起弧电压的大小。

磁分路电焊变压器如图 5-29(b)所示。在一、二次侧绕组铁芯柱中间，加装了一个可移动的铁芯，用以提供一个磁分路。当移出磁分路铁芯时，一、二次侧绕组的漏抗减小，电焊变压器的工作电流增大；当移入磁分路铁芯时，一、二次侧绕组间通过磁分路的漏磁通增多，漏抗增大，焊接时二次侧电压迅速减小，工作电流变小。这样，通过调节磁分路的磁阻，即可调节漏抗大小和工作电流的大小，以满足焊件和焊条的不同要求。在二次侧绕组中还常备有分接头，以便调节空载时的起弧电压。

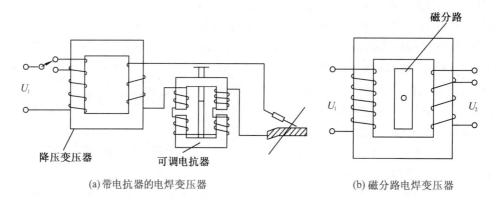

(a)带电抗器的电焊变压器　　　　　　　　(b)磁分路电焊变压器

图 5-29　电焊变压器的原理

5.5.3 自耦变压器

1. 自耦变压器的结构特点

自耦变压器没有独立的二次侧绕组,它将原绕组的一部分作为二次侧绕组,如图 5-30 所示。

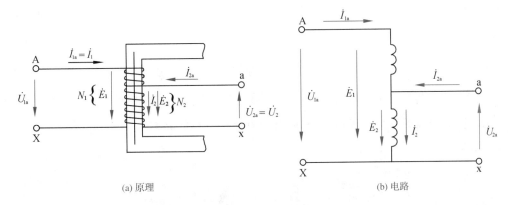

(a) 原理   (b) 电路

图 5-30 自耦变压器

由图 5-30 可知,自耦变压器的结构特点:变压器一次侧与二次侧之间不仅有磁的联系,而且还有电的直接联系。从本质上看,自耦变压器实际只有一个绕组,其中一部分是公用的,称为公共绕组,另一部分称为串联绕组。

2. 自耦变压器的主要优点、缺点和用途

自耦变压器的优点:可以省去二次侧绕组,且绕组容量小于额定容量;和普通双绕组变压器相比,可以节省大量材料(硅钢片和铜线),降低成本,减小变压器的体积,减轻变压器的重量,有利于大型变压器的运输和安装;并且内部铜损耗和铁损耗小,提高了效率。

自耦变压器的缺点:由于一、二次侧绕组之间有电的联系,当高压侧发生电气故障时,将直接涉及低压侧,因此变压器内部绝缘与过电压保护措施要加强。自耦变压器不能作为安全照明变压器使用。

在高电压、大容量的输电系统中,自耦变压器主要用来连接两个电压等级相近的电力网,做联络变压器。在实验室中采用二次侧带滑动接触的自耦变压器做调压器。此外,自耦变压器还可用作异步电动机的启动补偿器。

3. 自耦变压器的基本方程

(1)电压关系

当自耦变压器一次侧接上交变电压时,铁芯中产生交变磁通,分别在一、二次侧绕组中产生感应电动势,忽略漏磁通,则有

$$U_{1a} \approx E_1 = 4.44 f N_1 \Phi_m \tag{5-31}$$

$$U_{2a} \approx E_2 = 4.44 f N_2 \Phi_{m} \tag{5-33}$$

自耦变压器的变比为

$$k = \frac{E_1}{E_2} = \frac{N_1}{N_2} \tag{5-35}$$

通常自耦变压器的变比选为 2 左右。

（2）电流关系

电流关系可由磁通势平衡关系 $\dot{I}_0 N_1 = \dot{I}_{1a} N_1 + \dot{I}_{2a} N_2$ 得出，由于 $\dot{I}_0$ 很小可忽略不计，故公共绕组部分的电流为

$$\dot{I}_2 = \dot{I}_{1a} + \dot{I}_{2a} = \left(-\frac{1}{k}\right)\dot{I}_{2a} + \dot{I}_{2a} = \left(1 - \frac{1}{k}\right)\dot{I}_{2a} \tag{5-36}$$

由此可见，公共绕组中的电流总是小于输出电流，当 k 越接近于 1，公共绕组的电流就越小，因此二次侧绕组的导线线径可小一些，既节省材料又降低成本。

（3）自耦变压器的容量关系

自耦变压器的输出容量为

$$S_2 = U_{2a} I_{2a} = U_{2a}(I_2 + I_{1a}) = U_{2a} I_2 + U_{2a} I_{1a} \tag{5-37}$$

自耦变压器的输出容量由两部分组成：一部分容量 $U_{2a} I_2$ 是通过电磁感应作用从一次侧传递到二次侧，称为电磁容量或绕组容量，它决定了变压器的尺寸和所消耗材料的多少；另一部分容量 $U_{2a} I_{1a}$ 是通过电路的联系，从一次侧直接传递到二次侧的，称为传导容量，这是普通变压器所没有的。

4.自耦变压器使用时应注意的问题

目前，自耦变压器应用广泛，但由于自耦变压器的结构特殊，应注意下列问题：

(1)在电网中运行的自耦变压器，中性点必须可靠接地。

(2)一次侧、二次侧须加装避雷装置，由于自耦变压器的一次侧与二次侧之间有电路的直接联系，一次侧过电压时会直接传递到二次侧，容易造成危险事故。

(3)自耦变压器的短路阻抗比普通变压器小，产生的短路电流大，所以对自耦变压器短路保护措施的要求比双绕组变压器要高，要有限制短路电流的措施。

(4)使用三相自耦变压器时，由于一般采用 Y,y 连接，为了防止产生三次谐波磁通，通常增加一个三角形连接的附加绕组，用来抵消三次谐波。

5.5.4 仪用互感器

在电力系统中需要对高电压和大电流进行测量和监视，但由于仪表的绝缘和量程所限，是不能直接进行测量的。利用变压器的变压和变流转换关系，可生产出专门进行测量用的变压器，称为仪用互感器，它分为电压互感器和电流互感器两种。

使用仪用互感器后，可使测量回路与高压电网隔离，保证工作人员的安全，还可以使用小量程的电流表测量大电流，低量程的电压表测量高电压，同时还可为各类继电保护和控制系统提供控制信号。

1. 电压互感器

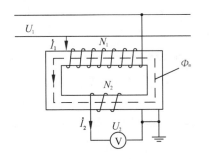

图 5-31 电压互感器接线

电压互感器接线如图 5-31 所示,高压绕组并联到被测量的高压线路上,低压绕组接测量仪表(电压表的电压线圈)。

电压互感器相当于一台降压变压器,忽略漏阻抗压降时,有

$$k_u = \frac{U_1}{U_2} = \frac{N_1}{N_2} \qquad (5\text{-}38)$$

测出低压电压 U_2 后,高压被测电压 $U_1 = k_u U_2$,由于仪表配套,电压表上指示的数值即被测电压 U_1,可直接读数。

电压互感器在测量中会产生变比误差和相位误差,使测量值与实际值之间在数值上和相位上均有差别。根据变比误差大小分为 0.2、0.5、1.0 和 3.0 四个等级,数值越小,测量的准确度越高。

使用电压互感器须注意以下事项:

(1)使用电压互感器时,二次侧不允许短路,否则将产生很大的短路电流烧坏绕组。

(2)二次侧绕组和铁芯应可靠接地,保证测量人员的安全。

2. 电流互感器

电流互感器接线如图 5-32 所示。一次侧绕组串入被测量的线路中,二次侧绕组接测量仪表(电流表的电流线圈)。

电流互感器相当于一台升压变压器,忽略励磁电流时,有

$$k_i = \frac{I_1}{I_2} = \frac{N_2}{N_1} \qquad (5\text{-}39)$$

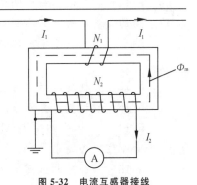

图 5-32 电流互感器接线

测出二次侧电流 I_2,则一次侧被测电流为 $I_1 = k_i I_2$,由于仪表配套,电流表上指示的数值即被测电流 I_1。电流互感器在测量时也有误差,根据误差大小分为 0.2、0.5、1.0、3.0 和 10.0 五个等级。

使用电流互感器须注意以下事项:

(1)使用电流互感器时不允许二次侧开路。如果二次侧开路,一次侧被测电流将全部成为励磁电流,使铁芯中磁通急剧增大,这样一方面使铁损耗增大,引起发热烧坏绕组;另一方面因二次侧绕组匝数很多,会感应出危险的高电压,对操作人员不利。

(2)二次侧绕组和铁芯应可靠接地,保证测量人员的安全。为了可在现场不切断电路的情况下测量电流和便于携带使用,把电流表和电流互感器合起来制成钳形电流表。电流互感器的铁芯做成像一把可以开合的钳子,将被测电流的导线钳入铁芯,相当于一次侧绕组只有一匝的电流互感器,即可进行电流的测量,有不同量程可供选择。

思考与练习

5-1 变压器是怎样实现变压的？为什么能变电压,而不能变频率？

5-2 变压器的额定容量为什么以千伏安为单位？而不以千瓦为单位？

5-3 变压器的铭牌上标出了效率和功率因数吗？

5-4 为什么要把变压器的磁通分成主磁通和漏磁通,它们有哪些区别？

5-5 变压器接负载时,一、二次侧绕组各产生哪些电动势,产生它们的原因分别是什么？写出电动势平衡方程。

5-6 一台单相变压器,一次和二次侧绕组之间没有导线连接,为什么负载运行时一次侧的电流要随着二次侧电流的变化而变化？

5-7 当变压器一次侧绕组匝数比设计值减少而其他条件不变时,铁芯饱和程度、空载电流大小、铁损耗、感应电动势和电压比都将如何变化？

5-8 变压器的励磁电抗和漏抗各对应于什么磁通？对已制成的变压器,它们是否是常数？当电源电压降至额定值的一半时,它们如何变化？我们希望这两个电抗大还是小,为什么？比较这两个电抗的大小。

5-9 绘出变压器 T 形、近似和简化等效电路。

5-10 在变压器高压侧进行空载和短路试验,测定的参数与在低压侧做上述试验求得的各参数有什么不同？又有什么联系？

5-11 为什么变压器的空载损耗可近似看成铁损耗,短路损耗能否近似看成铜损耗？

5-12 自耦变压器的主要特点是什么？有何优、缺点？

5-13 叙述整流变压器的特点及应用范围。

5-14 一台单相变压器,额定容量 $S_N = 50 \text{ kV} \cdot \text{A}$,额定电压 $U_{1N}/U_{2N} = 10\,500 \text{ V}/230 \text{ V}$。求一、二次侧绕组的额定电流。

5-15 一台三相油浸式自冷变压器,额定数据为 $S_N = 200 \text{ kV} \cdot \text{A}$,$U_{1N}/U_{2N} = 10 \text{ kV}/0.4 \text{ kV}$,Y,y 连接。求变压器一、二次侧绕组的额定电流。

5-16 一台单相变压器,额定数据为 $S_N = 320 \text{ kV} \cdot \text{A}$,$U_{1N}/U_{2N} = 10 \text{ kV}/0.4 \text{ kV}$,$I_{1N}/I_{2N} = 32 \text{ A}/800 \text{ A}$,$r_1 = 2.44 \ \Omega$,$x_1 = 8.24 \ \Omega$,$r_m = 169 \ \Omega$,$x_m = 4\,460 \ \Omega$。当一次侧接额定电压、二次侧开路时,计算空载电流、二次侧电动势及漏阻抗压降。

5-17 有一台三相铜线变压器,$U_{1N}/U_{2N} = 10\,000 \text{ V}/400 \text{ V}$,$I_{1N}/I_{2N} = 10 \text{ A}/250 \text{ A}$,Y,yn0 接法,空载试验在低压侧接电源,高压侧开路,测得 $U_0 = U_{2N} = 400 \text{ V}$,$I_0 = 10 \text{ A}$,$p_0 = 900 \text{ W}$。求此变压器的短路参数。

自测题

一、填空题

1. 变压器铁芯导磁性能越好,其励磁电抗越(　　　),励磁电流越(　　　)。

2. 变压器带负载运行时,若负载增大,其铁损耗将(　　　),铜损耗将(　　　)。

3. 变压器短路阻抗越大,其电压变化率就(　　　),短路电流就(　　　)。

4. 变压器等效电路的 x_m 是对应于(　　　)电抗,r_m 是表示(　　　)电阻。

5. 三相变压器的连接组别不仅与绕组的(　　　)和(　　　)有关,而且还与三相绕组的(　　　)有关。

二、选择题

1. 变压器的空载损耗(　　　)。

A. 全部为铜损耗　　　　　　　　　　B. 全部为铁损耗

C. 主要为铜损耗　　　　　　　　　　D. 主要为铁损耗

2. 变压器中,不考虑漏阻抗压降和饱和的影响,若原边电压不变,铁芯不变,而将匝数增加,则励磁电流将(　　　)。

A. 增大　　　　　B. 减小　　　　　C. 不变　　　　　D. 基本不变

3. 一台变压器在(　　　)时效率最高。

A. $\beta=1$　　　　B. $P_0/P_S=$ 常数　　　C. $P_{Cu}=P_{Fe}$　　　D. $S=S_N$

三、判断题

1. 一台变压器原边电压不变,副边接电阻性负载或接电感性负载,则负载电流相等。

(　　　)

2. 自耦变压器由于存在传导功率,因此其设计容量小于铭牌的额定容量。　　(　　　)

3. 使用电压互感器时其二次侧不允许短路,而使用电流互感器时二次侧不允许开路。

(　　　)

四、简答题

1. 变压器铁芯的作用是什么? 为什么要用硅钢制成?

2. 变压器的主要作用是什么? 有哪些主要部件? 各部分的功能是什么?

3. 简要说明变压器是如何工作的。

五、计算题

1. 某三相变压器容量为 500 kV·A,Y,yn 连接,电压为 6 300 V/400 V。现将电源电压由 6 300 V 改为 10 000 V,若保持低压绕组匝数每相 40 匝不变,求原来的高压绕组匝数及新的高压绕组匝数。

2. 某单相变压器,$U_{1N}/U_{2N}=220$ V/110 V,$I_{1N}/I_{2N}=2$ A/4 A,在室温 25 ℃ 下在高压侧做短路试验,测得 $U_k=20$ V,$I_k=I_{1N}=2$ A,$p_k=24$ W。求此变压器的短路参数。

第6章

三相异步电动机

本章要点

本章主要介绍三相异步电动机的基本结构和工作原理、交流电机的绕组、三相异步电动机的运行、三相异步电动机的参数测定、三相异步电动机的工作特性、三相异步电动机的铭牌数据与主要系列等基本知识。

通过本章的学习，应达到以下要求：

- 掌握三相异步电动机的基本工作原理和结构。
- 掌握交流绕组的基本知识。
- 掌握异步电动机的铭牌数据与主要系列。
- 熟悉三相异步电动机的工作特性。
- 掌握三相异步电动机的基本方程。
- 掌握三相异步电动机的参数测定。

6.1 三相异步电动机的基本工作原理及结构

6.1.1 三相异步电动机的基本工作原理

1. 三相异步电动机的基本特点及用途

异步电动机主要作为三相异步电动机使用。它是电力拖动系统中应用最为广泛的一种电机。金属切削机床、卷扬机、冶炼设备、农业机械、船舰、轧钢设备、各种泵、工业机械等,绝大部分都采用三相异步电动机拖动。

三相异步电动机得到广泛应用是因为它具有结构简单、使用和维修方便、运行可靠、效率较高、制造容易、成本低廉等优点。

三相异步电动机运行时,必须从电网吸收无功功率,这将使电网的功率因数变小。由于电网的功率因数可以进行补偿,因此并没有妨碍三相异步电动机的使用。

三相异步电动机本身的调速性能较差,在要求具有较宽平滑调速范围的场合,一般采用直流电动机。近些年来,异步电动机交流调速系统发展迅速,使三相异步电动机的调速性能得以改善,因而其用途更加广泛。

2. 异步电动机的主要分类

异步电动机的种类很多,从不同的角度有不同的分类法。

(1)按定子相数,分为单相异步电动机、三相异步电动机。

(2)按转子绕组形式,一般可分为绕线式和笼型两种类型。笼型异步电动机中又有单笼型、双笼型和深槽式之分。

(3)按电机尺寸或功率,分为大型、中型、小型和微型功率电机。

(4)按电机的防护形式,分为开启式、防护式、封闭式等。

此外,还可以按电机运行时的通风冷却方式、安装结构形式、绝缘等级、工作方式等分类。

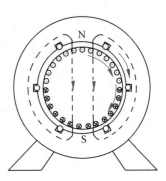

三相异步电动机的
工作原理

3. 异步电动机的工作原理

异步电动机的工作原理是通过气隙旋转磁场与转子绕组中感应电流相互作用产生电磁转矩,从而实现能量转换,故异步电动机又称为感应电动机。

笼型异步电动机原理结构如图 6-1 所示。它由定子和转子两部分组成,两者之间有一个很小的空气隙。它的定子铁芯槽内安放三相对称绕组,转子分为笼型转子和绕线式转子两种。转子外圆的槽内安放导体,导体两端用铜环短路,形成闭合回路,即转子绕组是自行闭路的。

当三相对称定子绕组接于三相对称电源,流过三相对称电流时,在气隙中产生旋转磁场,切割转子导体,根据电磁感应定律,

图 6-1 笼型异步电动机原理结构

转子导体中将有感应电动势产生,闭合的转子绕组中便有电流流过。根据电磁力定律,载流的转子绕组在气隙旋转磁场中将受到电磁力作用,所有转子导体受到的电磁力形成电磁转矩,使转子随着定子旋转磁场旋转。如果转轴上带机械负载,电动机便将输入的电功率转换为轴上输出的机械功率。

异步电动机转子与定子旋转磁场之间存在着转速差,此转速差正是定子旋转磁场切割转子导体的速度,它的大小决定转子电动势的大小,将影响电动机的工作状态。为此,引入转差率 s 这一重要物理量,即

$$s=\frac{n_1-n}{n_1} \tag{6-1}$$

由式(6-1)知,转子静止时,转子转速 $n=0$,则 $s=1$;$n=n_1$ 时,则 $s=0$。一般异步电动机在额定负载下运行时,转子转速只是略小于电动机的同步转速,转差率 s 很小,为 $1\%\sim6\%$。

4. 三相异步电机的三种运行状态

转差率是表征三相异步电机运行状态的一个重要参数,根据 s 的大小和符号,便可以判断三相异步电机运行在发电状态、电动状态还是电磁制动状态。

(1)发电状态

如果用原动机拖动转子以高于旋转磁场转速的速度旋转,即 $n>n_1$,$s<0$,如图 6-2(a)所示,转子导体切割磁力线的方向与电动状态相反,转子电动势和电流都改变方向,电磁转矩与原动机拖动转子的方向相反,起制动作用,电机从原动机吸收机械功率,输出电功率,因而电机运行于发电状态。

(2)电动状态

如果转子顺着旋转磁场的方向旋转,$0<n<n_1$,也就是 $0<s<1$,这时各电磁量的方向如图 6-2(b)所示。假设旋转磁场逆时针方向旋转,相当于转子导体沿着顺时针方向切割磁力线,转子电流有功分量 i_2 与 e_2 同相,i_2 与旋转磁场作用产生电磁力,并形成逆时针方向的电磁转矩,带动转子沿旋转磁场方向旋转,输出机械功率,因而电机处于电动状态。

(3)电磁制动状态

假设在某种外因作用下,转子逆着旋转磁场方向转动,即 $n<0$,$s>1$,如图 6-2(c)所示,转子导体切割旋转磁场的方向与电动状态时相同,转子感应电动势与电动状态相同,电磁转矩与旋转磁场的转向相同,与转子转向相反,起制动作用,电机就运行于电磁制动状态。

综上所述,一台三相异步电机既可以运行在发电状态,也可以运行在电动状态或电磁制动状态,其运行状态由运行条件决定。但三相异步电机一般用作电动机,很少作为发电机使用。电磁制动是三相异步电机在完成某一生产过程中出现的短时运行状态,例如起重机下放重物

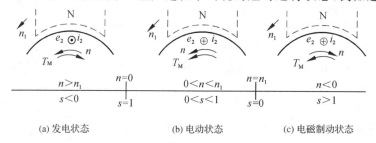

(a) 发电状态　　　　(b) 电动状态　　　　(c) 电磁制动状态

图 6-2　三相异步电机的三种运行状态

时,为了安全平稳,须限制下放速度时,就使三相异步电机短时处于电磁制动状态。

6.1.2 三相异步电动机的结构

异步电动机的形式和种类虽然很多,但结构上却大同小异,和所有旋转电机一样,都是由固定不动的部分(称为定子)和旋转的部分(称为转子)组成,定子、转子间有气隙。此外,还有端盖、轴承、接线盒和通风装置等其他部分。按转子结构的不同,三相异步电动机分为笼型和绕线式两大类,三相笼型异步电动机的结构如图 6-3 所示。

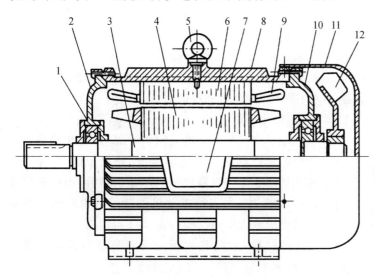

三相异步电动机的结构

图 6-3 三相笼型异步电动机的结构

1—轴承;2—前端盖;3—转轴;4—转子;5—吊环;6—定子;

7—接线盒;8—机座;9—定子绕组;10—后端盖;11—风罩;12—扇叶

1.定子

定子是电动机的固定部分,一般由定子铁芯、定子绕组、机座和端盖等部分组成。

(1)定子铁芯

定子铁芯是电动机磁路的一部分。其作用有两个:一是导磁,二是安放定子绕组。

定子铁芯是一个空心圆筒形铁芯,一般用厚度为 0.5 mm、表面涂绝缘漆的硅钢片叠压而成,以减小由交变磁场引起的磁滞和涡流损耗。铁芯外径小于 1 m 时,硅钢片冲成整圆的;铁芯外径大于 1 m 时,用扇形片拼成。

铁芯内圆冲有均匀分布的齿和槽,用以安放定子绕组。常用的定子槽形有三种:半闭口槽、半开口槽、开口槽,如图 6-4 所示。在低压的中、小型电动机中常采用半闭口槽,如图 6-4(a)所示,其槽口的宽度小于槽宽的一半,绕组绕成散嵌绕组,经过槽口分散嵌入。半闭口槽的优点是可以减小主磁路的磁阻,从而减小励磁电流,改善功率因数,缺点是嵌线不方便。电压在 500 V 以下的中型电动机中通常采用半开口槽,如图 6-4(b)所示,槽口的宽度等于或大于槽宽的一半,便于简化嵌线工艺,同时减小主磁路磁阻。3 000 V 以上高压大、中型电动机为使绝缘可靠和下线方便,多采用开口槽,如图 6-4(c)所示,槽口宽度与槽宽相等,绕组元件预制成型经绝缘处理后,整体放入槽中。

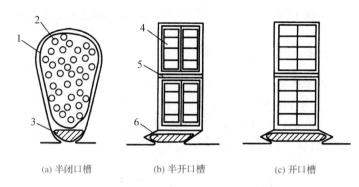

(a) 半闭口槽　　　(b) 半开口槽　　　(c) 开口槽

图 6-4　常用的定子槽形

1—槽绝缘；2—绕组；3—槽楔；4—绕组；5—层间绝缘；6—槽楔

为了散热，铁芯留有径向通风沟或轴向通风孔。容量较小的电动机常采用轴向通风；容量较大的电动机常采用双径向通风，也可同时采用轴向通风和径向通风。

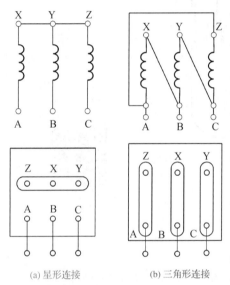

(a) 星形连接　　　(b) 三角形连接

图 6-5　定子三相绕组接线

（2）定子绕组

定子绕组是电动机电路的一部分，每相绕组由若干个绝缘良好的绕组元件组成，安放于槽内，并按一定的规律连接。容量较小的电动机，绕组由高强度漆包线做成；中、大容量电动机的绕组可由玻璃丝包扁铜线绕成放入槽内。槽内定子绕组用槽楔紧固，槽楔常用的材料是竹、胶木板或环氧玻璃布板等非磁性材料。

小型电动机常用单层绕组；容量大的电动机一般用双层短距绕组，上、下层线圈间用层间绝缘隔开，以防层间短路。

高压和大、中型电动机的定子绕组常采用星形连接，只有三根引出线，而中、小容量低压电动机常把定子绕组的三相六根出线头都引出来，根据需要进行星形或三角形连接，如图 6-5 所示。

（3）机座

机座是电动机机械结构的重要组成部分，它的作用是固定和支撑定子铁芯，并通过机座的底脚将电动机安装固定。中、小型电动机一般都用铸铁机座。有的定子铁芯紧贴机座内壁，这样绕组和铁芯产生的热量就通过机座表面散到空气中。为了增大散热面积，小型封闭式电动机表面铸出散热筋，作为主要散热面。防护式电动机的机座上开有通风孔，增加机内、外空气对流以利散热。大容量电动机一般都采用钢板焊接机座，为便于通风散热，往往留有冷却空气的通道。

2. 转子

转子是电动机的转动部分，产生转子感应电动势、电磁转矩，拖动负载。转子一般由转子铁芯、转子绕组和转轴等组成。

（1）转子铁芯

转子铁芯也是电动机磁路的组成部分。通常由 0.5 mm 厚的硅钢片叠压而成。中、小型电动机的转子铁芯可采用热套、装键或轴滚花等方式与电动机轴固接；大型电动机的转子铁芯则套于转子支架上，铁芯与转轴之间可靠连接以传递转矩。

转子硅钢片铁芯外圆也均匀冲出转子槽以安放或浇铸转子绕组。

（2）转子绕组

转子绕组是电动机电路的一部分，构成转子电路，其作用是流过电流和产生电磁转矩。

笼型转子又称为短路转子，是短路绕组，由槽内导条和端环构成闭合绕组，形似鼠笼，故称笼型转子。导条可以是铜或铝。一般中、小型电动机都采用铸铝转子，如图 6-6(a)所示，铸铝转子是将熔化的铝液直接浇铸在转子铁芯槽内，连同端环和风扇一次铸出，具有结构简单、制造方便等特点。但铸铝质量不易保证，它广泛用于小型电动机和直径在 600 mm 以下的中型电动机。大型和部分中型电动机的笼型转子为铜条转子，如图 6-6(b)所示，把做好的铜条插入转子铁芯槽中，再将铜端环放在铜条两端的端头上，用铜焊或银焊把它们焊在一起。

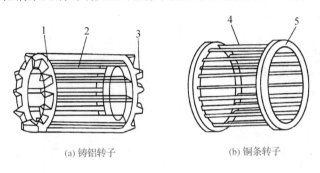

(a) 铸铝转子　　　　　(b) 铜条转子

图 6-6　笼型转子

1—铝端环；2—铝导体；3—风扇叶片；4—铜条；5—铜端环

普通笼型转子铁芯上的槽形通常有半闭口槽、平行槽、斜槽等。有时为了改善启动性能，还采用深槽和双笼型。

绕线式转子又称滑环转子，通常采用对称的三相绕组。转子绕组多为双层短距波绕组，一般接成星形，三相引出线接到固定在转轴上的三个相互绝缘的滑环上，与三组电刷接触，通过电刷与外电路相接。有时为了减小电刷磨损和机械损耗，还装有提刷短路装置，在电动机启动完毕不需调速时，可将电刷提起并同时将三个滑环短接。绕线式转子如图 6-7 所示。

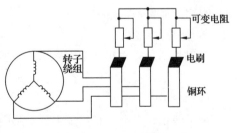

图 6-7　绕线式转子

三相异步电动机采用绕线式转子的目的在于，转子回路能够串入附加电阻以改善启动和调速性能。但是与笼型转子相比，绕线式转子价格高、制造工艺和维修复杂，因有电刷接触系统，运行可靠性较差，因此多用于要求启动电流小、启动转矩大、需要调速和频繁启动的设备中。

3. 气隙

三相异步电动机的定子、转子间必须留有气隙，气隙是电动机磁路的一个重要部分，对电动机性能影响很大。气隙过大，励磁电流也大，无功功率较大，电动机功率因数就小；气隙过小则会引起电动机的附加损耗增大，甚至发生定子、转子相擦。为了制造方便、装配容易、运行可靠，气隙的大小必须兼顾各方面的要求。中、小型三相异步电动机的气隙通常为 0.2～2.0 mm。

6.1.3 三相异步电动机的铭牌及主要系列

1. 铭牌

三相异步电动机机壳的显著位置上有一个铭牌，铭牌上标注着一系列额定数据。电动机按照铭牌条件和额定数据运行就称为额定运行。根据国家标准规定，三相异步电动机的额定值有：

（1）额定功率 P_N

额定功率指电动机在规定的额定状态下运行时，转子轴上输出的机械功率，单位为 W 或 kW。对三相异步电动机，额定功率可表示为

$$P_N = \sqrt{3} U_N I_N \eta_N \cos\varphi_N \tag{6-2}$$

式中　U_N——额定电压；

　　　I_N——额定电流；

　　　η_N——额定效率；

　　　$\cos\varphi_N$——额定功率因数。

对 380 V 的低压异步电动机，其 η_N 和 $\cos\varphi_N$ 的乘积为 0.8 左右，代入式（6-2）计算得

$$I_N \approx 2P_N \tag{6-3}$$

式中　P_N——单位为 kW；

　　　I_N——单位为 A。

（2）额定电压 U_N

额定电压指电动机额定运行时，规定加在定子绕组上的线电压值，单位为 V 或 kV。

（3）额定电流 I_N

额定电流指电动机外加额定频率、额定电压、轴上输出额定功率时流入定子绕组的线电流，单位为 A 或 kA。

（4）额定频率 f_N

额定频率指在额定状态下运行时，电动机定子侧电压的频率。我国工业电网标准频率为 50 Hz。

（5）额定转速 n_N

额定转速指电动机在额定电压、额定频率和额定负载下的转子转速，单位为 r/min。

（6）额定功率因数 $\cos\varphi_N$

额定功率因数指电动机在额定运行时定子电路的功率因数。

（7）定子接线

接线是指在额定运行时，三相异步电动机定子三相绕组有星形或三角形两种连接方式。具体采用哪种接线，视额定电压和电源电压的配合情况而定，取决于相绕组能承受的电压设计值。例如一台相绕组能承受 220 V 电压的三相异步电动机，铭牌上额定电压标有 220 V/380 V，星形/三角形接线，这时采用什么接线视电源电压而定，当电源电压为 220 V 时采用三角形连接，380 V 时采用星形连接。这两种情况下，每相实际上都只承受 220 V 电压。

机座上装有接线板，可以用来引接电源进线。同时，定子三相绕组的六个端点接到接线板

上,这样改变接线板上的连接就可使定子绕组接成星形连接或三角形连接。有时还可以将六个端点全部引出接启动器以改善启动性能。

另外,铭牌上还标明绝缘等级、定子绕组相数、额定效率、额定温升、防护形式、质量和生产日期等。电机绕组绝缘材料的等级主要有 A、B、E、F、H 五个等级。防护形式有 IP11(开启式)、IP22(防护式)和 IP44(封闭式)等。

2. 主要系列

我国目前生产的异步电动机类型很多,新系列主要为 Y 系列。Y 系列异步电动机符合国际电工协会(IEC)标准,具有国际通用性,技术、经济指标更高。

我国的异步电动机型号主要由产品代号和规格代号组成。一般用大写汉语拼音字母和阿拉伯数字表示,其中字母表明电动机的类型、规格、结构特征和使用范围。主要产品的规格代号见表 6-1。

表 6-1 主要产品的规格代号

序号	系列产品	规格代号
1	中、小型异步电动机	中心高(mm)-机座长度(字母代号)-铁芯长度(数字代号)-极数
2	大型异步电动机	功率(kW)-极数/定子铁芯外径(mm)

现以 Y 系列异步电动机为例,对型号予以说明。

中、小型异步电动机

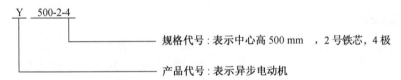

大型异步电动机

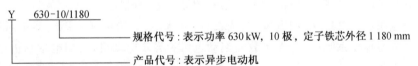

我国生产的异步电动机主要产品系列有:

(1)Y 系列:一般用途的三相笼型全封闭自冷式异步电动机。

(2)YR 系列:三相绕线式异步电动机。一般用在电源容量小的生产机械上,不能用在同容量三相笼型异步电动机启动的生产机械上。

(3)YD 系列:变极多速三相异步电动机。

(4)YDT 系列:通风机用多速三相异步电动机。

(5)YB 系列:防爆式三相笼型异步电动机。

(6)YTD 系列:电梯用多速三相异步电动机。

(7)YZ 系列:起重和冶金用三相笼型异步电动机。

(8)YZR 系列:起重和冶金用三相绕线式异步电动机。

(9)YQ 系列:大启动转矩的三相异步电动机。用在启动静止负载或惯性负载较大的机械上,如压缩机、粉碎机等。

(10)YCT 系列:电磁调速异步电动机。主要用于纺织、印染、化工、造纸、船舶及要求变速的机械上。

其他类型的异步电动机可参阅有关电机产品目录。

6.2 交流电机的绕组

6.2.1 交流电机绕组的基本知识

1. 交流电机的主要形式

交流电机主要分为同步电机和异步电机两大类。转子转速与旋转磁场转速相同的称为同步电机，不同的称为异步电机。所有旋转电机从原理上讲都具有可逆性，既可做发电机运行，又可做电动机运行。

（1）同步电机

同步电机主要用作发电机，同步发电机是发电厂的主要设备，容量可达 10^6 kW 以上。工农业中使用的交流电能几乎都来自同步发电机。根据原动机的种类不同，又分为汽轮发电机、水轮发电机、核发电机、柴油发电机等。

同步电机还可用作电动机，同步电动机广泛用于拖动大功率、恒转速的机械设备，如轧钢机等；用于拖动转速较低的机械设备，如球磨机等；用作专门向电网发送无功功率的同步补偿机（同步调相机）。

（2）异步电机

异步电机主要用作电动机。异步电动机因其具有结构简单、价格低廉、维护方便、运行可靠、效率较高等特点，是工农业生产及国民经济各部门中应用最为广泛而且需求量最大的一种电动机。容量从几十到几千千瓦。金属切削机床、轧钢设备、进风机、粉碎机、水泵、油泵、轻工机械、纺织机械、矿山机械等，绝大部分都采用三相异步电动机拖动。人们的日常生活中，单相异步电动机的应用也日益广泛，如电风扇、洗衣机、电冰箱、空调机等家用电器中，都用到单相异步电动机。电力拖动系统中，绝大多数的拖动电机为异步电动机，其用电量约占电网总负荷的 60%。

异步电机也可用作发电机，但很少这么用。异步电动机的定子和转子之间没有电的联系，能量的传递靠电磁感应作用，故亦称感应电动机。

同步电机的转速与频率之间具有严格不变的关系，而异步电机的转速与频率之间则没有严格不变的关系，这是异步电机与同步电机的基本区别。此外，异步电机与同步电机的功率因数特性不同，并且同步电机不能自启动。同步电机的工作原理将在后面的相关章节中讨论。

虽然同步电机和异步电机有很多差别，但是交流绕组、电动势和磁通势等问题是具有共性的，因此在本章统一进行研究。

2. 交流电机绕组的基本要求和分类

交流电机绕组是指同步电机和异步电机的定子绕组，以及绕线式异步电动机的转子绕组。交流电机绕组的作用是产生感应电动势，通过电流建立旋转磁场和产生电磁转矩，它是交流电机进行机电能量转换的重要部件。

(1)对交流电机绕组的基本要求

为使三相绕组符合交流电机运行性能的需要,一般对交流电机绕组有以下要求:

①三相绕组必须对称,即各相绕组的绕组元件数目、形状、尺寸、连接规律等都相同,三相绕组的轴线在电机定子圆周空间互差 120° 电角度。

②线圈的组成应遵循电动势相加的原则,以获得尽可能大的线圈电动势和磁通势。

③波形好,即运行时产生的电动势、磁通势波形力求接近正弦波,谐波分量小。

④有足够的机械强度和绝缘强度,散热条件好。

⑤制造简单,节省材料,工艺性好,维修方便。

满足上述原则而构成的三相绕组称为三相对称绕组。只有在三相对称绕组中才能感应产生对称的三相电动势。而上述五个要求又往往是互相矛盾的。在这些要求中,起决定作用的是第一条,它是满足三相交流电机运行性能的关键。

(2)交流电机绕组的分类

①按相数可分为单相绕组和多相绕组。

②按槽内层数可分为单层绕组和多层绕组,单层绕组又可分为同心式绕组、链式绕组和交叉式绕组三种。

③按每极每相槽数可分为整数槽绕组和分数槽绕组。

3. 交流电机绕组的几个基本术语

(1)极距 τ

相邻磁极轴线之间沿定子内圆表面跨过的距离称为极距,用 τ 表示,通常用每个极下占有的槽数表示。设定子槽数为 Z,磁极对数为 p,则极距可表示为

$$\tau = \frac{Z}{2p} \tag{6-4}$$

(2)电角度

在电路理论中,随时间按正弦规律变化的物理量交变一次经过 360° 时间电角度。在电机理论中,导体经过一对磁极,其感应电动势交变一次,因此一对磁极所对应的空间角度称为 360° 空间电角度。而一个圆周有几何角度 360°,在电机分析中常将几何角度称为机械角度。若电机磁极对数为 p,则与机械角度对应的电角度为 $p\theta$。即一个圆周代表 $p \times 360°$ 空间电角度,故

电角度 $= p \times$ 机械角度

(3)槽距角 α

相邻两槽轴线之间的电角度称为槽距角,用 α 表示,因为槽沿定子内圆均匀分布,所以

$$\alpha = \frac{p \times 360°}{Z} \tag{6-5}$$

(4)线圈(元件)

线圈是构成交流电机绕组的基本单元,它由一匝或多匝导线串联而成。线圈有两个出线端,一个称为首端,另一个称为末端。嵌放在槽内的部分称为线圈边,也称为有效边,线圈有两个有效边,连接两个有效边的部分称为端接线。交流电机绕组的线圈相当于直流电机的元件。

(5)线圈节距 y_1(第一节距)

一个线圈的两个有效边所间隔的距离称为线圈节距,用槽数表示。

线圈节距等于极距$(y_1=\tau)$的绕组称为整距绕组；线圈节距大于极距$(y_1>\tau)$的绕组称为长距绕组；线圈节距小于极距$(y_1<\tau)$的绕组称为短距绕组。

为使同步发电机定子绕组的绕组元件电动势最大，应当使 $y_1=\tau$。由于考虑到减小谐波等因素，实际绕组多采用短距绕组，即 $y_1<\tau$。

（6）每极每相槽数 q

每个磁极下每相绕组有效边所占的槽数，称为每极每相槽数，用 q 表示。设定子相数为 m，则有

$$q=\frac{Z}{2pm} \tag{6-6}$$

q 为整数的绕组称为整数槽绕组，q 为分数的绕组称为分数槽绕组。

交流电机绕组多采用整数槽绕组，其 $q>1$，这时每个磁极下每相绕组有 q 个线圈边分布在相邻的槽中，这种绕组产生的电动势和磁通势波形较好，电机的性能好。但从性能及制造工艺等方面综合考虑，q 不宜太大，一般中、小型电机 q 取 2～6。

（7）相带

每一磁极下，每相绕组所占有的电角度称为绕组的相带，表示为

$$q\alpha=\frac{Z}{2pm}\times\frac{p\times360°}{Z}=\frac{180°}{m} \tag{6-7}$$

对于三相交流电机 $m=3$，则 $q\alpha=60°$，即在每一磁极下每相绕组所占的范围为 60° 电角度。按照每一相带占有 60° 电角度排列的绕组称为 60° 相带绕组。显然，对应于每对磁极 360° 电角度有 6 个相带，若整台电机有 p 对磁极就可划分为 $6p$ 个相带。

根据三相交流绕组的构成原则，用相带表示绕组排列的情况，如图 6-8 所示，图中 A、X，B、Y、C、Z 分别为一对磁极中各自一相的两个相带，相距 180° 电角度，且 A、B、C 三相互差 120° 电角度。显然，三相对称绕组在一对磁极中，相带应按 A—Z—B—X—C—Y 的分布规律排列。图 6-8(b)中，q 表示每相在一个极区所占的槽数。

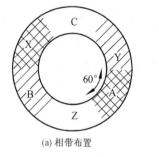
(a) 相带布置

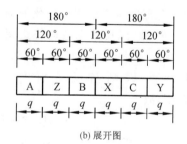
(b) 展开图

图 6-8 相带分布情况

p 对磁极的电机，相带的排列为一对磁极情况的 p 次重复。

6.2.2 三相单层绕组及双层绕组

交流电机的绕组按定子槽内绕组层数可分为单层绕组和多层绕组两种，下面分别加以介绍。

1. 三相单层绕组

单层绕组的每个槽内只放置一个线圈边,整台电机的线圈总数等于定子槽数的一半,制造较容易。

绕组的电磁效果只取决于其中各线圈边的电流方向,而和线圈边连接的先后次序及其端部的形状无关。因此,可以根据工艺上的方便以及节省端接部分的用铜量等来选择不同的连接次序及其端部的排列方法,便可得到不同的绕组形式。实际采用的三相单层绕组有同心式绕组、链式绕组和交叉式绕组三种。这三种绕组的单个线圈可能不是整距的,但从整个绕组电磁性能而言,仍为整距绕组。

(1)三相单层同心式绕组

三相单层同心式绕组是由几何尺寸和节距不等的线圈连成同心形状的线圈组构成。下面以一台三相单层绕组,定子槽数 $Z=24$,磁极数 $2p=2$,每相支路数 $2a=2$ 的三相交流电机为例,说明三相单层同心式绕组的排列、构成原理及其连接步骤,并绘出绕组展开图。

①计算极距 τ

$$\tau=\frac{Z}{2p}=\frac{24}{2}=12$$

②计算每极每相槽数 q

$$q=\frac{Z}{2pm}=\frac{24}{2\times3}=4$$

③计算槽距角 α

$$\alpha=\frac{p\times360°}{Z}=\frac{1\times360°}{24}=15°(电角度)$$

④分相

绘制定子槽展开图,等距绘出 24 根平行短实线,代表 24 个槽,每个槽内嵌放一个线圈的一根有效边,并对定子槽依次进行编号(1～24),按相带的划分顺序,将各相带所包含的槽号分相列表,见表 6-2。

表 6-2   三相单层同心式绕组相带和槽号

一对磁极	相带	A	Z	B	X	C	Y
	槽号	1,2	5,6	9,10	13,14	17,18	21,22
		3,4	7,8	11,12	15,16	19,20	23,24

⑤构成线圈

如前所述,线圈端部连接方式的改变是不会影响其电磁情况的,现根据 A 相绕组所占槽数不变原则,将属于 A 相的每个相带内的线圈分成两部分,将第一对极面下 A 相所属的 3 号槽和 14 号槽的线圈边,连接成一个节距 $y_1=11$ 的线圈,4 号槽和 13 号槽的线圈边连接成一个节距 $y_1=9$ 的线圈,这两个线圈串联组成一组同心式线圈。同样,将第二对极面下 A 相所属的 15 号槽和 2 号槽、16 号槽和 1 号槽的线圈边串联组成另外一组同心式线圈。

⑥线圈组的端部连接

根据每相支路数 $2a=2$ 的要求,将两对极面下的两组同心式线圈反向串联接成 A 相绕组。即第一个线圈组尾端连接第二个线圈组的尾端,称此为"头接头,尾接尾"的连接规律,得到 A 相绕组展开图,如图 6-9 所示。

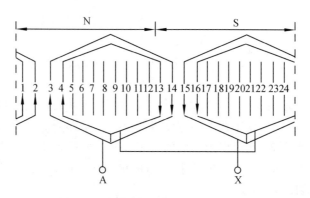

图 6-9　三相单层同心式绕组展开图（A 相）

⑦连接其他两相

根据三相绕组对称的原则，B、C 相绕组的连接方法与 A 相相同，但三相绕组在空间的布置要依次互差 120° 电角度，如果 A 相绕组以 3 号槽线圈边引出线作为首端，那么 B 相和 C 相绕组就应分别以 11 号槽和 19 号槽线圈边引出线作为首端。按 A 相同样方法可分别绘出 B、C 相绕组展开图。

三相单层同心式绕组的大小元件节距不等，端部连接线长。它主要用于 $q=4、6、8$ 等偶数的小型三相异步电动机中。

（2）三相单层链式绕组

三相单层链式绕组是由形状、几何尺寸和节距都相同的线圈构成，每个线圈都像链条上的一个环，故称为链式绕组。下面以一台定子槽数 $Z=24$，磁极数 $2p=4$，每相支路数 $2a=1$ 的三相异步电动机为例，说明三相单层链式绕组的排列、构成原理及其连接步骤，并绘出绕组展开图。

①计算极距 τ

$$\tau=\frac{Z}{2p}=\frac{24}{4}=6$$

②计算每极每相槽数 q

$$q=\frac{Z}{2pm}=\frac{24}{4\times3}=2$$

③计算槽距角 α

$$\alpha=\frac{p\times360°}{Z}=\frac{2\times360°}{24}=30°（电角度）$$

④分相

绘制定子槽展开图，并对定子槽依次进行编号（1～24），按相带的划分顺序，将各相带所包含的槽号分相列表，见表 6-3。

表 6-3　　　　　　　　　　　三相单层链式绕组相带和槽号

第一对磁极	相带	A	Z	B	X	C	Y
	槽号	1,2	3,4	5,6	7,8	9,10	11,12
第二对磁极	相带	A	Z	B	X	C	Y
	槽号	13,14	15,16	17,18	19,20	21,22	23,24

⑤构成线圈,连接一相绕组

根据线圈两有效边连接时相距一个节距的要求,将属于 A 相的 2 号槽和 7 号槽、8 号槽和 13 号槽、14 号槽和 19 号槽、20 号槽和 1 号槽内的线圈边分别连接成 4 个节距相等($y_1=5$)的线圈。并按电动势相加的原则,将 4 个线圈按"头接头,尾接尾"的连接规律相连,得到 A 相绕组展开图,如图 6-10 所示。

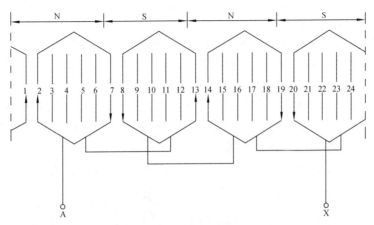

图 6-10　三相单层链式绕组展开图（A 相）

⑥连接其他两相

根据三相绕组对称的原则,B、C 相绕组在空间布置依次互差 120° 电角度,A 相绕组以 2 号槽线圈边引出线作为首端,那么 B 相和 C 相绕组就应分别以 6 号槽和 10 号槽线圈边引出线作为首端。按 A 相同样方法可分别绘出 B、C 相绕组展开图。

三相单层链式绕组的优点是每个线圈大小相等,节距相等,绕制方便,线圈端部连接线较短,节省铜线;缺点是端部交叉多。它主要用于 $q=2、4、6、8$ 的小型三相异步电动机中。

（3）三相单层交叉式绕组

三相单层交叉式绕组是一种特殊的三相单层链式绕组。它由两组大小线圈交叉布置而成,故称交叉式绕组。大小线圈是由线圈个数和节距都不相等的两种线圈组构成的,同一组线圈的形状、几何尺寸和节距均相同,各线圈组的端部都互相交叉。

下面以一台定子槽数 $Z=36$,磁极数 $2p=4$,每相支路数 $2a=2$ 的三相交流电机为例,说明三相单层交叉式绕组的排列、构成原理及其连接步骤,并绘出绕组展开图。

①计算极距 τ

$$\tau=\frac{Z}{2p}=\frac{36}{4}=9$$

②计算每极每相槽数 q

$$q=\frac{Z}{2pm}=\frac{36}{4\times3}=3$$

③计算槽距角 α

$$\alpha=\frac{p\times360°}{Z}=\frac{2\times360°}{36}=20° \text{电角度}$$

④分相

绘制定子槽展开图,并对定子槽依次进行编号（1～36）,按相带的划分顺序,将各相带所包含的槽号分相列表,见表 6-4。

第一对	相带	A	Z	B	X	C	Y
磁极	槽号	1,2,3	4,5,6	7,8,9	10,11,12	13,14,15	16,17,18
第二对	相带	A	Z	B	X	C	Y
磁极	槽号	19,20,21	22,23,24	25,26,27	28,29,30	31,32,33	34,35,36

表 6-4　　　　　　　　　　三相单层交叉式绕组相带和槽号

⑤构成线圈，连接一相绕组

根据 A 相绕组所占槽数不变原则，将属于 A 相的每个相带内的线圈分成两部分，把 2 号槽和 10 号槽、3 号槽和 11 号槽内线圈边相连，形成两个节距 $y_1=8$ 的"双包线圈"，并串联构成一组；另外一部分的 1 号槽和 30 号槽内线圈边相连，组成另一个节距 $y_1=7$ 的"单包线圈"。同样，第二对磁极下 20 号槽与 28 号槽、21 号槽与 29 号槽组成 $y_1=8$ 的"双包线圈"，19 号槽与 12 号槽组成 $y_1=7$ 的"单包线圈"。然后根据电动势相加的原则，将这 4 组线圈按"头接头，尾接尾"规律相连，即得 A 相绕组展开图，如图 6-11 所示。

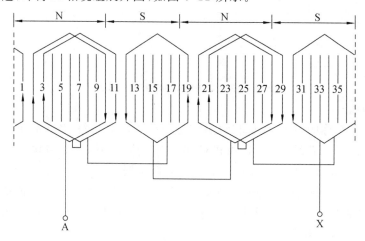

图 6-11　三相单层交叉式绕组展开图（A 相）

⑥连接其他两相

根据三相绕组对称的原则，按 A 相同样方法可分别绘出 B、C 相绕组展开图。

三相单层交叉式绕组的优点是线圈端部连接线较短，节省铜线，有利于节约材料；缺点是端部交叉较多。它广泛用于 $q>1$ 且为奇数的小型三相异步电动机中。

综上所述，三相单层绕组的优点如下：

(1)线圈数为槽数的一半，绕线及嵌线所费工时少，工艺简单，制造较容易。

(2)槽内只有一个线圈边，不存在层间绝缘问题，实际多采用多匝软线圈，因而下线方便，槽的利用率比较高，不会在槽内发生层间或相间绝缘击穿故障。

三相单层绕组的缺点如下：

(1)同一槽内导体均属同一相，故槽漏抗较大。

(2)不能通过选择节距来抑制电动势和磁通势中的高次谐波，电磁性能较差。

(3)虽然绕组线圈的节距可能是短距，但其线圈组的电动势始终是两个相邻相带内线圈边电动势的相量和，实际上与整距分布绕组完全相同，无短距效果，故电动势波形不够理想。

三相单层绕组广泛应用于 10 kW 以下的小型异步电动机中。

2. 三相双层绕组

对于多层绕组,此处仅以三相双层绕组为例说明。三相双层绕组的每个槽内放置两个线圈边,分上、下两层嵌放,中间用层间绝缘隔开,线圈的一个有效边嵌在某槽的上层,其另一个有效边则嵌在相距节距 y_1 的另一槽的下层。显然,三相双层绕组的线圈数比三相单层绕组多一倍,即整台电机的线圈总数等于定子槽数。

三相双层绕组的构成原则和步骤与三相单层绕组基本相同,根据三相双层绕组线圈的形状和端部连接线的连接方式不同,可分为三相双层叠绕组和三相双层波绕组两种。本节仅介绍三相双层叠绕组。

叠绕组是指相串联的后一个线圈端接部分紧叠在前一个线圈元件端接部分的上面,整个绕组成褶叠式前进。现以一台定子槽数 $Z=36$,磁极数 $2p=4$,每相支路数 $2a=2$ 的三相交流电机为例,说明三相双层叠绕组的排列、构成原理及其连接步骤,并绘出绕组展开图。

① 计算极距 τ

$$\tau=\frac{Z}{2p}=\frac{36}{4}=9$$

② 计算每极每相槽数 q

$$q=\frac{Z}{2pm}=\frac{36}{4\times3}=3$$

③ 计算槽距角 α

$$\alpha=\frac{p\times360°}{Z}=\frac{2\times360°}{36}=20°(电角度)$$

④ 选择节距

为了改善电动势和磁通势波形及节省端接线铜材料,三相双层绕组通常都取 $y_1<\tau$ 的短距线圈。如

$$y_1=\frac{8}{9}\tau=\frac{8}{9}\times9=8$$

⑤ 分相

绘制定子槽展开图,等距绘出 36 根平行短实线,代表 36 个槽的上层边,每个槽位相应绘出 36 根平行短虚线,代表 36 个槽的下层边,并对定子槽依次进行编号(1~36),按相带的划分顺序,将各相带所包含的槽号分相列表,见表 6-5。

表 6-5   三相双层绕组相带和槽号

	相带	A	Z	B	X	C	Y
第一对磁极	上层边槽号	1,2,3	4,5,6	7,8,9	10,11,12	13,14,15	16,17,18
第二对磁极	相带	A	Z	B	X	C	Y
	上层边槽号	19,20,21	22,23,24	25,26,27	28,29,30	31,32,33	34,35,36

⑥ 构成线圈

根据上一步的分相和三相双层叠绕组的下线特点,凡属于 A 相带的槽内放置 A 相线圈的上层边,下层边则根据节距 y_1 放置于相隔 y_1 个槽的下层,各线圈均有相同的节距。为此,若

将线圈 1 的上层边放在第 1 号槽的上层,则其下层边应放在第 9 号槽的下层(虚线)。以此类推,这样属于 A 相的槽号为 1、2、3、10、11、12、19、20、21、28、29、30,共 12 个槽,分成 4 组,每组 3 个槽可放 3 个线圈,3 个线圈互相串联构成一个线圈组,线圈组数等于磁极数 $2p$。各线圈组之间的连接方式根据要求的每相支路数 $2a$ 确定。三相双层叠绕组的每相支路数 $2a$ 应是磁极数 $2p$ 的约数,最多为 $2p$。

⑦连接一相绕组

根据每相支路数的要求,按照电动势相加原则,4 个线圈组应串联,因相邻线圈组处于不同极性磁极下,为此应反向串联,即把这 4 个线圈组按"头接头,尾接尾"的连接规律相连,将 4 个线圈组反向串联构成一条支路 A 相绕组,其展开图如图 6-12 所示。

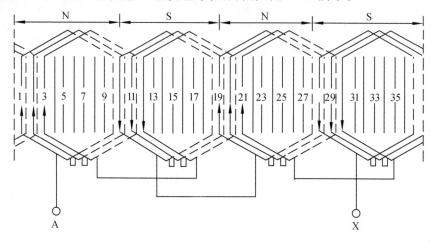

图 6-12 三相双层叠绕组 A 相展开图($a=1$)

⑧连接其他两相

根据三相绕组对称的原则,B、C 相绕组的连接方法与 A 相相同,三相绕组的空间布置依次互差 120° 电角度,如果 A 相绕组以 1 号槽线圈边引出线作为首端,那么 B 相和 C 相绕组就应分别以 7 号槽和 13 号槽线圈边引出线作为首端。按 A 相同样方法可分别绘出 B、C 相绕组展开图。

三相双层叠绕组主要用于 10 kW 以上的异步电动机以及同步电机的定子绕组。由图 6-12 可以看出,三相双层叠绕组线圈组较多(等于磁极数的 3 倍),线圈组之间连接线也较多,不仅用铜量大,而且不易绑扎固定。因此,对于极数较多的同步电机和绕线式异步电动机转子的三相绕组,不宜采用三相双层叠绕组,而应采用三相双层波绕组。

综上所述,三相双层绕组的优点如下:

(1)所有线圈尺寸相同,有利于绕制。

(2)绕组端部排列整齐,有利于散热。

(3)绕组节距可以灵活合理地选择,短距时能节约端部用铜,还可以改善电动势和磁通势的波形,从而改善电机的性能。

(4)可以得到较多的并联支路。

三相双层绕组的缺点如下:

(1)嵌线工艺复杂,一台电机最后几个线圈的下线较困难。

(2)线圈组间连线较长,多消耗材料,不经济。

(3)槽内上、下层间需要层间绝缘,降低了槽的利用率。

(4)短距时,存在相间绝缘击穿的可能性。

三相双层绕组广泛应用于 10 kW 以上的同步电机和大、中型异步电动机中。

6.2.3 交流电机绕组的电动势

在交流电机中,旋转磁场与定子、转子绕组之间有相对运动,这必然会在绕组中产生感应电动势,电动势是交流电机进行机电能量转换的重要物理量。为了便于理解,首先分析旋转磁场在定子中一根导体上产生的感应电动势,然后分析线圈、线圈组和单相绕组的感应电动势,最后分析交流短距、分布绕组对电动势波形的影响。

1.线圈的感应电动势及短距系数

(1)导体的感应电动势

如图 6-13 所示是交流发电机的模型,转子磁极旋转,在气隙中形成旋转磁场,与定子上的导体之间有相对运动,导体切割磁力线而产生感应电动势。为便于分析,把空间坐标设在转子上,随转子旋转,坐标原点取在两个磁极中间的位置上。假定气隙磁通密度沿气隙按正弦分布,则气隙磁通密度分布波形的展开图如图 6-14 所示。气隙中离坐标原点 x 处的磁通密度的表达式为

$$B_x = B_m \sin\alpha \tag{6-8}$$

式中 B_m——磁极中心处的磁通密度,即基波磁通密度的幅值;

α——与距离 x 相对应的空间电角度,即 $\alpha = \dfrac{\pi}{\tau}x$。

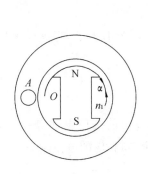

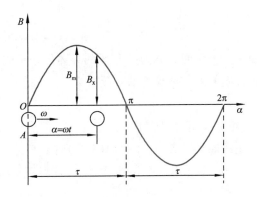

图 6-13 交流发电机的模型   图 6-14 气隙磁通密度分布波形的展开图

①感应电动势的频率

每当转子转过一对磁极,导体感应电动势就变化一个周期。当电机有 p 对磁极时,转子每旋转一周,定子导体感应电动势就变化一个周期。当转子以转速 n 旋转时,导体感应电动势的频率为

$$f_1 = \frac{pn}{60} \tag{6-9}$$

②感应电动势的大小

旋转磁场切割定子上的导体,在导体中产生感应电动势。当导体处于 B_x 时,根据电磁感应定律,可得导体感应电动势的瞬时表达式为

$$e = B_x l v = B_m l v \sin \alpha = E_m \sin \omega t \tag{6-10}$$

式中　E_m——导体感应电动势的幅值,即导体经过气隙磁通密度最大值处的感应电动势;

　　　ω——导体感应电动势的角频率,$\omega = 2\pi f_1$,f_1 为导体感应电动势的频率。

将式(6-10)变换为有效值

$$E_{c1} = \frac{Bl}{\sqrt{2}} \times \frac{2p\tau}{60} n = \frac{\pi}{\sqrt{2}} f_1 \Phi_1 = 2.22 f_1 \Phi_1 \tag{6-11}$$

(2)整距线圈的感应电动势

整距线圈的节距 $y_1 = \tau$,一个有效边位于 N 极下时,另一个有效边就位于相邻 S 极下的相应位置,如图 6-15(a)所示。如果线圈只有一匝,且取其两根导体中的感应电动势有效值 E_{c1} 和 E'_{c1} 的正方向均向上,则 E_{c1} 和 E'_{c1} 的大小相等,相位刚好相差 $180°$,其相量图如图 6-15(b)所示,由此可得单匝整距线圈的感应电动势的有效值为

$$E_{t1} = 2E_{c1} = 4.44 f_1 \Phi_1$$

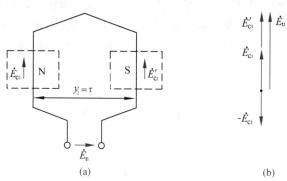

图 6-15　整距线圈的感应电动势

如果每个线圈有 N_c 匝,每匝的导体位置相同,那么感应电动势的大小、相位都是相同的,则整距线圈的感应电动势的有效值为

$$E_{y1(y_1=\tau)} = 4.44 f_1 N_c \Phi_1 \tag{6-12}$$

(3)短距线圈的感应电动势

短距线圈的节距 $y_1 < \tau$,如图 6-16(a)所示,线圈两根有效边的感应电动势相位差不是 $180°$,而是比 $180°$ 小一个 β 角,节距 y_1 比极距 τ 减少 $(\tau - y_1)$ 个槽,相应的电角度为

$$\beta = \frac{\tau - y_1}{\tau} \times 180°$$

单匝短距线圈的感应电动势为

$$E_{y1(y_1<\tau)} = 4.44 f_1 k_{y1} \Phi_1$$

式中　k_{y1}——基波电动势短距系数,$k_{y1} = \sin\left(\dfrac{y_1}{\tau} \times 90°\right) = \dfrac{E_{t1}}{2E_{c1}}$,物理意义是采用短距绕组而使

　　　基波电动势减小的倍数,E_{t1}、E_{c1} 关系如图 6-16(b)所示。

若短距线圈中每个线圈有 N_c 匝,则短距线圈的感应电动势的有效值为

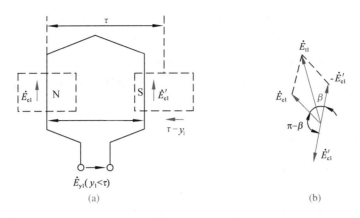

(a)　　　　　　　　　(b)

图 6-16　短距线圈的感应电动势

$$E_{y1(y_1<\tau)}=4.44f_1N_ck_{y1}\Phi_1 \tag{6-13}$$

显然,短距系数 $k_{y1}<1$,即采用短距线圈后基波电动势将减小,但通过选择适当的节距,可以在基波电动势减小不多的情况下,大大削弱高次谐波,从而有效地改善电动势波形。

2. 线圈组的感应电动势及分布系数

线圈组是由 q 个线圈串联而成,若是集中绕组(q 个线圈均放在同一槽中),则每个线圈感应电动势的大小、相位都相同,线圈组感应电动势为

$$E_{q1(q=1)}=qE_{y1}=4.44f_1qN_ck_{y1}\Phi_1 \tag{6-14}$$

若是分布绕组(q 个线圈放在相邻 α 槽距角的 q 个槽中),则每个线圈感应电动势的大小相同,但相位依次相差 α 槽距角,线圈组感应电动势为 q 个线圈感应电动势的相量和,如图 6-17 所示,可求出分布线圈组感应电动势的有效值为

$$E_{q1(q>1)}=4.44f_1qN_ck_{y1}k_{q1}\Phi_1 \tag{6-15}$$

式中　k_{q1}——基波电动势分布系数,$k_{q1}=\dfrac{\sin\dfrac{q\alpha}{2}}{q\sin\dfrac{\alpha}{2}}=\dfrac{E_{q1}}{qE_{y1}}$,物理意义是采用分布绕组而使基波

电动势比采用集中绕组时减小的倍数,显然,分布系数 $k_{q1}<1$,即采用分布线圈后基波电动势将减小。

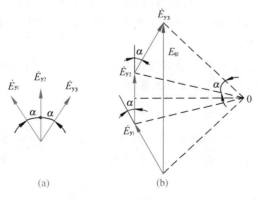

(a)　　　　　　　　(b)

图 6-17　线圈组的感应电动势

由以上分析可得,短距分布线圈基波电动势的有效值为

$$E_{q1} = 4.44 f_1 q N_c k_{y1} k_{q1} \Phi_1 = 4.44 f_1 q N_c k_{w1} \Phi_1 \qquad (6\text{-}16)$$

式中 k_{w1}——基波电动势绕组系数，$k_{w1} = k_{y1} k_{q1}$，其物理意义是采用短距和分布绕组而使基波电动势比采用集中和整距绕组时减小的倍数。

通过选择适当的节距，可以在基波电动势减小不多的情况下，大大削弱高次谐波，从而有效地改善电动势波形。

3. 单相绕组的感应电动势

（1）单相绕组的感应电动势

单相绕组的感应电动势就是单相绕组一条并联支路的感应电动势，由于每一支路中串联的各线圈组的感应电动势大小相等、相位相同，因而单相绕组的感应电动势就等于一条支路中线圈组的数目乘以每个线圈组的感应电动势。

对于单层绕组，一相有 p 个线圈组，一条支路有 $\dfrac{p}{a}$ 个线圈组，所以单相绕组基波电动势的有效值为

$$E_{p1} = \frac{p}{a} E_{q1} = \frac{p}{a} \cdot 4.44 f_1 q N_c k_{w1} \Phi_1 = 4.44 f_1 N_1 k_{w1} \Phi_1$$

式中 N_1——单层绕组每相串联的匝数，即一条支路的串联匝数，$N_1 = \dfrac{pq}{a} N_c$。

对于双层绕组，一相有 $2p$ 个线圈组，一条支路有 $\dfrac{2p}{a}$ 个线圈组，所以单相绕组基波电动势的有效值为

$$E_{p1} = \frac{2p}{a} E_{q1} = \frac{2p}{a} \cdot 4.44 f_1 q N_c k_{w1} \Phi_1 = 4.44 f_1 N_1 k_{w1} \Phi_1$$

式中 N_1——双层绕组每相串联的匝数，$N_1 = \dfrac{2pq}{a} N_c$。

可见，无论是单层绕组还是双层绕组，单相绕组基波电动势有效值的公式均可表示为

$$E_{p1} = 4.44 f_1 N_1 k_{w1} \Phi_1 \qquad (6\text{-}17)$$

式中 N_1——每相绕组串联的匝数，对于单层绕组，$N_1 = \dfrac{pq}{a} N_c$，对于双层绕组 $N_1 = \dfrac{2pq}{a} N_c$。

式（6-17）与变压器的电动势公式相似，只是多乘一个绕组系数 k_{w1}。这是因为变压器绕组各匝都与全部主磁通交链，每匝的感应电动势大小相等、相位相同，相当于整距集中绕组，即绕组系数 $k_{w1} = k_{y1} k_{q1} = 1$。

从以上分析可知，绕组的感应电动势与绕组系数成正比。采用短距分布绕组，选择恰当的 q 和 y_1，可使 k_{w1} 接近于 1，这样可改善电动势的波形。

例 一台三相交流电机，电源频率 $f_1 = 50$ Hz，气隙每极磁通 $\Phi_1 = 5.26 \times 10^{-3}$ Wb，定子绕组的每相串联匝数 $N_1 = 312$，绕组系数 $k_{w1} = 0.96$，求每相绕组感应电动势的大小。

解 每相绕组感应电动势的有效值为

$$E_{p1} = 4.44 f_1 N_1 k_{w1} \Phi_1 = 4.44 \times 50 \times 312 \times 0.96 \times 5.26 \times 10^{-3} = 349.76 \text{ V}$$

(2)三相绕组的感应电动势

因为交流电机的三相绕组是对称的,所以根据三相绕组的连接就可确定相应的相感应电动势和线感应电动势。

4.短距、分布绕组对电动势波形的影响

上述关于电动势的分析是在假定气隙磁场按正弦分布的基础上进行的,实际上气隙磁场不可能完全按照正弦分布,除了基波以外,同时还含有一系列高次谐波磁场。这样绕组感应电动势中也会含有一系列高次谐波电动势。一般情况下,这些高次谐波电动势对电动势的大小影响不大,主要是影响电动势的波形。而采用短距和分布绕组可以有效地改善电动势波形。

(1)采用短距绕组

交流电机的定子绕组采用整距绕组,现以五次谐波感应电动势为例进行分析,五次谐波磁场在线圈两个有效边中感应电动势 E_{y5} 和 E'_{y5} 的大小相等、方向相反,沿线圈回路两个感应电动势正好相加。如果把节距缩短 $\frac{1}{5}\tau$,即节距 $y_1 = \frac{4}{5}\tau$,两个有效边中五次谐波感应电动势 E_{y5} 和 E'_{y5} 的大小、方向都相同,沿线圈回路正好抵消,五次谐波合成电动势为零。

根据短距系数的计算公式,对基波电动势有

$$k_{y1} = \sin\left(\frac{y_1}{\tau} \times 90°\right)$$

对 υ 次谐波同一机械角度所对应的电角度是基波的 υ 倍(υ 次谐波磁场的极对数是基波的 υ 倍),所以有

$$k_{y\upsilon} = \sin\left(\frac{\upsilon y_1}{\tau} \times 90°\right)$$

当节距缩短 $\frac{1}{\upsilon}\tau$ 时,$y_1 = \frac{\upsilon-1}{\upsilon}\tau$,于是

$$k_{y\upsilon} = \sin\left(\frac{\upsilon-1}{2} \times 180°\right)$$

一般谐波磁场都是奇次谐波,即 $\frac{\upsilon-1}{2}$ 为整数,所以 $k_{y\upsilon} = 0$。也就是说,若将节距缩短 $\frac{1}{\upsilon}\tau$,即可完全消除 υ 次谐波感应电动势。

对三相绕组,常采用星形连接或三角形连接,线电动势中都不存在 3 次或 3 的倍数次谐波。因此,在选择节距时,主要考虑削弱 5 次和 7 次谐波感应电动势。所以通常采用 $y_1 = \frac{5}{6}\tau$,此时 $k_{y1} = 0.966$,$k_{y5} = 0.259$,$k_{y7} = 0.259$,5 次和 7 次谐波明显被削弱,而对基波电动势影响不大。对于更高次谐波,由于其幅值不大,可不必考虑。

(2)采用分布绕组

交流电机的定子绕组采用分布绕组,同样可以起到削弱高次谐波的作用。根据分布系数计算公式,对于基波,定子绕组的分布系数为

$$k_{q1} = \frac{\sin\dfrac{q\alpha}{2}}{q\sin\dfrac{\alpha}{2}}$$

对于 υ 次谐波,定子绕组的分布系数为

$$k_{q\upsilon} = \frac{\sin\left(\upsilon \dfrac{q\alpha}{2}\right)}{q\sin\left(\upsilon \dfrac{\alpha}{2}\right)}$$

当每极每相槽数 q 取 2 时，经过计算可求出 $k_{q1}=0.966$，$k_{q5}=0.259$，$k_{q7}=0.259$。同样当 q 取 5 时，经过计算可求出 $k_{q1}=0.957$，$k_{q5}=0.200$，$k_{q7}=0.149$。由此可见，当每极每相槽数增加时，基波电动势减小不多，而高次谐波电动势显著减小。但随着 q 的增大，电动机槽数增多，制造成本提高。所以一般交流电动机的 q 值取 $2\sim6$，小型电动机的 q 值取 $2\sim4$。

综上所述，交流电机的定子绕组只要采用合理的短距分布绕组，使其基波绕组系数 k_{q1} 接近于 1，而谐波绕组系数 $k_{q\upsilon}$ 很小，就可以有效地抑制电动势波形中的高次谐波分量，达到改善电动势波形的效果，从而改善电动机的性能。

6.2.4 交流绕组的磁通势

在交流电机中，当定子三相绕组通以三相电流时，就会产生旋转磁场。因为旋转磁场是由三个单相绕组的磁通势共同产生的，因此，首先分析单个线圈元件的磁通势，进而分析单相绕组的磁通势，最后分析三相绕组的磁通势。

1. 单相绕组的磁通势（脉振磁通势）

（1）整距线圈的磁通势

①磁通势的空间分布

假设在交流电机定子上只放置一个整距线圈 AX，它的匝数为 N_c。当有电流 i_c 从 X 端流入、A 端流出时，产生的磁通势为 $i_c N_c$。它所建立的磁力线路径如图 6-18(a) 所示。定子绕组建立两极磁场，根据全电流定律，全部磁力线通过两段气隙的截面积相等，所以两段气隙的磁阻相等，各消耗磁通势的一半，即每个气隙消耗的磁通势为

$$f_c = \frac{1}{2} i_c N_c$$

将电机从线圈边 A 处轴向切开并展平，由定子内圆展成的直线取为坐标的横轴，用来表示气隙圆周上各点的位置，将位于两条线圈边中央的垂直线取为坐标的纵轴，用来表示气隙磁通势的大小和极性。设磁力线出定子为磁通势的正方向，便得到整距线圈产生的每极磁通势沿气隙圆周按矩形分布，如图 6-18(b) 所示。用方程表示为

$$f_c(x) = \frac{1}{2} i_c N_c \quad \left(-\frac{\tau}{2} < x < \frac{\tau}{2}\right) \tag{6-18}$$

若电流为正弦波 $i_c = \sqrt{2} I_c \sin\omega t$，则整距线圈的每极磁通势方程为

$$f_c(x,t) = \frac{1}{2} i_c N_c = \frac{\sqrt{2}}{2} I_c N_c \sin\omega t = F_{cm}\sin\omega t \tag{6-19}$$

式中 F_{cm}——气隙磁通势的最大值，$F_{cm} = \dfrac{\sqrt{2}}{2} I_c N_c$。

整距线圈的每极磁通势方程也可写成

$$f_c(x,t) = f_{cm}(x)\sin\omega t \tag{6-20}$$

式(6-20)表明，当正弦波交流电流通过整距线圈时，磁通势在空间分布的矩形波高度随时间按正弦规律变化。即从空间看，一个极下各点的磁通势在同一时刻是相等的；从时间看，

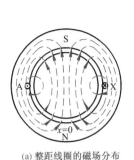
(a) 整距线圈的磁场分布

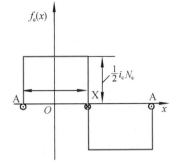
(b) 整距线圈磁通势分布曲线

图 6-18　整距线圈产生的磁通势

磁通势的矩形波高度是按正弦规律变化的。当电流为零时,矩形波的高度为零;电流最大时,矩形波的高度最高;电流改变方向,矩形波的高度也改变方向。这种空间位置固定不动而大小和极性随电流交变的磁通势和磁场,称为脉振磁通势和脉振磁场。

②矩形波磁通势的分解

直接应用矩形波磁通势来分析很不方便。通常采用傅氏级数,将元件的矩形波磁通势分解为基波磁通势及一系列谐波磁通势。

因为磁通势的矩形波关于纵轴对称,所以若坐标原点取在线圈中心线上,横坐标取空间电角度,就可得基波及一系列奇次谐波磁通势,如图 6-19 所示。其表达式为

$$f_{cm}(x) = F_{cm1}\cos\left(\frac{\pi}{\tau}x\right) + F_{cm3}\cos\left(3\frac{\pi}{\tau}x\right) + F_{cm}5\cos\left(5\frac{\pi}{\tau}x\right) + \cdots \tag{6-21}$$

式中　$\frac{\pi}{\tau}x$——与横坐标对应的电角度;

F_{cm1}——基波磁通势的最大值,出现在 $\frac{\pi}{\tau}x=0$ 处,其值为 $F_{cm1}=\frac{4}{\pi}\frac{\sqrt{2}}{2}I_cN_c=0.9I_cN_c$;

F_{cm3}、F_{cm5}——分别表示 3 次、5 次奇次谐波的基波磁通势最大值。

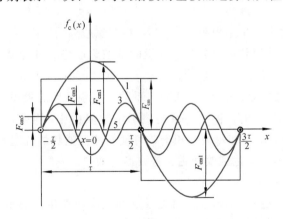

图 6-19　矩形波磁通势分解成基波及谐波分量

若以 υ 表示谐波次数,则有

$$F_{cm\upsilon} = \frac{1}{\upsilon}0.9I_cN_c\sin\left(\frac{\pi}{2}\upsilon\right)$$

据此可以写出 $F_{cm3}=-\frac{1}{3}0.9I_cN_c=-\frac{1}{3}F_{cm1}$,同理 $F_{cm5}=\frac{1}{5}F_{cm1}$。奇次谐波幅值为正,说明

该时刻原点处该次谐波幅值与基波幅值方向相同，幅值为负则说明与基波幅值方向相反。

因此，得到整距线圈每极磁通势瞬时值的表达式为

$$f_c(x,t)=0.9I_cN_c\left[\cos(\frac{\pi}{\tau}x)-\frac{1}{3}\cos(3\frac{\pi}{\tau}x)+\frac{1}{5}\cos(5\frac{\pi}{\tau}x)-\cdots\right]\sin\omega t \qquad (6-22)$$

综上所述，整距线圈磁通势具有如下性质：

● 整距线圈通入交流电流产生的磁通势在空间按矩形波分布；

● 矩形波磁通势可以分解为基波及一系列奇次谐波磁通势；

● 基波及一系列奇次谐波磁通势都是同频率的脉振波。

(2)线圈组的磁通势

交流电机的定子绕组是由多个线圈组构成的，每个线圈组是由同一极下属于同一相的 q 个线圈串联组成的。因此，磁通势的大小与线圈是整距还是短距有关，必须分别讨论。

①整距分布线圈组的磁通势

分布于 q 个槽中的整距线圈的匝数、电流都相同，所以它们产生磁通势矩形波的大小相同，只是空间位置依次相差一个槽距角。在空间按正弦分布的磁通势可以用空间矢量表示，将基波磁通势矢量逐点相加，便得到线圈组合成基波磁通势矢量。

假定将 q 个线圈集中起来组成集中绕组，则其基波磁通势的幅值等于各元件基波磁通势幅值的算术和 qF_{cm1}，而整距分布线圈组的基波磁通势的幅值等于各线圈基波磁通势幅值的矢量和 F_{qm1}。仿照电动势的计算方法，引入基波磁通势的分布系数，于是得到整距分布线圈组的基波磁通势为

$$F_{qm1}=qF_{cm1}k_{q1}=0.9(qI_cN_c)k_{q1} \qquad (6-23)$$

式中 k_{q1}——基波磁通势的分布系数，$k_{q1}=\dfrac{\sin\frac{q\alpha}{2}}{q\sin\frac{\alpha}{2}}=\dfrac{E_{qm1}}{qE_{cm1}}$，其物理意义是采用分布绕组使基波磁通势减小的倍数。

②短距分布线圈组的磁通势

交流电机的双层绕组常采用短距线圈，引入基波磁通势的短距系数，用来计算线圈短距对基波磁通势的影响。于是得到短距分布线圈组的基波磁通势的最大幅值为

$$F_{ym1}=0.9(2qI_cN_c)k_{q1}k_{y1}=0.9(2qI_cN_c)k_{w1} \qquad (6-24)$$

式中 k_{w1}——基波磁通势的绕组系数，即分布系数与短距系数的乘积，$k_{w1}=k_{q1}k_{y1}$。

基波和各次谐波磁通势的幅值与各自的绕组系数成正比，因此，交流电机通常采用短距分布绕组，合理选择线圈节距和每极每相槽数可使基波磁通势的绕组系数接近于1，而谐波磁通势的绕组系数却很小，从而达到改善磁通势波形的效果。

(3)单相绕组的磁通势

单相绕组的磁通势是指相绕组在一对磁极下的线圈所产生的总磁通势，而不是指组成相绕组的所有线圈的合成磁通势。

当极对数为 p 时，无论是双层绕组还是单层绕组，每对磁极下的线圈匝数均为 $\frac{N}{p}$，考虑到短距分布线圈的影响，相绕组的每极基波磁通势幅值为

$$F_{pm1}=0.9\frac{N}{p}I_pk_{w1} \qquad (6-25)$$

式(6-25)对单层绕组和双层绕组都适用。

因为相绕组基波磁通势幅值的位置与这部分相绕组的中心线位置是重合的,所以将空间坐标原点取在这部分相绕组的中心线上,便可得到相绕组每极磁通势的瞬时值表达式

$$f_{p1}(x,t)=F_{pm1}\sin(\omega t)\cos(\frac{\pi}{\tau}x) \tag{6-26}$$

可以看出,单相绕组产生的磁通势既是空间的函数,又是时间的函数。此磁通势仍是脉振磁通势。

根据以上分析,可总结单相绕组磁通势的性质如下:

①单相绕组的磁通势是一正弦脉振磁通势,它在空间上位置固定不变,其大小和方向随时间按正弦规律变化。

②单相绕组基波磁通势的幅值位于该相绕组的轴线上。

③一个脉振磁通势可以分解为两个大小相等、转速相同、转向相反的旋转磁通势。

2. 三相绕组的磁通势(旋转磁通势)

三相对称绕组通以三相对称电流时,由于三相绕组在空间互差120°电角度,三相电流在时间上也互差120°电角度,从而产生三个单相脉振磁通势,其合成的磁通势是一个圆形旋转磁通势。现分析如下:

(1)数学分析法

为了用方程描述绕组的基波磁通势,必须确定空间坐标和时间坐标的原点。如果将空间坐标的原点取在A相绕组的中心线上,并把A相绕组电流为零的瞬间作为时间的起点,根据相绕组的磁通势方程,可写出A、B、C三相绕组的基波脉振磁通势的表达式为

$$\begin{cases} f_{A1}(x,t)=F_{pm1}\sin(\omega t)\cos(\frac{\pi}{\tau}x) \\ f_{B1}(x,t)=F_{pm1}\sin(\omega t-120°)\cos(\frac{\pi}{\tau}x-120°) \\ f_{C1}(x,t)=F_{pm1}\sin(\omega t-240°)\cos(\frac{\pi}{\tau}x-240°) \end{cases} \tag{6-27}$$

将每相脉振磁通势分解为两个旋转磁通势,得

$$\begin{cases} f_{A1}(x,t)=\frac{1}{2}F_{pm1}\sin(\omega t-\frac{\pi}{\tau}x)+\frac{1}{2}F_{pm1}\sin(\omega t+\frac{\pi}{\tau}x) \\ f_{B1}(x,t)=\frac{1}{2}F_{pm1}\sin(\omega t-\frac{\pi}{\tau}x)+\frac{1}{2}F_{pm1}\sin(\omega t+\frac{\pi}{\tau}x-240°) \\ f_{C1}(x,t)=\frac{1}{2}F_{pm1}\sin(\omega t-\frac{\pi}{\tau}x)+\frac{1}{2}F_{pm1}\sin(\omega t+\frac{\pi}{\tau}x-120°) \end{cases} \tag{6-28}$$

将式(6-28)三式相加,得到三相绕组的基波合成磁通势为

$$f_1(x,t)=f_{A1}(x,t)+f_{B1}(x,t)+f_{C1}(x,t)=\frac{3}{2}F_{pm1}\sin(\omega t-\frac{\pi}{\tau}x)=F_1\sin(\omega t-\frac{\pi}{\tau}x)$$

式中 F_1——三相合成磁通势基波的幅值,即 $F_1=\frac{3}{2}F_{pm1}=1.35\frac{I_p N}{p}k_{w1}$。

可以看出,三相绕组的基波合成磁通势在空间按正弦规律分布,幅值的大小不变,但幅值的空间位置随时间变化,也就是按正弦规律分布的磁通势波在空间旋转。所以三相绕组基波合成磁通势是圆形旋转磁通势,其幅值为一相磁通势幅值的$\frac{3}{2}$倍。

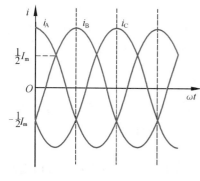

图 6-20　三相对称交流电流的波形

（2）矢量合成法

为更形象直观地看出三相基波合成磁通势的特点，下面用矢量合成法进行分析。

如图 6-20 所示为三相对称交流电流的波形，三相对称绕组在定子中分别用三个等效的集中线圈表示，如图 6-21 所示。为了便于分析，假定某瞬间电流从绕组的末端流入、首端流出时为正值。每相交流电流产生基波磁通势是脉振磁通势，其大小与电流成正比，其方向可用右手螺旋定则确定。每相磁通势的幅值位置均处在该相绕组的轴线上。

设三相对称电流瞬时值表达式为

$$\begin{cases} i_A = I_m \cos\omega t \\ i_B = I_m \cos(\omega t - 120°) \\ i_C = I_m \cos(\omega t - 240°) \end{cases} \tag{6-29}$$

当 $\omega t = 0°$ 时，如图 6-21(a) 所示，$i_A = I_m$，$i_B = i_C = \dfrac{I_m}{2}$。电流分别由 X、B、C 流入，由 A、Y、Z 流出。A 相绕组产生的基波磁通势用空间矢量表示，位于 A 相绕组的轴线上，幅值 $F_{A1} = F_{pm1}$。此时 B、C 两相绕组产生的基波磁通势矢量均在各绕组轴线的反方向，幅值 $F_{B1} = F_{C1} = \dfrac{1}{2} F_{pm1}$。此时 A 相电流达到最大值，三相基波合成磁通势幅值的位置恰好在电流达到最大值的相绕组轴线上，方向与 A 相绕组的磁通势方向相同。三相基波合成磁通势的幅值等于 A 相基波磁通势幅值与该处的 B、C 两相基波磁通势幅值之和。因此，三相基波合成磁通势的幅值等于电流达到最大值的 A 相基波磁通势幅值的 $\dfrac{3}{2}$ 倍。

当 $\omega t = 120°$ 时，如图 6-21(b) 所示，$i_B = I_m$，$i_A = i_C = \dfrac{I_m}{2}$，B 相电流达到最大值。按同样方法可推出三相基波合成磁通势旋转到 B 相绕组轴线上，方向与 B 相绕组的磁通势方向相同。三相基波合成磁通势的幅值，仍然等于 B 相基波磁通势幅值的 $\dfrac{3}{2}$ 倍。可见，电流时间相位旋转了 120°，三相基波合成磁通势的空间位置也旋转了 120°。

当 $\omega t = 240°$ 时，如图 6-21(c) 所示，$i_C = I_m$，$i_A = i_B = \dfrac{I_m}{2}$。电流又变化了 120°，C 相电流达到最大值，三相基波合成磁通势旋转到 C 相绕组轴线上，方向与 C 相绕组的磁通势方向相同。三相基波合成磁通势的幅值，仍然等于 C 相基波磁通势幅值的 $\dfrac{3}{2}$ 倍。只是空间位置随电流时间相位又旋转了 120°。

用同样方法，继续分析 $\omega t = 360°$，$\omega t = 480°$，$\omega t = 720°$ 的瞬间，重复以上的过程。可以看出，随着电流变化，三相基波合成磁通势的空间位置也随之变化，即三相基波合成磁通势在空间旋转，但其幅值保持不变，总是某相绕组基波磁通势幅值的 $\dfrac{3}{2}$ 倍。

图 6-21 中，电流的相序为 A—B—C，则旋转方向沿着 A 相、B 相、C 相绕组轴线的正方向

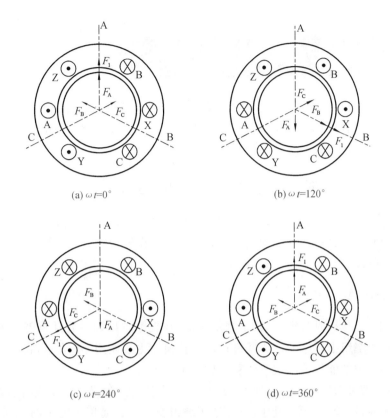

(a) $\omega t=0°$　　(b) $\omega t=120°$

(c) $\omega t=240°$　　(d) $\omega t=360°$

图 6-21　三相基波合成旋转磁通势的产生

旋转,即从超前电流的单相绕组轴线转向滞后电流的单相绕组轴线。不难理解,若要改变电机定子旋转磁通势的转向,只要改变三相交流电流的相序,即把三相电源接到电机三绕组的任意两根导线对调,三相绕组中的电流相序就将改变为 C—B—A,旋转磁通势随之改变为反方向旋转。

(3)三相基波合成磁通势的性质

综合上面的分析结果,归纳出三相基波合成磁通势的性质如下:

①三相对称电流流入三相对称绕组时,三相基波合成磁通势是一个圆形旋转磁通势。

②当某相电流达到最大值时,合成磁通势的幅值正好处在该相绕组的轴线上,并且方向与该相绕组的磁通势方向相同。

③合成磁通势的转速取决于电流的额定频率和磁极对数,即同步转速 $n_1=\dfrac{60f}{p}$ r/min。

④合成磁通势的转向与三相绕组中电流的相序有关,改变三相电流的相序,就能够改变三相基波合成磁通势的旋转方向。

需要注意的是,三相对称绕组通入三相对称电流会产生圆形旋转磁通势,两相对称绕组(匝数相等,空间位置互差 90° 电角度)流过两相对称电流(有效值相等、时间相位相差 90° 电角度),产生的基波磁通势也是圆形旋转磁通势。但如果两相或三相绕组不对称,或者电流不对称,那么产生的基波合成磁通势不再是圆形旋转磁通势,而是椭圆形旋转磁通势。

6.3 三相异步电动机的运行

三相异步电动机正常运行时,转子总是旋转的,转子电路也总是闭合的,但是为了便于理解三相异步电动机的电磁关系,先分析三相异步电动机转子静止时的情况,然后再研究转子旋转时的特点,分析时以绕线式转子为例。

6.3.1 转子静止时三相异步电动机的运行

当三相异步电动机的定子绕组接至三相对称电源时,无论转子是静止还是旋转,定子绕组中都会流过三相对称电流,在气隙中产生旋转磁场。根据磁通经过的路径和性质不同,将磁通分为主磁通和漏磁通。

1.主磁通和漏磁通

所谓主磁通,就是同时与定子、转子绕组交链,在气隙中以同步转速旋转的基波磁通。它同时在定子、转子绕组中感应电动势并进行能量转换。主磁通用 Φ_m 表示,在数值上为气隙每极主磁通,电动机中的能量传递主要依靠主磁通来实现。

三相异步电动机的磁场除主磁通外,定子、转子电流还产生仅与定子或转子绕组交链的磁通,统称为漏磁通,用 Φ_1 表示。其中,仅与定子绕组交链的磁通称为定子漏磁通;仅与转子绕组交链的磁通称为转子漏磁通。

主磁通和漏磁通的磁路特点和作用不同,主要表现在:

（1）由于铁磁性材料存在饱和现象,受其影响,主磁通与建立它的电流之间呈非线性关系;而漏磁通 Φ_1 的磁路一般无饱和现象,与电流保持线性关系。

（2）在电磁关系上,主磁通起传递能量的媒介作用,参与机电能量转换,产生有用转矩;而漏磁通只在电路中产生感应电动势,只起漏抗压降的作用,不参与机电能量转换。

需要说明的是:在变压器中,主磁通是脉振磁通;而在异步电机中,主磁通是旋转磁通,其磁通密度沿气隙圆周按正弦分布,并以同步转速旋转,为每极的基波磁通。

2.转子静止时的电磁关系

我们把三相异步电动机的定子绕组看作变压器的一次侧绕组,转子绕组看作二次侧绕组,这样,可以用变压器的分析方法来研究三相异步电动机的电磁关系。从电路分析角度来看,转子静止时的三相异步电动机与二次侧绕组短路时的变压器相似。

（1）主、漏磁通感应的电动势

主磁通在定子、转子绕组中分别感应电动势 E_1 和 E_2,它们在时间相位上均滞后主磁通 $90°$,由于转子静止,E_1 和 E_2 的频率都是 f_1,故其有效值分别为

$$E_1 = 4.44 f_1 N_1 k_{w1} \Phi_m$$
$$E_2 = 4.44 f_1 N_2 k_{w2} \Phi_m$$

(6-30)

式中　k_{w1}——定子绕组的绕组系数;

　　　k_{w2}——转子绕组的绕组系数。

漏磁通分别在定子、转子绕组中感应出漏电动势 $\dot{E}_{1\sigma}$ 和 $\dot{E}_{2\sigma}$，用漏抗压降表示为

$$\dot{E}_{1\sigma}=-\mathrm{j}\dot{I}_1 x_1 \tag{6-31}$$

$$\dot{E}_{2\sigma}=-\mathrm{j}\dot{I}_2 x_2$$

式中　x_1——定子每相绕组的漏抗，$x_1=2\pi f_1 L_1$；

　　　x_2——转子每相绕组的漏抗，$x_2=2\pi f_1 L_2$。

与变压器相似，定子电动势 $\dot{E}_1$ 可用漏抗压降表示为

$$\dot{E}_1=-\dot{I}_{\mathrm{m}}(r_{\mathrm{m}}+\mathrm{j}x_{\mathrm{m}})=-\dot{I}_{\mathrm{m}}Z_{\mathrm{m}} \tag{6-32}$$

式中　Z_{m}——励磁阻抗，$Z_{\mathrm{m}}=r_{\mathrm{m}}+\mathrm{j}x_{\mathrm{m}}$。

　　　r_{m}——励磁电阻，反映铁损耗的定子每相等效电阻；

　　　x_{m}——励磁电抗，是与主磁通对应的定子每相电抗。

显然 Z_{m} 的大小将随铁芯饱和程度的不同而变化。

(2)电动势平衡方程

设定子、转子电路的各物理量均取每相值，并且各相量正方向的规定与变压器相同，则定子、转子的电动势平衡方程为

$$\begin{cases}\dot{U}_1=-\dot{E}_1-\dot{E}_{1\sigma}+\dot{I}_1 r_1=-\dot{E}_1+\dot{I}_1(r_1+\mathrm{j}x_1)=-\dot{E}_1+\dot{I}_1 Z_1\\ \dot{E}_2=(r_2+\mathrm{j}x_2)\dot{I}_2\end{cases} \tag{6-33}$$

式中　Z_1——定子绕组的漏阻抗，$Z_1=r_1+\mathrm{j}x_1$。

由以上分析，可绘出转子静止时的定子、转子电路，如图 6-22 所示。

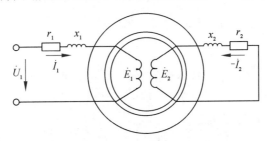

图 6-22　转子静止时的定子、转子电路

与变压器相比较，三相异步电动机由于定子、转子之间存在气隙，各电抗参数的大小与变压器有较大差别。三相异步电动机的励磁阻抗比变压器的小得多，漏抗则通常比变压器的大。

需要注意的是，在三相异步电动机中，由于主、漏磁通由三相电流共同产生，因而一相的电抗应由三相的磁场来决定。

(3)磁通势平衡方程

转子绕组是一对称三相绕组，它与定子绕组具有相同的极数。在转子静止时，定子、转子有相同的频率，故由转子电流所产生的基波旋转磁通势 F_2 与由定子电流所产生的基波旋转磁通势 F_1 具有相同的转速、相同的转向，二者没有相对运动，在空间相对静止。磁通势 F_1 和 F_2 在空间均按正弦分布，可用矢量相加的方法求此时的合成磁通势，即

$$\dot{F}_0=\dot{F}_1+\dot{F}_2 \tag{6-34}$$

式(6-34)即三相异步电动机的磁通势平衡方程，可改写为

$$\dot{F}_1=\dot{F}_0+(-\dot{F}_2)=\dot{F}_0+\dot{F}_{1\mathrm{L}} \tag{6-35}$$

式中 $\dot{F}_{1L}$——定子负载分量磁通势，$\dot{F}_{1L}=-\dot{F}_2$。

可见，定子磁通势包含两个分量，一个是励磁磁通势 F_0，它用来产生气隙磁通；另一个是负载分量磁通势 F_{1L}，它与转子磁通势 F_2 的大小相等、方向相反，是用来平衡转子磁通势的，即用以抵消转子磁通势对主磁通的去磁作用。

（4）转子绕组的折算

三相异步电动机的定子、转子之间没有电路上的直接联系，为了把定子、转子电路合成一个电路，需要进行绕组折算。

所谓转子绕组的折算就是设想把实际电动机的转子抽出，用一个和定子绕组具有同样相数、匝数和绕组系数的等效转子绕组，去代替原来的实际转子绕组。折算仅仅是一种分析方法，其目的是为了得到等效电路，折算的条件是保持折算前后电动机内部的电磁本质和能量转换关系不变。由于转子对定子的影响是通过转子磁通势 F_2 来实现的，因此折算前后 F_2 的大小和相位应保持不变。

为了和原来的物理量相区别，折算后的物理量都加上"′"，如 I_2'、E_2' 等。

①电流的折算

根据折算前后转子磁通势保持不变的原则，即应满足

$$\frac{m_1}{2}\cdot0.9\cdot\frac{N_1k_{w1}}{p}I_2'=\frac{m_2}{2}\cdot0.9\cdot\frac{N_2k_{w2}}{p}I_2$$

由此可求得折算后的转子电流

$$I_2'=\frac{m_2N_2k_{w2}}{m_1N_1k_{w1}}I_2=\frac{I_2}{k_i} \tag{6-36}$$

式中 k_i——三相异步电动机的电流变比，$k_i=\frac{m_1N_1k_{w1}}{m_2N_2k_{w2}}$。

②电动势的折算

根据折算前后转子视在功率保持不变的原则，即应满足

$$m_1E_2'I_2'=m_2E_2I_2$$

由此可求得折算后的转子电动势

$$E_2'=\frac{N_1k_{w1}}{N_2k_{w2}}E_2=k_eE_2 \tag{6-37}$$

式中 k_e——三相异步电动机的电动势变比，$k_e=\frac{N_1k_{w1}}{N_2k_{w2}}$。

③阻抗的折算

根据折算前后转子上的铜损耗保持不变的原则，即应满足

$$m_1I_2'^2r_2'=m_2I_2^2r_2$$

由此可求得折算后的转子电阻

$$r_2'=\frac{m_2I_2^2}{m_1I_2'^2}r_2=\frac{m_1(N_1k_{w1})^2}{m_2(N_2k_{w2})^2}r_2=k_ek_ir_2 \tag{6-38}$$

式中 k_ek_i——三相异步电动机的阻抗变比。

同理，根据转子功率因数保持不变的原则，可得折算后的转子漏抗为

$$x_2'=k_ek_ix_2 \tag{6-39}$$

从以上分析可得出结论：把转子电路各物理量折算到定子侧时，各物理量的值分别为电流除以电流变比 k_i，电动势乘以电动势变比 k_e，电阻和电抗则乘以电动变势变比和电流变比的乘

积 $k_e k_i$。

经过绕组折算后,转子静止时的三相异步电动机基本方程变为

$$\begin{cases} \dot{U}_1 = -\dot{E}_1 + \dot{I}_1 Z_1 \\ \dot{E}_1 = -\dot{I}_m Z_m \\ \dot{E}_2' = \dot{E}_1 \\ \dot{E}_2' = \dot{I}_2' Z_2' \\ \dot{I}_m = \dot{I}_1 + \dot{I}_2' \end{cases} \qquad (6\text{-}40)$$

(5)等效电路和相量图

根据绕组折算后的方程可以绘出相应的等效电路,如图 6-23 所示。

需要注意的是,三相异步电动机定子、转子的漏阻抗是比较小的,定子、转子电阻就更小了。如果让三相异步电动机不转,转子绕组短路,在它的定子侧加上额定电压,从图 6-23 等效电路看出,这时定子、转子的电流很大,可达额定电流的 4~7 倍。这种情况称为三相异步电动机的堵转状态,堵转时间不能长,否则堵转电流会烧坏电动机。有时为了测量三相异步电动机参数,采用堵转试验,但必须减小加在定子绕组上的电压,以限制定子、转子绕组中的电流。

类似变压器,可绘出如图 6-24 所示三相异步电动机转子堵转、转子绕组短路时的相量图。

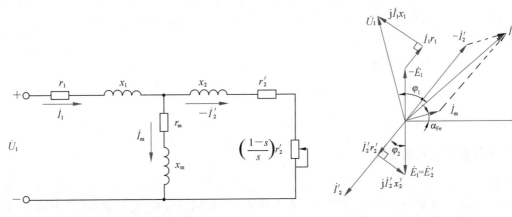

图 6-23 转子堵转时的等效电路

图 6-24 三相异步电动机转子堵转、转子绕组短路时的相量图

6.3.2 转子旋转时三相异步电动机的运行

当三相异步电动机的定子绕组接上电源时,转子旋转,电动机输出机械功率,气隙旋转磁场不再以同步转速切割转子绕组,相对速度发生变化,因而导致转子电路的频率、感应电动势、电流和漏抗的大小与转子不转时完全不一样,电磁关系发生了变化。

1. 转子转动后对转子各物理量的影响

(1)转子电动势的频率

转子转动后,转子绕组电动势的频率与转子的转速有关,它取决于气隙旋转磁场与转子的相对速度,转子电动势(电流)的频率为

$$f_2 = \frac{p(n_1 - n)}{60} = \frac{n_1 - n}{n_1} \times \frac{p n_1}{60} = s f_1 \qquad (6\text{-}41)$$

转子频率 f_2 与转差率 s 成正比,故又称为转差频率。当转子静止时,$n=0$,则 $f_2=f_1$。三相异步电动机正常运行时,s 很小,转子频率 f_2 很低,为 $0.5\sim3.0$ Hz。

（2）转子绕组的电动势

由于转子电动势频率为 $f_2=sf_1$,所以转子绕组的感应电动势为

$$E_{2s}=4.44f_2N_2k_{w2}\varPhi_m=4.44sf_1N_2k_{w2}\varPhi_m=sE_2 \qquad (6\text{-}42)$$

式中　E_2——转子静止时每相电动势的有效值。

式(6-42)表明,当转子旋转时每相电动势与转差率成正比。

（3）转子绕组的漏阻抗

转子电阻在不考虑集肤效应和温度变化的影响时,可认为与转子转速无关,仍是 r_2。

转子旋转时的转子每相漏抗为

$$x_{2s}=2\pi f_2L_2=2\pi sf_1L_2=sx_2 \qquad (6\text{-}43)$$

式中　x_2——转子静止时的每相漏抗;

　　　L_2——转子旋转时的每相漏电感。

（4）转子绕组的电流

转子绕组的电流由转子电动势产生,频率与转子电动势相同,即

$$\dot{I}_2=\frac{\dot{E}_{2s}}{r_2+\mathrm{j}x_{2s}}=\frac{s\dot{E}_2}{r_2+\mathrm{j}sx_2} \qquad (6\text{-}44)$$

式(6-44)说明,转子绕组电流与转差率有关,当转子转速降低时,转差率增大,转子电流也随之增大。

（5）转子绕组的功率因数

$$\cos\varphi_2=\frac{r_2}{\sqrt{r_2^2+(sx_{2s})^2}} \qquad (6\text{-}45)$$

式(6-45)说明,转子绕组功率因数与转差率有关,当转差率增大时,$\cos\varphi_2$ 减小。

2. 转子转动后的基本方程

（1）电动势平衡方程

转子转动后从电路角度看,主要不同在于转子频率随转速变化,从而得到转子转动后的定子、转子电动势平衡方程为

$$\begin{cases} \dot{U}_1=-\dot{E}_1-\dot{E}_{1\sigma}+\dot{I}_1r_1=-\dot{E}_1+\dot{I}_1(r_1+\mathrm{j}x_1)=-\dot{E}_1+\dot{I}_1Z_1 \\ \dot{E}_{2s}=(r_2+\mathrm{j}x_2)\dot{I}_{2s}=\dot{I}_{2s}Z_2 \end{cases} \qquad (6\text{-}46)$$

式中　Z_2——转子绕组漏阻抗,$Z_2=r_2+\mathrm{j}x_2$。

（2）磁通势平衡方程

转子旋转时转子基波磁通势相对于定子来说,仍是同步转速且同方向旋转。即定子、转子磁通势在空间总是相对静止的,二者可用矢量相加的方法得到合成磁通势,即

$$\dot{F}_0=\dot{F}_1+\dot{F}_2$$

这就是转子旋转时的磁通势平衡方程,形式和转子静止时一样,只是每个磁通势的大小及相互之间的空间位置可能有所不同而已。

3. 频率折算

转子静止时,由于定子、转子的频率相同,只需进行绕组折算。当三相异步电动机转子旋

転时,定子、转子电路中电动势和电流的频率都不同,为了获得等效电路以简化分析计算,还需对转子绕组进行频率折算。

进行频率折算纯属求解电路的需要,不影响定子电流的大小和相位,以及输入、输出功率和各种损耗。只要保持频率折算后的转子电流的大小和相位不变,就可保持磁通势平衡不变,从而保持定子电流的大小和相位不变,也就保持了功率和损耗不变。

由转子电流公式

$$\dot{I}_2 = \frac{\dot{E}_{2s}}{r_2'+jx_{2s}} = \frac{s\dot{E}_2}{r_2'+jsx_2} \tag{6-47}$$

将分子、分母同除以 s,其值不变,即

$$\dot{I}_2 = \frac{s\dot{E}_2}{r_2'+jsx_2} = \frac{\dot{E}_2}{\frac{r_2'}{s}+jx_2} \tag{6-48}$$

从式(6-47)到式(6-48),在保持值不变的条件下进行了数学变换,但两式的物理意义不同。式(6-47)表示转子转动时的实际情况,转轴上输出机械功率,其电路图如图 6-25(a)所示。式(6-48)表示频率折算后的等效转子,转轴上不输出机械功率,但转子回路的电阻变成了 $\frac{r_2'}{s}$,我们把它分解为两项,即

$$\frac{r_2'}{s} = r_2' + \frac{1-s}{s}r_2' \tag{6-49}$$

式(6-49)中电阻 $\frac{1-s}{s}r_2'$ 的物理意义表示实际转子等效为不动的转子后,轴上没有机械功率输出,但转子电路上却多了该电阻消耗的电功率。因为折算后传递到转子上的总功率保持不变,因此从数量上讲,电功率应等于转轴上的机械功率,它实际上是模拟了轴上的机械功率,换言之,可以由静止不动的等效电路计算出电功率,从而间接地求出轴上的机械功率,故 $\frac{1-s}{s}r_2'$ 是代表机械负载的等效电阻。其电路如图 6-25(b)所示。

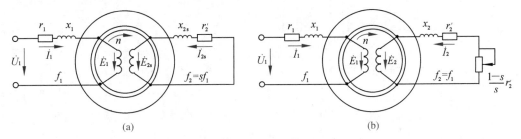

图 6-25 转子转动时的三相异步电动机定子、转子电路

综上所述,经频率和绕组折算后,三相异步电动机转子旋转时的基本方程为

$$\begin{cases} \dot{U}_1 = -\dot{E}_1 + \dot{I}_1 Z_1 \\ \dot{E}_2' = Z_2' \dot{I}_2' \\ \dot{I}_0 = \dot{I}_1 + \dot{I}_2' \\ \dot{E}_1 = -\dot{I}_0 Z_m \\ \dot{E}_1 = \dot{E}_2' \end{cases} \tag{6-50}$$

4.等效电路和相量图

（1）等效电路

经过频率折算后，实际的转子用静止的转子代替了，再用前面的绕组折算方法进行绕组折算，就可得出等效电路。根据式(6-46)绘出三相异步电动机转子旋转时的等效电路，如图 6-26 所示。它和变压器接有纯电阻负载时的 T 形等效电路相似，所接的纯电阻即模拟机械功率的等效电阻。

T 形等效电路以电路形式综合了三相异步电动机运行时的内部电磁关系，由该等效电路可分析以下几种情况：

①当转子静止时，$n=0$，机械功率也等于零，这是转子绕组短路并堵转的情况。这时定子、转子电流很大，而功率因数较小，相当于变压器二次侧短路时的情形。

②当电动机空载运行时，转子转速接近同步转速，机械功率也等于零，这时转子边相当于开路，转子电流接近于零，定子电流基本上就是励磁电流，功率因数很小，这相当于变压器二次侧开路时的情形。

③当电动机带负载运行时，机械功率为正值，即有机械功率输出，电动机处于正常电动状态。

如图 6-26 所示 T 形等效电路含有串联部分和并联部分，电路结构复杂，在进行复数运算时比较麻烦，和变压器相似，励磁电流很小，可把励磁支路前移到输入端，使整个电路变成单纯的并联电路，如图 6-27 所示，称为三相异步电动机的近似等效电路。

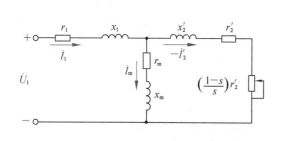

图 6-26　三相异步电动机的 T 形等效电路　　　图 6-27　三相异步电动机的近似等效电路

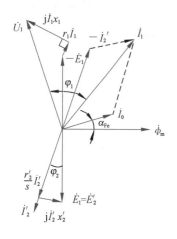

图 6-28　三相异步电动机的相量图

需要注意的是，在三相异步电动机中，由于气隙的存在，其励磁阻抗比变压器的小得多，励磁电流相对较大。因此，不能像变压器那样，把励磁支路去掉而变成简化等效电路。

（2）相量图

根据式(6-46)可绘出相量图。绘制三相异步电动机的相量图的步骤同变压器相似，如图 6-28 所示，从相量图上可以清楚地看出各物理量在数值和相位上的关系。

以上以绕线式异步电动机为例介绍了三相异步电动机的原理，但所得结论完全适用于笼型异步电动机。必须注意的是，任何形式的三相异步电动机，定子、转子的极对数必须相等，否则就不能产生平均电磁转矩，电动机无法工作。对于绕线式异步电动机,转子极对数是通过绕组的正确连接做到和定子的一样;而对于笼型异步电动机,转子极对数则是自动地等于定子极对数。另外,绕线式异步电动机的转子绕组是三相的;而笼型异步电动机的转子绕组一般不是三相的,其相数与转子槽数有关。

6.4 三相异步电动机的参数测定

三相异步电动机的参数包括励磁参数(Z_m、r_m、x_m)和短路参数(Z_k、r_k、x_k)。只有知道这些参数,才能用等效电路来计算三相异步电动机的运行特性。和变压器一样,这些参数可以通过空载试验和短路试验测出。

6.4.1 空载试验及计算

1.空载试验

空载试验的目的是测定励磁参数 Z_m、r_m、x_m 和铁损耗 P_{Fe} 及机械损耗 P_{mec}。

如图 6-29 所示是三相异步电动机空载试验接线。试验时电动机轴上不带任何负载,处于空载运行状态,定子接到额定频率的对称三相电源上,使三相异步电动机以略低于同步转速的转速空转约 30 min,待机械损耗稳定后,借助调压器改变加在定子上的电压 U_1,使其从 U_{1N} 开始,逐渐减小电压,直到三相异步电动机转速开始发生明显变化或定子电流开始增大为止,测量几个点,记录每次的端电压 U_1、空载电流 I_0、空载功率 P_0 和转速 n_0。绘出曲线 $I_0 = f(U_1)$ 和 $P_0 = f(U_1)$,如图 6-30 所示为三相异步电动机的空载特性曲线。

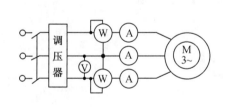

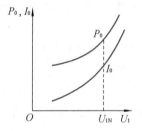

图 6-29 三相异步电动机空载试验接线   图 6-30 三相异步电动机的空载特性曲线

由空载特性曲线可以看出,当电压升到 U_{1N} 以上时,空载电流迅速上升,这是由于磁路饱和的原因,所以三相异步电动机不宜长期过电压运行。

2.铁损耗与机械损耗

因为三相异步电动机空载运行时转差率很小,转子电流很小,所以转子铜损耗可以忽略不计,此时输入的功率全部消耗在定子铜损耗 $P_{Cu}(3I_0^2 r_1)$、铁损耗 P_{Fe} 和机械损耗 P_{mec} 上,即

$$P_0 = P_{Fe} + 3I_0^2 r_1 + P_{mec} \qquad (6-51)$$

从空载功率 P_0 中减去定子铜损耗后,即得铁损耗 P_{Fe} 和机械损耗 P_{mec} 之和为

$$P_{Fe} + P_{mec} \approx P_0' \qquad (6-52)$$

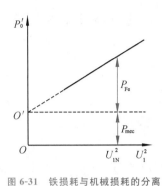

图 6-31　铁损耗与机械损耗的分离

考虑到铁损耗近似与磁通密度二次方成正比，即近似与电压二次方成正比，而当转速不变时机械损耗是与电压大小无关的恒定值。因此，把不同电压下铁损耗同机械损耗之和与端电压平方值绘成曲线 $P_0' = P_{Fe} + P_{mec} = f(U_1^2)$，如图 6-31 所示。这样就可将铁损耗与机械损耗分开，方法是在 $P_0' = P_{Fe} + P_{mec} = f(U_1^2)$ 曲线中，将其向下延长交于纵轴的 O' 点，过 O' 点作一平行于横轴的直线，将曲线的纵坐标分为两部分，虚线下部纵坐标即机械损耗，纵坐标的其余部分表示对应某电压的铁损耗。

3. 空载参数的计算

由于三相异步电动机空载时转差率很小，近似为零，从等效电路上看，附加电阻很大，转子近似于开路。三相异步电动机的空载等效电路近似为阻抗 Z_1 和 Z_m 串联的电路，与变压器的空载等效电路相同，因此 $Z_0 = Z_1 + Z_m$。

根据空载试验测得的数据 I_0 和 P_0，可算出

$$Z_0 = \frac{U_1}{I_0} \tag{6-53}$$

$$r_0 = \frac{P_0 - P_{mec}}{3I_0^2} \tag{6-54}$$

$$x_0 = \sqrt{Z_0^2 - r_0^2} \tag{6-55}$$

式中　P_0——测得的三相异步电动机空载功率；

　　　I_0——定子相电流；

　　　U_1——定子相电压。

三相异步电动机空载时，可以认为转子开路，从等效电路可看出

$$x_0 = x_1 + x_m$$

式中，x_1 由下面短路试验测得。

于是励磁电抗为

$$x_m = x_0 - x_1 \tag{6-56}$$

已知额定电压时的铁损耗，可求得励磁电阻

$$r_m = \frac{P_{Fe}}{3I_0^2} \tag{6-57}$$

从而求出定子电阻

$$r_1 = r_0 - r_m \tag{6-58}$$

定子电阻也可用电阻箱等仪表直接测出。

6.4.2　短路试验及计算

1. 短路试验

短路试验目的是测定短路阻抗 $Z_k = r_k + x_k$、转子电阻 r_2' 和定子、转子漏抗 x_1、x_2'。

三相异步电动机短路是指定子通电、转子被堵住不转的一种状态,故短路试验又称为堵转试验。试验时如果外加电压为额定值,定子短路电流可达$(4\sim7)I_N$,这种状态持续时间如果较长,三相异步电动机会因过热而烧坏,因此短路试验通常减小电压进行。一般由$U_1=0.4U_N$开始,然后逐步减小电压,使定子短路电流从$1.2I_k$开始逐渐减小到$0.3I_k$左右为止,共测量$5\sim7$个点,每点须记录定子端电压U_1、定子短路电流I_k和短路功率P_k。根据这些数据就能绘出三相异步电动机的短路特性曲线$I_k=f(U_1)$和$P_k=f(U_1)$,如图6-32所示。

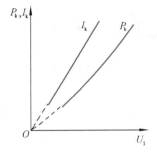

图 6-32　三相异步电动机的短路特性曲线

2. 短路参数的计算

由于堵转时$n=0$,$s=1$,T形等效电路中反映机械功率的附加电阻$\frac{1-s}{s}r_2'=0$,又因为$Z_m'\gg Z_2'$,励磁支路可认为开路,这时的总阻抗为定子、转子漏阻抗的和,又因为短路试验时的$I_0\approx0$,所以铁损耗可以忽略不计。堵转时输出功率为零,输入电功率全部消耗在定子、转子的电阻上,则

$$P_k=3I_1^2r_1+3I_2'^2r_2' \tag{6-59}$$

由于$I_m\approx0$,则可认为$I_2'=I_1=I_k$,所以

$$P_k=3I_k^2(r_1+r_2')=3I_k^2r_k \tag{6-60}$$

由此得短路阻抗Z_k、短路电阻r_k、短路电抗x_k分别为

$$|Z_k|=\frac{U_1}{I_k} \tag{6-61}$$

$$r_k=\frac{P_k}{3I_k^2} \tag{6-62}$$

$$x_k=\sqrt{|Z_k|^2-r_k^2} \tag{6-63}$$

式中
$$r_k=r_1+r_2'$$
$$x_k=x_1+x_2'$$

根据上述公式计算,就可求出转子电阻和电抗,因为定子电阻r_1可直接测出,所以$r_2'=r_k-r_1$。由于x_1和x_2'无法用试验的方法分开,转子电抗可根据下面关系算出:对于大、中型三相异步电动机,$x_1=x_2'\approx\frac{x_k}{2}$;对于1 kW以下的小型三相异步电动机,$x_2'\approx0.97x_k$(2、4、6极电动机)或$x_2'\approx0.57x_k$(8、10极电动机)。

6.5　三相异步电动机的功率和转矩

三相异步电动机通过电磁感应作用把电能传送到转子,再转化为轴上输出的机械能。在能量转换的过程中,电磁转矩起关键作用。

6.5.1 三相异步电动机的功率平衡

当三相异步电动机负载运行时,从电源输入的有功功率为

$$P_1 = 3U_1 I_1 \cos\varphi_1$$

式中 $\cos\varphi_1$——定子的功率因数,即电动机的功率因数。

输入功率 P_1 的一小部分供给定子绕组的铜损耗 P_{Cu1} 和电动机的铁损耗 P_{Fe}（由于正常运行时,转子频率 f_2 很小,一般为 $0.75\sim3.00$ Hz,故转子铁损耗很小,可忽略不计。所以电动机的铁损耗主要是定子铁芯的铁损耗）,其余大部分由气隙磁场通过电磁感应传递给转子,这部分功率称为电磁功率 P_{em}。

$$\begin{cases} P_{em} = P_1 - P_{Cu1} - P_{Fe} \\ P_{Cu1} = 3I_1^2 r_1 \\ P_{Fe} = 3I_0^2 r_m \end{cases} \tag{6-64}$$

从转子的角度看,电磁功率 P_{em} 就是转子接收到的全部有功功率。由等值电路可知

$$P_{em} = 3E_2' I_2' \cos\varphi_2 = 3I_2'^2 \frac{r_2'}{s} \tag{6-65}$$

式中 $\cos\varphi_2$——转子的功率因数。

传递给转子的电磁功率,其中一小部分供给转子绕组的铜损耗 P_{Cu2},电磁功率减去转子的铜损耗,便是电动机产生的总机械功率 P_{MEC}。

$$P_{MEC} = P_{em} - P_{Cu2} = 3I_2'^2 \frac{r_2'}{s} - 3I_2'^2 r_2' = 3I_2'^2 \frac{1-s}{s} r_2' = (1-s)P_{em} \tag{6-66}$$

$$P_{Cu2} = sP_{em} \tag{6-67}$$

总机械功率不能全部输出,因为转子转动时存在着由摩擦引起的机械损耗 P_{mec} 和由高次谐波、漏磁通等因素引起的附加损耗 P_{ad},扣除这部分损耗后,剩余的便是电动机轴上输出的机械功率 P_2。

$$P_2 = P_{MEC} - P_{mec} - P_{ad} \tag{6-68}$$

通常把机械损耗 P_{mec} 和附加损耗 P_{ad} 一起称为空载损耗 P_0,则三相异步电动机的功率平衡关系可表示为

$$P_{em} = P_1 - P_{Cu1} - P_{Fe} \tag{6-69}$$

$$P_{MEC} = P_{em} - P_{Cu2} \tag{6-70}$$

$$P_2 = P_{MEC} - P_0 \tag{6-71}$$

其功率流程如图 6-33 所示。

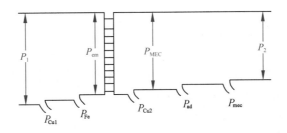

图 6-33　三相异步电动机的功率流程

6.5.2 三相异步电动机的转矩平衡

由于旋转机械的功率等于其机械转矩与机械角速度的乘积,在式(6-71)的两端除以转子的角速度 Ω,则得

$$\frac{P_2}{\Omega}=\frac{P_{MEC}}{\Omega}-\frac{P_0}{\Omega}$$

$$T_2=T_{em}-T_0 \tag{6-72}$$

式中　T_{em}——气隙磁场与转子电流相作用产生的电磁转矩,它是电动机的驱动转矩;

　　　T_0——由机械损耗和附加损耗引起的空载转矩,它在电动机运行时起制动作用;

　　　T_2——电动机输出的机械转矩。

电动机稳定运行时,输出转矩 T_2 与负载转矩 T_L 相平衡,即 $T_2=T_L$;带额定负载时,$T_2=T_N$,称为额定转矩。

$$T_N=\frac{P_N}{\Omega}=9.55\frac{P_N}{n_N}(\text{N}\cdot\text{m}) \tag{6-73}$$

式(6-72)可写为

$$T_{em}=T_L+T_0 \tag{6-74}$$

式(6-74)为三相异步电动机的转矩平衡方程,它表明在电动机稳定运行时,驱动转矩与制动转矩相平衡。

由于 $s=\dfrac{n_1-n}{n_1}=\dfrac{\Omega_1-\Omega}{\Omega_1}$,则得

$$\Omega=(1-s)\Omega_1$$

式中　Ω_1——旋转磁场的同步角速度,$\Omega_1=\dfrac{2\pi n_1}{60}$;

　　　Ω——转子的机械角速度,$\Omega=\dfrac{2\pi n}{60}$。

因此,电磁转矩又可写为

$$T_{em}=\frac{P_{MEC}}{\Omega}=\frac{(1-s)P_{em}}{(1-s)\Omega_1}=\frac{P_{em}}{\Omega_1} \tag{6-75}$$

电磁转矩表示为 $T_{em}=\dfrac{P_{MEC}}{\Omega}$,是以转子本身产生的机械功率来表示的;$T_{em}=\dfrac{P_{em}}{\Omega_1}$ 是以旋转磁场对转子做功为依据的,因为旋转磁场以同步角速度 Ω_1 转动,旋转磁场通过气隙传递到转子的功率为电磁功率 P_{em},因而 $T_{em}=\dfrac{P_{em}}{\Omega_1}$。

例 一台4极三相笼型异步电动机，$P_N=10$ kW，$U_N=380$ V，$f=50$ Hz，定子绕组为三角形连接，额定运行时，$\cos\varphi_{1N}=0.83$，$P_{Cu1}=550$ W，$P_{Cu2}=314$ W，$P_{Fe}=274$ W，机械损耗 $P_{mec}=70$ W，附加损耗 $P_{ad}=160$ W。求电动机在额定运行时的额定转速、效率、额定电流、额定输出转矩、电磁转矩。

解 （1）旋转磁场的同步转速为

$$n_1=\frac{60f}{p}=\frac{60\times50}{2}=1\ 500\ \text{r/min}$$

电磁功率为

$$P_{em}=P_N+P_{Cu2}+P_{mec}+P_{ad}=10\ 000+314+70+160=10\ 544\ \text{W}$$

额定转差率为

$$s_N=\frac{P_{Cu2}}{P_{em}}=\frac{314}{10\ 544}=0.03$$

额定转速为

$$n_N=(1-s_N)n_1=(1-0.03)\times1\ 500=1\ 455\ \text{r/min}$$

（2）额定负载下的输入功率为

$$P_1=P_{em}+P_{Cu1}+P_{Fe}=10\ 544+550+274=11\ 368\ \text{W}$$

额定效率为

$$\eta_N=\frac{P_N}{P_1}=\frac{10\ 000}{11\ 368}=88\%$$

（3）定子的额定电流为

$$I_N=\frac{P_1}{\sqrt{3}U_N\cos\varphi_{1N}}=\frac{11\ 368}{\sqrt{3}\times380\times0.83}=20.81\ \text{A}$$

（4）额定的输出转矩为

$$T_N=\frac{P_N}{\Omega}=9.55\frac{P_N}{n_N}=9.55\times\frac{10\ 000}{1\ 455}=65.64\ \text{N}\cdot\text{m}$$

（5）电动机的电磁转矩为

$$T_{em}=\frac{P_{em}}{\Omega_1}=9.55\frac{P_{em}}{n_1}=9.55\times\frac{10\ 544}{1\ 500}=67.13\ \text{N}\cdot\text{m}$$

6.6 三相异步电动机的工作特性

三相异步电动机的工作特性是指在额定电压和额定频率下，电动机的转速 n、定子电流 I_1、功率因数 $\cos\varphi_1$、电磁转矩 T_{em} 和效率 η 等物理量随输出功率 P_2 变化而变化的关系。应用这些特性可判断三相异步电动机运行性能的好坏。三相异步电动机的工作特性曲线如图 6-34 所示。

6.6.1 转速特性

当电源电压 $U_1=U_N$ 和频率 $f_1=f_N$ 时，三相异步电动机的转速 n 与输出功率 P_2 之间的关

系曲线 $n=f(P_2)$ 称为转速特性。

如图 6-34 所示，$n=f(P_2)$ 是一条稍微向下倾斜的曲线。空载 $P_2=0$，$n=n_1$，$s=0$。P_2 增大，即负载转矩 T_L 增大时，由 $T_{em}=f(s)$ 曲线可知，T_L 增大会使电动机转差率 s 增大，即转速 n 下降。由于 $T_{em}=f(s)$ 曲线在 s 接近零这一段很陡，故 T_L 的变动使 s 和 n 变化不大。在额定负载时的转差率较小，为 $0.01\sim0.06$，三相异步电动机的转速与转差率的关系为 $n=(1-s)n_1$，在额定负载时的转速为 $n_N=(0.94\sim0.99)n$，即三相异步电动机从空载到额定负载转速下降不多。

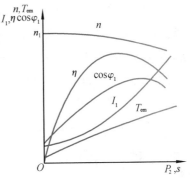

图 6-34　三相异步电动机的工作特性曲线

6.6.2 定子电流特性

当 $U_1=U_N$，$f_1=f_N$ 时，三相异步电动机的定子电流 I_1 与输出功率 P_2 之间的关系曲线 $I_1=f(P_2)$ 称为定子电流特性。

由磁通势平衡方程 $I_1=I_m+(-I_2')$ 可推出这一关系曲线，三相异步电动机空载时 $P_2=0$，$I_2'\approx0$，这时的定子电流基本上等于励磁电流。随着负载增大，转子转速下降，转子电流增大，与它平衡的定子电流负载分量 $(-I_2')$ 也增大，以维持励磁磁通势近似不变。也就是说，为了抵消转子磁通势，定子磁通势及电流都相应增大，故定子电流几乎随负载成正比增大，如图 6-34 所示。从能量关系来看，当负载增大时，三相异步电动机需从电源获得更多的能量与负载平衡，在电压和功率因数一定的情况下，据 $P_1=3U_1I_1\cos\varphi_1$ 知定子电流要增大。

6.6.3 电磁转矩特性

当 $U_1=U_N$，$f_1=f_N$ 时，电磁转矩 T_{em} 与输出功率 P_2 之间的关系曲线 $T_{em}=f(P_2)$ 称为电磁转矩特性。

根据转矩平衡式，稳态运行时三相异步电动机的电磁转矩为空载转矩和输出转矩的和，即 $T_{em}=T_2+T_0$，因为 $T_2=\dfrac{P_2}{\Omega}$，则有

$$T_{em}=\frac{P_2}{\Omega}+T_0 \tag{6-76}$$

由于从空载到额定负载这一正常范围内运行时，三相异步电动机转速下降很少，所以电磁转矩随 P_2 增大，曲线近似为过零点的一条直线，并且稍微上翘，如图 6-34 所示。

6.6.4 定子功率因数特性

当 $U_1=U_N$，$f_1=f_N$ 时，定子功率因数 $\cos\varphi_1$ 与输出功率 P_2 之间的关系曲线 $\cos\varphi_1=f(P_2)$ 称为定子功率因数特性。

三相异步电动机运行时，必须从电网吸取滞后的无功电流和无功功率，所以它的功率因数必然是滞后的。

空载时,定子电流基本上是用来建立磁场的励磁电流,其主要分量是无功磁化电流,功率因数很小,为 0.2 左右。负载时,随着 P_2 增大,转子电流有功分量增大,定子电流的有功分量也随之增大,功率因数增大。在额定负载附近,功率因数值为最大,当负载超过额定值时,由于转差率增大较多,致使转子额定频率增大,转子电流无功分量增大,因而使功率因数减小。工作特性曲线如图 6-34 所示。

一般三相异步电动机额定负载时的功率因数为 0.75~0.90。

6.6.5 效率特性

当 $U_1 = U_N$,$f_1 = f_N$ 时,效率 η 与输出功率 P_2 之间的关系曲线 $\eta = f(P_2)$ 称为效率特性。

从三相异步电动机的功率流程图可以看出,三相异步电动机的损耗有定子铜损耗、转子铜损耗、铁损耗、机械损耗和附加损耗五种。定子铜损耗、转子铜损耗及附加损耗随负载而变,称为可变损耗;铁损耗和机械损耗基本上不随负载而变,称为不变损耗。三相异步电动机的效率为

$$\eta = \frac{P_2}{P_1} = \frac{P_2}{P_2 + \sum P} = \frac{P_2}{P_2 + P_{Cu1} + P_{Cu2} + P_{Fe} + P_{mec} + P_{ad}} \tag{6-77}$$

空载时,无输出功率,效率 $\eta = 0$。从空载开始增大负载时,可变损耗增大较慢,总损耗增大较少,效率提高较快。负载继续增大,当可变损耗增大到与不变损耗相等时,效率最高。继续增加负载,则可变损耗大于不变损耗,使效率降低。效率曲线如图 6-34 所示。一般来说,负载为额定负载的 70%~100% 时出现最大效率,通常中、小型三相异步电动机在额定负载的 75% 左右时效率最大。三相异步电动机的最大效率为 74%~94%,电动机容量越大,运行效率越高。

6.6.6 工作特性测取方法

在计算电力拖动系统的工作状态时,如果需要绘出被选定的三相异步电动机的工作特性曲线,可以用直接负载试验法测出,也可以根据等效电路间接进行计算求出。

(1)直接负载试验法

直接负载试验法求工作特性需要预先测出三相异步电动机定子绕组电阻 r_1,并从空载试验测出铁损耗 P_{Fe} 和机械损耗 P_{mec},然后进行负载试验,负载试验是在额定电压和额定频率下进行,把负载转速 n 的值记入表中,再计算出不同负载下的功率因数 $\cos\varphi_1$、电磁转矩 T_{em} 及效率 η 的值,根据表中的数据即可绘出工作特性曲线。

(2)利用等效电路计算工作特性

反映三相异步电动机电磁过程的等效电路可以用来计算工作特性。当等效电路的参数已知,机械损耗和附加损耗确定后,按不同的转差率对转速 n、定子电流 I_1、定子功率因数 $\cos\varphi_1$、电磁转矩 T_{em}、效率 η 等进行计算,一般取 5~7 个不同的转差率,一直算到输出功率达到或略微超过额定值为止,将所得数据绘成曲线即工作特性曲线。

思考与练习

6-1 异步电动机为什么又称为感应电动机？

6-2 三相异步电动机运行时，为什么功率因数总是滞后？

6-3 三相异步电动机的主磁通和漏磁通是如何定义的？其漏磁通包含哪几部分？

6-4 三相异步电动机工作时为什么转子转速总是小于同步转速？

6-5 三相异步电动机的气隙为什么做得很小？

6-6 简述三相异步电动机的工作原理。

6-7 三相笼型异步电动机和三相绕线式异步电动机在结构上主要有哪些区别？

6-8 三相笼型异步电动机主要由哪些部分组成？各部分的作用是什么？

6-9 异步电动机的转差率与电机的三种运行状态有什么关系？

6-10 一台额定电压 380 V、星形连接的三相异步电机，如果误连成三角形连接，接到 380 V 的电源上，会有什么后果？为什么？

6-11 一台额定电压 380 V、三角形连接的三相异步电机，如果误连成星形连接，接到 380 V 的电源上满载运行会有什么后果？为什么？

6-12 当三相异步电动机在额定电压下正常运行时，如果转子被卡住不转，有什么现象？有无危险？为什么？

6-13 异步电动机长期在轻载下运行是否合适？如有一台三角形连接的异步电动机，负载较小，改接为星形连接时，性能有什么影响？

6-14 一台定子绕组为星形连接的三相笼型异步电动机轻载运行时，若一根引出线突然断开，电动机是否还能继续运行？停止后能否重新启动？为什么？

6-15 保持异步电动机的负载转矩不变，若电源电压减小过多，会出现什么现象？为什么？

6-16 一台绕线式异步电动机，转子开路，如果定子接三相电源，转子能不能转？如果转子能转，分析原因。

6-17 一台绕线式异步电动机，定子绕组短路，在转子绕组中通入三相对称交流电流，在转子中是否也会产生旋转磁场？转子是否会转动？如能转动，其转向如何？

6-18 怎样改变三相异步电动机的转向？

6-19 异步电动机 T 形等效电路中的 Z_m 是反映什么物理量的参数？额定电压下，异步电动机由空载到满载运行时，Z_m 的大小会不会变化？为什么？

6-20 异步电动机的折算与变压器的折算有何不同？

6-21 为什么异步电动机一般不能像变压器那样采用简化等效电路？

6-22 异步电动机等效电路中的附加电阻 $\frac{1-s}{s}r_2'$ 的物理意义是什么？能否用电感或电容替代这个附加电阻 $\frac{1-s}{s}r_2'$？为什么？

6-23　三相异步电动机 T 形等效电路的参数主要通过什么试验来测定？怎样计算？

6-24　一台三相异步电动机,已知:额定功率 $P_N = 55$ kW,额定电压 $U_N = 380$ V,额定转速 $n_N = 570$ r/min,额定频率 $f_N = 50$ Hz,额定功率因数 $\cos\varphi_N = 0.89$,额定效率 $\eta_N = 0.79$。求:

(1)额定电流；

(2)同步转速；

(3)定子磁极对数；

(4)额定负载时的转差率。

6-25　一台三相异步电动机,已知额定数据为: $P_N = 4.5$ kW, $U_N = 380$ V, $\eta_N = 0.8$,额定功率因数 $\cos\varphi_N = 0.8$, $n_N = 1\,450$ r/min,定子星形连接。求:

(1)额定电流；

(2)同步转速；

(3)定子磁极对数；

(4)额定负载时的转差率。

自测题

一、填空题

1.三相异步电动机根据转子结构不同可分为（　　　　）和（　　　　）两类。

2.三相异步电动机在额定负载运行时,其转差率 s 一般在（　　　　）。

3.根据转差率 s 的大小和符号,异步电动机可以运行在（　　　　）、（　　　　）或（　　　　）状态。

4.某三相异步电动机, $n_N = 1\,450$ r/min, $f_N = 50$ Hz,该电动机的额定转差率为（　　　　）,磁极数为（　　　　）。

二、选择题

1.一台三相异步电动机, $p = 2$,在频率为 50 Hz 下运行,当转差率 $s = 0.02$ 时,此时的转速为（　　）。

A.2 940 r/min　　　　B.1 470 r/min　　　　C.980 r/min　　　　D.735 r/min

2.一台 $2p = 4$ 的三相交流电机,当施加工频电压时,其同步转速为（　　）。

A.750 r/min　　　　B.1 000 r/min　　　　C.1 500 r/min　　　　D.3 000 r/min

3.三相异步电动机在运行中,把定子两相反接,转子会（　　）。

A.停转　　　　B.转速升高　　　　C.转速下降　　　　D.转速不变

4.三相异步电动机空载时,气隙磁通的大小取决于（　　）。

A.气隙的大小　　　　B.铁芯的尺寸　　　　C.电源电压　　　　D.定子绕组

5.当异步电动机的转差率为 $-\infty<s<0$ 时,该电动机工作在( )状态。

A.电动机　　　　B.发电机　　　　C.电磁制动　　　　D.变压器

6.当电源电压减小 5% 时,异步电动机的额定转矩 T_N 将减小( )。

A.2.5%　　　　B.25%　　　　C.9.75%　　　　D.10%

三、判断题

1.所谓异步电动机的"异步",是指电动机的转子旋转磁场与定子旋转磁场在空间存在着相对运动,即不同步。　　　　( )

2.当三相异步电动机的转子不动时,转子绕组电流的频率与定子电流的频率相同。　　( )

3.不论异步电动机的转速如何,转子旋转磁场与定子旋转磁场在空间总是相对静止的。

( )

4.异步电动机的电磁转矩与电源电压的平方成正比,若电源电压减小 10%,则电磁转矩将减小 19%。　　　　( )

5.因为没有电路的直接联系,异步电动机定子电流的大小与转子电流的大小无关。　　( )

6.笼型异步电动机的定子绕组和转子绕组的相数总是相等的。　　　　( )

四、简答题

1.异步电动机有哪几种工作状态?在各种状态中,转速 n 与转差率 s 的变化范围是什么?

2.如何改变三相异步电动机的旋转方向?

3.三相异步电动机在运行时,若电网电压略微减小,待稳定后电动机的电磁转矩、电流有何变化?

4.三相异步电动机的电磁转矩与哪些因素有关?三相异步电动机带动额定负载工作时,若电源电压减小过多,往往会使电动机发热,甚至烧毁,说明原因。

五、计算题

一台三相异步电动机,已知:额定功率 $P_N=28$ kW,额定电压 $U_N=380$ V,额定转速 $n_N=950$ r/min,频率 $f_1=50$ Hz,额定负载时定子功率因数 $\cos\varphi_N=0.88$,$\eta=0.86$。求:

(1)同步转速;

(2)额定负载时的转差率;

(3)定子额定电流;

(4)转子电流的频率。

第7章

三相异步电动机的电力拖动

■ 本章要点

本章首先介绍三相异步电动机的机械特性，然后以机械特性为理论基础，研究三相异步电动机的启动、制动和调速等问题。

通过本章的学习，应达到以下要求：

• 了解三相异步电动机的电磁转矩物理表达式，掌握参数表达式，熟练掌握实用表达式及其计算；

• 掌握直接启动、降压启动的原理与应用。

• 掌握生产中常用的机械制动、能耗制动、反接制动等制动方式。

• 掌握常用调速方法及应用。

7.1 三相异步电动机的机械特性

7.1.1 机械特性的三种表达式

三相异步电动机的机械特性指在一定条件下，三相异步电动机的转速 n 与电磁转矩 T_{em} 之间的关系，即 $n=f(T_{em})$。因为转差率与转速之间存在着线性关系 $s=\dfrac{n_1-n}{n_1}$，所以通常也用 $s=f(T_{em})$ 表示三相异步电动机的机械特性。

三相异步电动机的机械特性呈非线性关系，写成 $T_{em}=f(s)$ 较为方便，所以也将 $T_{em}=f(s)$ 称为三相异步电动机的机械特性，但在用曲线表示三相异步电动机的机械特性时，常以 T_{em} 为横坐标，以 s 为纵坐标。

三相异步电动机的机械特性表达式有三种形式，即物理表达式、参数表达式和实用表达式。现分别介绍如下：

1. 机械特性的物理表达式

三相异步电动机的电磁转矩是转子电流与主磁通作用产生的，它的大小与磁通及转子电流有关。在交流电路中已经知道，只有有功分量才能做功，因此，电磁转矩与转子电流的有功分量 $I_2'\cos\varphi_2$ 有关。机械特性的物理表达式为

$$T_{em}=C_T\Phi_m I_2'\cos\varphi_2 \tag{7-1}$$

式中　C_T——三相异步电动机的转矩系数，是一常数；

Φ_m——三相异步电动机的气隙每极磁通；

I_2'——转子电流的折算值；

$\cos\varphi_2$——转子回路的功率因数。

物理表达式虽然反映了三相异步电动机电磁转矩产生的物理本质，但并没有直接反映出电磁转矩与电动机参数之间的关系，更没有明显地表示电磁转矩与转速之间的关系。因此分析或计算三相异步电动机的机械特性时，一般不采用物理表达式，而是采用下面的参数表达式。

2. 机械特性的参数表达式

三相异步电动机电磁转矩 T_{em} 为

$$T_{em}=\frac{P_{em}}{\Omega_1}=\frac{3I_2'^2 r_2'/s}{2\pi n_1/60}=\frac{3I_2'^2 r_2'/s}{2\pi f_1/p} \tag{7-2}$$

在三相异步电动机的等值电路中，励磁阻抗比定子、转子漏阻抗大很多，可把简化等值电路中励磁阻抗这一段电路近似为开路，而计算 I_2' 的误差很小，故

$$I_2'=\frac{U_1}{\sqrt{(r_1+r_2'/s)^2+(x_1+x_2')^2}} \tag{7-3}$$

将式(7-3)代入式(7-2)得

$$T_{em}=\frac{3U_1^2 r_2'/s}{\frac{2\pi n_1}{60}[(r_1+r_2'/s)^2+(x_1+x_2')^2]}=\frac{3pU_1^2 r_2'/s}{2\pi f_1[(r_1+r_2'/s)^2+(x_1+x_2')^2]} \quad (7\text{-}4)$$

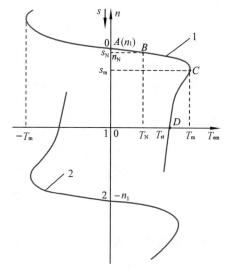

图 7-1　由参数表达式绘制的三相异步
电动机的机械特性曲线

式(7-4)就是机械特性的参数表达式。由参数表达式绘制的三相异步电动机的机械特性曲线如图7-1所示,曲线1为电源正相序时的特性曲线,曲线2为电源反相序时的特性曲线。

对曲线1分析可知:在第一象限,旋转磁场的转向与转子的转向一致,且 $0<n\leq n_1$, $0\leq s<1$,电磁转矩 T_{em} 与转速 n 均为正值,电动机工作在电动运行状态;在第二象限,旋转磁场的转向与转子的转向一致,但 $n>n_1$,故 $s<0$,n 为正值,T_{em} 为负值,电动机工作在电动发电运行状态;在第四象限,旋转磁场的转向与转子的转向相反,$n<0$,$s>1$,n 为负值,T_{em} 为正值,电动机工作在电磁制动运行状态。

从图7-1中还可以看出,三相异步电动机的机械特性曲线有以下几个特殊点。

(1)同步转速点 A:其特点是 $n=n_1(s=0)$, $T_{em}=0$。A 点为理想空载运行点。

(2)额定运行点 B:其特点是电磁转矩和转速均为额定值,用 T_N 和 n_N 表示,相应的额定转差率用 s_N 表示。三相异步电动机可长期运行在额定状态。

(3)最大转矩点 C:其特点是对应的电磁转矩为最大值,此最大值称为最大转矩 T_m,对应的转差率称为临界转差率,用 s_m 表示。

把式(7-4)中的 T_{em} 对 s 求导,并令 $\frac{dT_{em}}{ds}=0$,即可得到最大转矩 T_m 和临界转差率 s_m 为

$$T_m=\pm\frac{3pU_1^2}{4\pi f_1[\pm r_1+\sqrt{r_1^2+(x_1+x_2')^2}]} \quad (7\text{-}5)$$

$$s_m=\pm\frac{r_2'}{\sqrt{r_1^2+(x_1+x_2')^2}} \quad (7\text{-}6)$$

式中　"+"号——对应电动机状态(第一象限);

"-"号——对应发电机状态(第二象限)。

通常情况下,$-T_m$ 的绝对值略大于 T_m 的数值,但是在三相异步电动机的简化等值电路中,$r_1\ll x_1+x_2'$,则式(7-5)和式(7-6)中可以忽略 r_1、r_1^2 的影响,则有

$$T_m\approx\pm\frac{3pU_1^2}{4\pi f_1(x_1+x_2')} \quad (7\text{-}7)$$

$$s_m\approx\pm\frac{r_2'}{x_1+x_2'} \quad (7\text{-}8)$$

也就是说,三相异步电动机的机械特性具有对称性,即三相异步电动机的发电机状态和三相异步电动机的电动机状态的最大电磁转矩绝对值及对应的临界转差率可认为近似相等。

由式(7-7)和式(7-8)可以得出：

①T_m 与 U_1^2 成正比，s_m 与 U_1 无关；

②s_m 与 r_2' 成正比，T_m 与 r_2' 无关；

③T_m 和 s_m 都近似与 $x_1 + x_2'$ 成反比。

为使电动机在运行过程中不会因出现的短时过载而停止，要求其额定运行时的转矩 T_N 小于 T_m，因而电动机应具有一定的过载能力。我们就把最大电磁转矩 T_m 与额定电磁转矩 T_N 的比值称为最大电磁转矩倍数，又称为过载能力或过载倍数，用 λ_m 表示，即

$$\lambda_m = \frac{T_m}{T_N} \tag{7-9}$$

λ_m 是表征三相异步电动机运行性能的一个重要参数，它表明了电动机短时过载的极限。一般情况下，三相异步电动机的 $\lambda_m = 1.6 \sim 2.2$，起重、冶金、机械专用电动机的 $\lambda_m = 2.2 \sim 2.8$。

(4)启动点 D：其特点是转速 $n = 0 (s = 1)$，对应的电磁转矩称为启动转矩 T_{st}，又称为堵转转矩。它是三相异步电动机接通电源开始启动时的电磁转矩。把 $s = 1$ 代入式(7-4)可得

$$T_{st} = \frac{3pU_1^2 r_2'}{2\pi f_1 [(r_1 + r_2')^2 + (x_1 + x_2')^2]} \tag{7-10}$$

可见启动转矩 T_{st} 具有如下特点：

①T_{st} 与 U_1^2 成正比；

②在一定范围内，增大电阻 r_2' 时，T_{st} 增大；

③$x_1 + x_2'$ 越大，T_{st} 越小。

启动转矩 T_{st} 与额定转矩 T_N 的比值称为启动转矩倍数，用 λ_{st} 表示，即

$$\lambda_{st} = \frac{T_{st}}{T_N} \tag{7-11}$$

λ_{st} 是表征三相异步电动机启动性能的一个重要参数，它反映了电动机启动能力的大小。三相异步电动机启动时，必须保证有一定的启动转矩倍数。只有 $\lambda_{st} > 1$ 时，三相异步电动机才能在额定负载下启动。

一般情况下，λ_{st} 是针对笼型电动机而言的。因为绕线式电动机通过增大转子回路的电阻 r_2'，可加大或改变启动转矩，这是绕线式电动机的优点之一。一般的笼型电动机的 $\lambda_{st} = 1.0 \sim 2.0$；起重、冶金、机械专用笼型电动机的 $\lambda_{st} = 2.8 \sim 4.0$。

3. 机械特性的实用表达式

利用参数表达式计算三相异步电动机的机械特性时，需要知道电动机的绕组参数，而实际应用时，三相异步电动机的参数（r_1、x_1、r_2'、x_2' 等）在电机产品的目录中是查不到的，因此使用参数表达式和物理表达式一样也是不方便的。为了便于计算，可将参数表达式变换成能根据产品目录中给出的数据进行计算的形式。推导过程如下：

式(7-4)除以式(7-5)得

$$\frac{T_{em}}{T_m} = \frac{2r_2' [r_1 + \sqrt{r_1^2 + (x_1 + x_2')^2}]}{s[(r_1 + r_2'/s)^2 + (x_1 + x_2')^2]} \tag{7-12}$$

由式(7-6)得

$$\sqrt{r_1^2+(x_1+x_2')^2}=\frac{r_2'}{s_m} \tag{7-13}$$

将式(7-13)代入式(7-12)得

$$\begin{aligned}\frac{T_{em}}{T_m}&=\frac{2r_2'(r_1+r_2'/s_m)}{sr_2'^2/s_m^2+r_2'^2/s+2r_1r_2'}\\&=\frac{2(1+s_mr_1/r_2')}{s/s_m+s_m/s+2r_1s_m/r_2'}\\&=\frac{2+q}{s/s_m+s_m/s+q}\end{aligned} \tag{7-14}$$

式中

$$q=\frac{2r_1}{r_2'}s_m$$

一般情况下 $s_m=0.1\sim0.2$，$r_1\approx r_2'$，对任何 s 值，都有

$$\frac{s}{s_m}+\frac{s_m}{s}\geqslant2$$

而 $q=\dfrac{2r_1}{r_2'}s_m\approx2s_m\ll2$ 可忽略，则有

$$\frac{T_{em}}{T_m}=\frac{2}{\dfrac{s}{s_m}+\dfrac{s_m}{s}} \tag{7-15}$$

这就是三相异步电动机机械特性的实用表达式。

三相异步电动机在额定负载附近稳定运行时，s 很小，仅为 $0.02\sim0.05$，这时 $\dfrac{s}{s_m}\ll\dfrac{s_m}{s}$，可以进一步简化，得

$$T_{em}=\frac{2T_m}{s_m}s \tag{7-16}$$

4. 机械特性曲线的绘制

工程上希望通过铭牌和产品目录中的一些技术数据来绘制机械特性曲线。

已知三相异步电动机的铭牌数据中额定功率 P_N(kW)、额定转速 n_N(r/min)和过载倍数 λ_m，则额定输出转矩为

$$T_N=9\,550\frac{P_N}{n_N}$$

额定转差率为

$$s_N=\frac{n_1-n_N}{n_1}$$

忽略空载转矩，近似认为 $T_{em}=T_N$（当 $s=s_N$ 时），且 $T_m=\lambda_mT_N$，代入式(7-15)得

$$\frac{T_N}{\lambda_mT_N}=\frac{2}{\dfrac{s_N}{s_m}+\dfrac{s_m}{s_N}}$$

可得

$$s_m^2-2\lambda_ms_Ns_m+s_N^2=0$$

解得

$$s_m=s_N(\lambda_m\pm\sqrt{\lambda_m^2-1}) \tag{7-17}$$

因 $s_m > s_N$，故式(7-17)应取"+"号，则

$$s_m = s_N(\lambda_m + \sqrt{\lambda_m^2 - 1})$$ (7-18)

计算出 T_m 和 s_m，只需给出 s 值，就可算出相应的 λ_m 值。

例 已知一台三相异步电动机，额定功率 $P_N = 7.5$ kW，额定电压 380 V，额定转速 $n_N = 945$ r/min，过载倍数 $\lambda_m = 2.8$。求它的机械特性方程。

解 电动机的额定转矩为

$$T_N = 9\,550\frac{P_N}{n_N} = 9\,550 \times \frac{7.5}{945} = 75.79 \text{ N} \cdot \text{m}$$

最大转矩为

$$T_m = \lambda_m T_N = 2.8 \times 75.79 = 212.21 \text{ N} \cdot \text{m}$$

额定转差率为

$$s_N = \frac{n_1 - n_N}{n_1} = \frac{1\,000 - 945}{1\,000} = 0.055$$

临界转差率为

$$s_m = s_N(\lambda_m + \sqrt{\lambda_m^2 - 1}) = 0.055 \times (2.8 + \sqrt{2.8^2 - 1}) = 0.30$$

实用机械特性方程为

$$T_{em} = \frac{2T_m}{\dfrac{s}{s_m} + \dfrac{s_m}{s}} = \frac{2 \times 212.21}{\dfrac{s}{0.30} + \dfrac{0.30}{s}}$$

读者可以自行描点绘制其机械特性曲线。

7.1.2 三相异步电动机的固有机械特性和人为机械特性

三相异步电动机的机械特性分为固有机械特性和人为机械特性两种。

1. 固有机械特性

三相异步电动机的固有机械特性是指在额定电压和额定频率下，按规定的方式接线，定子、转子回路不外接电阻时的机械特性。三相异步电动机的固有机械特性曲线如图 7-2 所示。

定性绘制固有机械特性的步骤是：先从电动机的铭牌和产品目录中查取该机的 P_N、n_N 和 λ_m 等，利用式(7-9)和式(7-18)算出 T_m 和 s_m 并将之代入式(7-15)，即得实用机械特性方程；然后以 $s = 1$ 代入实用式，算出对应的 T_{st} 值，得到同步点、额定点、最大转矩点、启动点等特殊运行点，就可绘出 $n = f(T_{em})$ 曲线，即三相异步电动机的固有机械特性曲线。

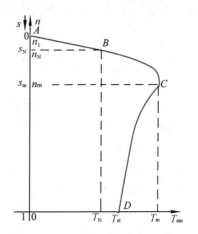

图 7-2 三相异步电动机的固有机械特性曲线

2. 人为机械特性

人为机械特性就是人为地改变电源参数或电动机参数而得到的机械特性。人为机械特性

很多，我们仅讨论减小定子电压和转子回路串接电阻这两种人为机械特性。

（1）减小定子电压的人为机械特性

减小定子电压的人为机械特性除了减小定子电压外，其他参数都与固有机械特性时相同。根据式（7-4）可知，当定子电压 U_1 减小时，电磁转矩（包括最大转矩 T_m 和启动转矩 T_{st}）与 U_1^2 成正比减小；s_m 与电压无关；由于 $n_1 = \dfrac{60f_1}{p}$，因此 n_1 也保持不变，即同步点不变。减小定子电压的人为机械特性曲线如图 7-3（a）所示。

（2）转子回路串接电阻的人为机械特性

只有三相绕线式异步电动机具有转子回路串接电阻的人为机械特性。当转子回路串入三相对称电阻时，同步点不变。从式（7-7）和式（7-8）看出，最大转矩 T_m 因与转子电阻无关而不变，而临界转差率 s_m 与转子电阻成正比变化。它的人为机械特性曲线如图 7-3（b）所示。

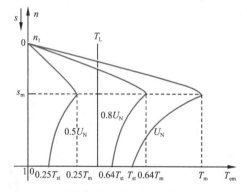

(a) 减小定子电压的人为机械特性曲线

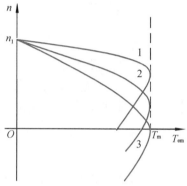

(b) 转子回路串接电阻的人为机械特性曲线

图 7-3　三相异步电动机的人为机械特性曲线

由图 7-3 可知，在一定范围内增大转子电阻，可以增大电动机的启动转矩 T_{st}。当所串接电阻 $s_m = 1$ 时，对应的启动转矩 T_{st} 将达到最大值，如果再增大转子电阻，T_{st} 反而会减小。

7.2　三相异步电动机的启动

电动机的转子由静止不动到达稳定转速的过程称为电动机的启动。电动机启动时，启动电流 I_{st} 要比额定电流大得多，转子功率因数却又非常小。由于电动机正常启动过程非常短暂，且随着电动机的加速，定子电流相应迅速减小，所以在启动不太频繁的情况下，启动电流虽然很大，但不致引起电动机过热而遭到损坏。然而过大的启动电流，会在输电线路上产生很大的电压降，引起电网电压显著减小。这样，一方面导致启动转矩 T_{st} 减小，延长启动时间，电动机绕组将严重发热，缩短使用寿命，甚至烧毁；另一方面，影响接在同一电网上其他负载的正常工作，如电灯会变暗，用电设备失常，重载的异步电动机可能停转等。所以对异步电动机的启动，必须根据电网的容量和负载对启动转矩的要求，选择合适的启动方法。

三相异步电动机的启动有直接启动和降压启动两种方法。由于直接启动方法简单、可靠、方便、经济且启动迅速，因此在条件允许的情况下，适用于中、小型不频繁启动的三相笼型异步电动机。对于大容量三相笼型异步电动机和三相绕线式异步电动机可采用如下方法：减小定子电压；定子端串联电阻或电抗。对于三相绕线式异步电动机还可以采用转子端串联电阻的方法。对于三相笼型异步电动机，可以在结构上采取措施，如增大转子导条的电阻，改进转子槽形。

7.2.1 三相笼型异步电动机的启动

1. 直接启动

直接启动也称全压启动,指电动机定子绕组直接接至额定电压的电网上。三相笼型异步电动机直接启动的优点是启动设备操作简单,缺点是启动电流大,启动转矩并不大。利用直接启动的优点,现代设计的三相笼型异步电动机都按直接启动时的电磁力和发热来考虑它的机械强度和热稳定性,因此从电动机本身来说,三相笼型异步电动机都允许直接启动。但直接启动方法的应用主要受电网容量的限制,一般情况下,只要直接启动时的启动电流在电网中引起的电压降不超过 10%～15%(对于经常启动的电动机取 10%,对于不经常启动的电动机取 15%),就允许直接启动。一般规定,小于 7.5 kW 的小容量三相笼型异步电动机可以采用直接启动方法。

对于某一电网,多大容量的电动机才允许全压启动?若电动机的启动电流倍数 K_1 满足以下经验公式

$$K_1=\frac{I_{st}}{I_N}\leqslant\frac{1}{4}\left[3+\frac{电源总容量(kV\cdot A)}{电动机额定功率(kW)}\right] \tag{7-19}$$

则电动机可直接启动,否则应采用降压启动。

> **例** 有一台额定功率为 25 kW 的三相异步电动机,其启动电流与额定电流比为 6,则在 600 kV·A 的变压器下能否直接启动?一台 40 kW 的三相异步电动机,其启动电流与额定电流比为 5.5,则能否直接启动?
>
> **解** (1)对 25 kW 的三相异步电动机,由式(7-19),得 $\frac{1}{4}\times(3+\frac{600}{25})=6.75>6$,允许直接启动。
>
> (2)对 40 kW 的三相异步电动机,$\frac{1}{4}\times(3+\frac{600}{40})=4.5<5.5$,不允许直接启动。

2. 降压启动

降压启动是利用启动设备减小加在电动机定子绕组上的电源电压,启动结束后恢复其额定电压的启动方式。

减小加在电动机定子绕组上的电压的方法有多种,如星形-三角形(Y-D)降压启动、自耦变压器降压启动等。这种方法常用于要求启动转矩较大的生产机械上,如卷扬机、起重机等。

(1)星形-三角形(Y-D)降压启动

星形-三角形(Y-D)降压启动只适用于定子绕组在正常工作时是三角形连接,并有六个出线端子的三相异步电动机。在启动时,将定子绕组连接成星形,以减小启动电压,启动后再换接成三角形。这种启动方法称为星形-三角形(Y-D)降压启动,其原理接线如图 7-4 所示。

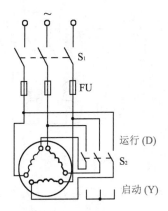

图 7-4 星形-三角形(Y-D)降压启动原理接线

Y-D 降压启动是利用 Y-D 启动器来实现的。启动时，先合上开关 S_1，再将开关 S_2 置于启动位置（Y 侧），定子绕组星形连接，待转速接近额定值时，再把开关 S_2 置于运行位置（D 侧），定子绕组改接成三角形，启动过程结束。

设电源线电压为 U_L，电动机每相阻抗为 Z，启动时将定子绕组连接成星形，如图 7-5（a）所示，绕组相电压为 $\dfrac{U_L}{\sqrt{3}}$，电网供给电动机的电流为 $I_{stY} = \dfrac{U_L}{\sqrt{3}\,|Z|}$。

若将电动机定子绕组连接成三角形直接启动，如图 7-5（b）所示，绕组相电压等于电源线电压 U_L，定子绕组的相电流 $I_{PD} = \dfrac{U_L}{|Z|}$，故电网供给电动机的电流为 $I_{stD} = \dfrac{\sqrt{3}\,U_L}{|Z|}$。

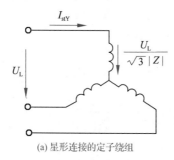 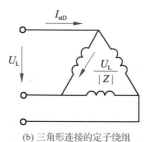

(a) 星形连接的定子绕组　　　　　　　(b) 三角形连接的定子绕组

图 7-5　三相笼型电动机的星形-三角形（Y-D）降压启动

$$\frac{I_{stY}}{I_{stD}} = \frac{\dfrac{U_L}{\sqrt{3}\,|Z|}}{\dfrac{\sqrt{3}\,U_L}{|Z|}} = \frac{1}{3} \tag{7-20}$$

可见，三相笼型电动机的星形-三角形（Y-D）降压启动电流为直接启动电流的 $\dfrac{1}{3}$。由上一节学过的内容可知，其启动转矩也减小到直接启动时的 $\dfrac{1}{3}$。因此，这种方法只适用于空载或轻载时启动。

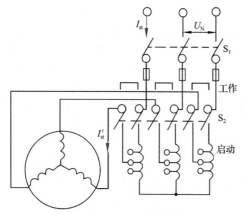

图 7-6　自耦变压器降压启动原理接线

（2）自耦变压器降压启动

自耦变压器用作电动机降压启动，称为启动补偿器，它的原理接线如图 7-6 所示。启动时，自耦变压器高压侧接至电网，低压侧（有抽头，按需选择）接电动机，启动结束后电动机直接接至电网运行。

启动时，先合上开关 S_1，再把开关 S_2 置于启动位置。当转速接近额定值时，将开关 S_2 置于工作位置，切断自耦变压器。启动过程分析如下：

设自耦变压器的变比为 k，经过自耦变压器降压后加在电动机端点上的电压便为 $\dfrac{1}{k}U_N$，此时低压侧供给电动机的启动电流 $I'_{st} = \dfrac{1}{k}I_{st}$（$I_{st}$ 为直接启动电流）。由于电动机接在自耦变压器的低压侧，自耦变压器的高压侧接至电网，故电网所供给的启动电流为

$$I_{sta} = \frac{1}{k}I'_{st} = \frac{1}{k^2}I_{st} \qquad (7-21)$$

由于端电压减小为$\frac{1}{k}U_N$,因此,启动转矩T_{sta}也相应减小至直接启动转矩T_{st}的$\frac{1}{k^2}$,即

$$T_{sta} = \frac{1}{k^2}T_{st} \qquad (7-22)$$

启动补偿器有 QJ$_2$ 和 QJ$_3$ 两个系列,QJ$_2$ 系列的三个抽头比$\frac{1}{k}$分别为 73%、64%、55%,QJ$_3$ 系列的三个抽头比$\frac{1}{k}$分别为 40%、60%、80%,以便得到不同的电压,用户可根据对启动转矩的要求而选用。自耦变压器降压启动的优点是不受电动机绕组连接方式的影响,且可按允许的电流和负载所需的启动转矩来选择合适的自耦变压器抽头。其缺点是设备体积大,投资高。自耦变压器降压启动一般适用于星形-三角形(Y-D)降压启动容量不能满足要求,且不太频繁启动的大容量电动机。

对于不仅要求启动电流小,而且要求有相当大的启动转矩的场合,就往往不得不采用启动性能较好而价格较贵的绕线式电动机了。

例

有一台定子绕组连接方式为三角形连接的三相笼型异步电动机,其额定电流 I_N = 77.5 A,额定转矩 T_N = 290.4 N·m,启动转矩 T_{st} = 551.8 N·m,最大转矩 T_m = 638.9 N·m,额定转速 n_N = 970 r/min。

(1)假定负载转矩为 510.2 N·m,请问在 $U_1 = U_N$,$U_2 = 0.9U_N$ 两种情况下电动机能否启动(电动机运行在额定负载,下同)?

(2)如果负载转矩为 260 N·m,要求启动电流不超过 350 A,应如何启动?

(3)如果负载转矩为 160 N·m,要求启动电流不超过 250 A,应如何启动?

解 (1)由额定转矩、额定转速可知,电动机功率略小于 30 kW,大多数情况下电网均允许直接启动,故应从启动转矩是否足够大的角度考虑能否直接启动。

当 $U_1 = U_N$ 时,T_{st} = 551.8 N·m > 510.2 N·m,所以能直接启动。

当 $U_2 = 0.9U_N$ 时,$T_{st} = 0.9^2 \times 551.8 = 446.96$ N·m < 510.2 N·m,所以不能降压启动。

(2)从方便角度,启动电动机应首先考虑直接启动;如果不允许直接启动,可考虑星形-三角形(Y-D)降压启动;若依旧不能满足要求,可考虑自耦变压器降压启动或其他方法。

直接启动时,启动电流为额定电流的 5~7 倍,取最小值 5 倍,有

$$5 \times 77.5 = 387.5 \text{ A} > 350 \text{ A}$$

不允许直接启动。

电动机为三角形连接，适合采用 Y-D 降压启动。当采用 Y-D 降压启动时，电动机的启动电流为

$$\frac{1}{3} \times 7 \times 77.5 = 180.83 \text{ A} < 350 \text{ A}$$

满足启动要求。

电动机的启动转矩为

$$\frac{1}{3} \times 551.8 = 183.93 \text{ N·m} < 260 \text{ N·m}$$

不能启动。

考虑用自耦变压器降压启动，如选用电源电压 73% 的抽头，有

$$0.73^2 \times 7 \times 77.5 = 289.10 \text{ A} < 350 \text{ A}$$
$$0.73^2 \times 551.8 = 294.05 \text{ N·m} > 260 \text{ N·m}$$

满足启动要求，可采用自耦变压器降压启动。

（3）由（2）中分析知电动机不允许直接启动。考虑用 Y-D 降压启动，有

$$\frac{1}{3} \times 7 \times 77.5 = 180.83 \text{ A} < 250 \text{ A}$$

$$\frac{1}{3} \times 551.8 = 183.93 \text{ N·m} > 160 \text{ N·m}$$

满足启动要求，可采用 Y-D 降压启动。

7.2.2 三相绕线式异步电动机的启动

三相笼型异步电动机直接启动时，启动电流大，启动转矩却不大；利用降压启动虽然限制了启动电流，但启动转矩也随着电压平方关系减小，故只适用于空载及轻载启动的机械负载。对于重载启动的机械负载，如起重机、卷扬机、龙门吊车等，广泛采用启动性能较好的三相绕线式异步电动机。

三相绕线式异步电动机与三相笼型异步电动机的最大区别是转子绕组为对称绕组。转子绕组串入可调电阻或频敏变阻器之后，可以减小启动电流，同时增大启动转矩，因而启动性能比三相笼型异步电动机好。三相绕线式异步电动机启动方式分为转子回路串接电阻及转子回路串接频敏变阻器两种。

1. 转子回路串接电阻启动

由式(7-7)和式(7-8)可知三相异步电动机的最大转矩 T_m 与转子电阻无关，但临界转差率 s_m 却随转子电阻的增大而成正比增大。在启动时，如果适当增大转子回路电阻值，一方面减小了启动电流，另一方面可增大启动转矩，从而缩短启动时间，减小了电动机的发热。

三相绕线式异步电动机转子回路串接三相对称电阻启动时，一般采用转子回路串接多级启动电阻，然后分级切除启动电阻的方法，以增大平均启动转矩，减弱启动电流与启动转矩对系统的冲击。三相绕线式异步电动机转子回路串接电阻启动如图 7-7 所示。

启动过程如下：

（1）触头 $KM_1 \sim KM_3$ 断开，KM 闭合，定子绕组接三相电源，转子绕组串入全部启动电阻($r_{c1} + r_{c2} + r_{c3}$)，电动机加速，启动点在机械特性曲线 1 的 a 点，启动转矩为 T_1，它是启动过

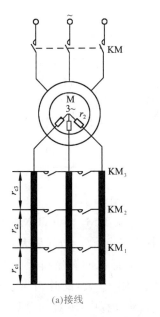

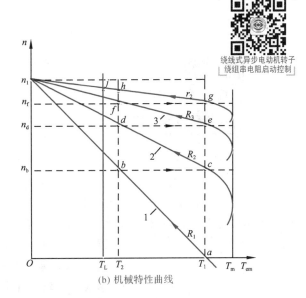

绕线式异步电动机转子
绕组串电阻启动控制

(a)接线　　　　　　　　　(b) 机械特性曲线

图 7-7　三相绕线式异步电动机转子回路串接电阻启动

程中的最大转矩,称为最大启动转矩,通常取 $T_1 < 0.9T_m$。

　　(2)电动机沿机械特性曲线 1 升速,到 b 点电磁转矩 $T_{em} = T_2$,这时触头 KM_1 闭合,切除第一阶段启动电阻 r_{c1}。切换瞬间,转速 n 不变,电动机的运行点将从 b 点跳变到机械特性曲线 2 的 c 点。如果启动电阻选择得合适,c 点的电磁转矩正好等于 T_1。b 点的电磁转矩 T_2 称为切换转矩,T_2 应大于 T_L。

　　(3)电动机从 c 点沿机械特性曲线 2 升速到 d 点,$T_{em} = T_2$,触头 KM_2 闭合,切除第二阶段启动电阻 r_{c2}。电动机的运行点将从 d 点跳变到机械特性曲线 3 的 e 点,$T_{em} = T_1$。

　　(4)电动机沿机械特性曲线 3 继续升速到 f 点,$T_{em} = T_2$,触头 KM_3 闭合,切除第三阶段启动电阻 r_{c3}。电动机的运行点将从 f 点跳变到固有机械特性曲线的 g 点,$T_{em} = T_1$。

　　(5)电动机沿固有机械特曲线性继续升速到 j 点,$T_{em} = T_L$,启动过程结束。

2. 转子回路串接频敏变阻器启动

　　三相绕线式异步电动机转子回路串接电阻分级启动,虽然可以减小启动电流,增大启动转矩,但启动过程中需要逐级切除启动电阻。如果启动级数较少,在切除启动电阻时就会产生较大的启动电流和转矩冲击,使启动不平稳。增加启动级数固然可以减小电流和转矩冲击,使启动平稳,但这又会使开关设备和启动电阻的段数增加,增加了设备和维修工作量,很不经济。如果串入转子回路中的启动电阻在启动过程中能随转速的升高而自动平滑地减小,就可以不用逐级切除启动电阻而实现无级启动了。频敏变阻器就是具有这种特性的启动设备。

　　频敏变阻器实际上就是一个铁损耗很大的三相电抗器。从结构上看,它类似一个没有二次侧绕组的三相芯式变压器,如图 7-8(a)所示。铁芯由 $30 \sim 50$ mm 厚的钢板叠成。三个绕组分别绕在三个铁芯柱上并接成星形。铁芯中产生涡流损耗和一部分磁滞损耗,铁损耗相当于一个等值电阻 r_m,频敏变阻器的线圈又是一个电抗 x_m,电阻与电抗都随频率增减而变化。由于频敏变阻器的铁芯采用厚钢板制成,所以铁损耗较大,对应的 r_m 也较大。频敏变阻器经滑环与三相绕线式异步电动机的转子绕组相接,其等效电路如图 7-8(b)所示。

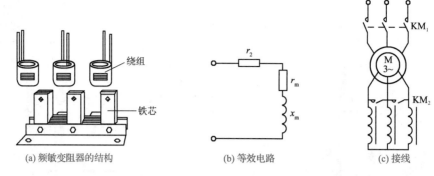

(a) 频敏变阻器的结构   (b) 等效电路   (c) 接线

图 7-8　三相绕线式异步电动机转子回路串接频敏变阻器启动

用频敏变阻器启动过程如下：启动时，如图 7-8(c)所示，触头 KM_2 断开，KM_1 闭合，转子回路串入频敏变阻器。在启动瞬间，$n=0$，$s=1$，转子电流频率 $f_2=sf_1=f_1$（最大），频敏变阻器的铁芯中与频率的平方成正比的涡流损耗最大，即铁损耗大，反映铁损耗的等值电阻 r_m 大，此时相当于转子回路串入一个较大的电阻。启动过程中，随着 n 上升，s 减小，f_2 逐渐减小，频敏变阻器的铁损耗逐渐减小，等效电阻也随之减小，相当于启动过程中逐渐切除转子回路所串接的电阻。启动结束后，触头 KM_2 闭合，切除频敏变阻器，转子绕组直接短路。如果频敏变阻器的参数选择合适，可以保持启动转矩不变，如图 7-9 所示，曲线 1 为固有特性曲线，曲线 2 为转子回路串接频敏变阻器的机械特性曲线。

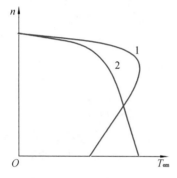

图 7-9　三相绕线式异步电动机转子回路
串接频敏变阻器的机械特性曲线

频敏变阻器结构简单，运行可靠，使用维护方便，价格便宜，因此被广泛使用。

7.3　三相异步电动机的制动

三相异步电动机除了工作在电动状态，还时常工作在制动状态。工作在电动状态时，电磁转矩的方向与转子的转向相同，机械特性位于第一象限和第三象限（第三象限为反向电动状态），而电动机工作在制动状态时，电磁转矩的方向与转子的转向相反，其机械特性位于第二象限和第四象限。

三相异步电动机的制动分为机械制动和电气制动两大类。机械制动是利用机械装置使电动机在切断电源后迅速停止，如电磁抱闸机构。电气制动是使电动机产生一个与其转向相反的电磁转矩作为制动转矩，从而使电动机减速或停止。电气制动分为反接制动、回馈制动和能耗制动三种。

7.3.1　机械制动

机械制动是利用机械装置使电动机在切断电源后迅速停转。采用比较普遍的机械设备是电磁抱闸。电磁抱闸主要由两部分组成，制动电磁铁和闸瓦制动器。

电磁抱闸制动的原理如图 7-10 所示。当按下按钮 SB_1，接触器 KM_1 线圈得电动作，电动机通电。电磁抱闸的线圈 KM_2 也通电，铁芯吸引衔铁而闭合，同时衔铁克服弹簧拉力，迫使制动杠杆向上移动，从而使制动器的闸瓦与闸轮松开，电动机正常运转。当按停止按钮 SB_2，接触器 KM_1 线圈断电释放，电动机的电源被切断时，电磁抱闸的线圈也同时断电，衔铁释放，在弹簧拉力的作用下，闸瓦紧紧抱住闸轮，电动机就被迅速制动停转。

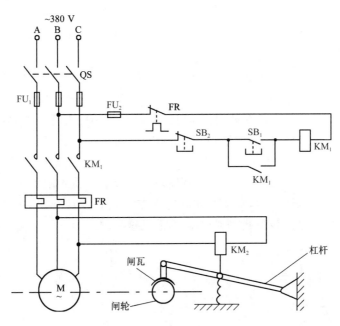

图 7-10 电磁抱闸制动的原理

这种制动在起重机械上被广泛采用。当重物吊到一定高处，线路突然发生故障断电时，电动机断电，电磁抱闸线圈也断电，闸瓦立即抱住闸轮使电动机迅速制动停转，从而可防止重物掉下。另外，也可利用这一点将重物停留在空中某个位置。

7.3.2 电气制动

1. 反接制动

反接制动分为电源反接制动和倒拉反接制动两种。

（1）电源反接制动

三相异步电动机
反接制动

为了迅速停止或反转，可将三相异步电动机的任意两相定子绕组的电源进线对调，此时旋转磁场立即反转，转子绕组中感应的电动势、电流和电磁转矩都改变方向。电磁转矩与转子的转向相反，电动机进行制动，此种方法称为电源反接制动。这种制动方法制动迅速，适用于经常正、反转的生产机械上。

设电动机处于电动状态时，工作在固有机械特性曲线 1 的 a 点，如图 7-11 所示。电源反接后，由于惯性，转速 n 不能突变，工作点由 a 点跳变到反向机械特性曲线 2 上的 b 点。在制动转矩的作用下，转速很快下降，到达 c 点，$n=0$ 时，制动过程结束。如要停止，应立即断开电源，否则电动机将反向启动。如不切断电源，电动机反向启动，若带反抗性负载，将稳定工作在 d 点；若带位能负载，则稳定工作在 e 点。

在反接制动开始时，由于机械惯性电动机仍按原方向转动，$n \approx n_1$，$s \approx 2$，制动电流比启动电流还要大，但因转子电流频率很高，转子电抗比较大，功率因数很小，制动转矩不大，其值比启动转矩还要小。为了限制电流，对功率较大的电动机进行制动时，必须在定子回路（笼型）或转子回路（绕线式）中接入电阻。这种制动方法简单可靠，效果较好，但能耗较大，振动和冲击也大，对加工精度有影响。常用于启停不频繁，功率较小的金属切削机床（如车床、铣床）的主轴制动。

三相绕线式异步电动机转子回路串接电阻后的机械特性曲线如图 7-11 中的曲线 3 所示。

（2）倒拉反接制动

这种方法常用于三相绕线式异步电动机拖动位能性负载的情况，它能够使重物获得稳定的下放速度。由于要求运行过程中在转子回路串入很大的电阻，所以这种方法用于起重机中。

倒拉反接制动的机械特性曲线如图 7-12 所示，电动机在提升重物时，在图中固有特性曲线 1 上的 a 点工作。如果在转子回路串入很大的电阻，机械特性变成斜率很大的特性曲线 2。串接电阻的瞬间，转速来不及变化，工作点由 a 跳变到 b。由于电磁转矩小于负载转矩，电动机一直减速。当 $n = 0$ 时，电磁转矩仍小于负载转矩，在位能负载的作用下使得电动机反转，直至电磁转矩等于位能负载转矩时，电动机才稳定工作在 d 点。在 d 点，负载转矩成为拖动转矩，拉着电动机反转，而电磁转矩起着制动作用，故把这种制动称为倒拉反接制动。

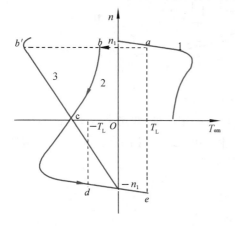

图 7-11　电源反接制动的机械特性曲线

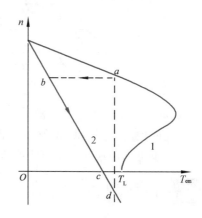

图 7-12　倒拉反接制动的机械特性曲线

可见，倒拉反接制动的机械特性曲线是电动状态转子回路串接大电阻的人为机械特性曲线在第四象限的延伸部分。

反接制动的优点是制动能力强、停止迅速、所需设备简单。缺点是制动过程冲击大、电能消耗多、不易准确停止，一般只适用于小型三相异步电动机中。

2. 回馈制动

在电动机工作过程中，由于外来因素的影响，电动机转速超过旋转磁场的同步转速 n_1，电动机进入发电运行状态，此时电磁转矩的方向与转子的转向相反，变为制动转矩，电动机将机械能转变为电能向电网反馈，故称为回馈制动或再生制动。

（1）下放重物时的回馈制动

当起重机拖动位能负载以高速下放重物时，首先将电动机定子绕组两相反接，定子旋转磁场方向改变，同步转速为 $-n_1$，机械特性曲线如图 7-13 中曲线 1 所示。电动机在电磁转矩和

位能转矩共同作用下,快速反向启动后沿曲线1电动($T_{em}<0,n<0$)加速。当电动机加速到等于同步转速$-n_1$时,尽管电磁转矩为零,但由于位能转矩的作用,电动机继续加速至高于同步转速($|n|>|-n_1|$)进入曲线1的第四象限,这时导体相对切割旋转磁场的方向与反向电动状态时相反(电动机变成发电机),因此转子感应电动势、转子感应电流和电磁转矩也反向,即由第三象限的$T_{em}<0$变成第四象限的$T_{em}>0$,与转速n方向相反,成为制动性质的转矩,直到制动转矩与位能转矩相平衡,电动机在曲线1的a点匀速下放重物,此时电动机处于稳定的反向回馈制动运行状态。可见,回馈制动的机械特性曲线是反向电动状态的机械特性曲线在第四象限的延伸部分。

在反向回馈制动运行状态下下放重物时,转子回路所串接电阻越大,下放速度也越快,如图 7-13 中曲线 2 上的点。因此,为使反向回馈制动时下放重物的速度不至于太高,通常是将转子回路中的制动电阻切除或者减小。

(2)变极或变频调速过程中的回馈制动

这种制动发生在变极或电源频率下降较多的降速过程,如图 7-14 所示。

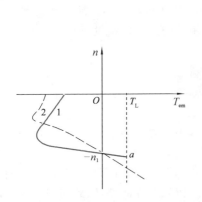
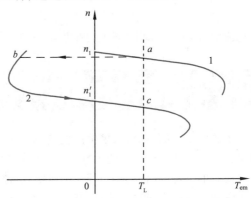

图 7-13 下放重物时的回馈制动的机械特性曲线　　图 7-14 变极或变频调速过程中的回馈制动的机械特性曲线

如果原来电动机稳定运行于 a 点,当突然换接到倍极运行或频率突然降低很多时,则特性突变为曲线 2,因机械惯性,转速不能突变($n=n_a$),工作点跳变到 b 点。在 b 点,转速 $n_b>0$,电磁转矩 $T_b<0$,为制动转矩。因 $n_b>n'_1$,这时导体相对切割旋转磁场的方向与电动状态时相反,电动机变成发电机,故电机处于回馈制动状态。

回馈制动的优点是经济性能好,可将负载的机械能转换成电能反馈回电网。其缺点是应用范围窄,仅当电动机转速$|n|>|-n_1|$时才能实现制动。

3. 能耗制动

能耗制动的接线与原理如图 7-15 所示。制动时触头 KM_1 断开,电动机脱离电网,然后立即将触头 KM_2 闭合,在定子绕组中,通入直流电流,于是在电动机中产生一个恒定磁场。转子由于惯性继续旋转时,转子导体切割恒定磁场,在转子绕组中将产生感应电动势和电流,由图7-15(b)可以判定,这时转子电流和恒定磁场作用产生的电磁转矩与转子转动的方向相

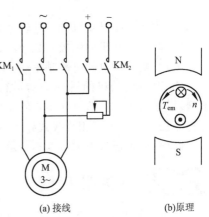

(a)接线　　　　(b)原理

图 7-15 能耗制动的接线与原理

反,为一制动转矩。在制动转矩的作用下,转子转速迅速下降,当 $n=0$ 时,制动过程结束。这种方法是将转子的动能变为电能,消耗在转子回路的电阻上,所以称能耗制动。

三相异步电动机
能耗制动

定子绕组连接直流电源的主要方式有两种:第一种接线应用于定子绕组星形连接,第二种接线应用于定子绕组三角形连接,如图 7-16 所示。这两种接法,通入直流电流时都产生恒定磁场。

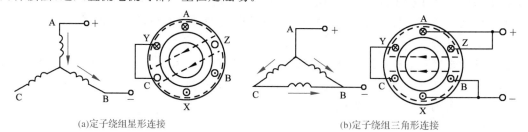

(a)定子绕组星形连接　　　　　　　　　(b)定子绕组三角形连接

图 7-16　定子绕组连接直流电源的方式

能耗制动的优点是制动能力强,制动平稳,无大冲击,对电网影响小。缺点是需要一套专门的直流电源,低速时制动转矩小,电动机功率较大时,制动的直流设备投资较大。

7.4　三相异步电动机的调速

为了适应生产的需要,满足生产机械的要求,生产过程中需要人为地改变电动机的转速,称为调速。直流电动机调速性能虽好,但存在价格高、维护困难等一系列缺点。三相异步电动机则具有结构简单、运行可靠、维护方便、价格便宜等优点,因此在国民经济各部门得到广泛应用。三相异步电动机没有换向器,克服了直流电动机的一些缺点,但调速性能较差,因此如何提高其调速性能,一直是人们追求的目标。随着电力电子技术、微电子技术、计算机技术以及电机理论和自动控制理论的发展,影响三相异步电动机发展的问题逐渐得到了解决,目前三相异步电动机的调速性能已达到了直流电动机的调速水平。在不久的将来交流调速必将取代直流调速。

根据三相异步电动机的转速公式

$$n=(1-s)n_1=(1-s)\frac{60f_1}{p}$$

可知,要改变三相异步电动机的转速,可以从以下几方面入手:

(1)改变电动机的磁极对数 p,以改变同步转速 n_1 进行调速,这种方法称为变极调速。

(2)改变电动机的电源频率 f_1,以改变同步转速 n_1 进行调速,这种方法称为变频调速。

(3)改变电动机的转差率 s,进行调速。改变转差率 s 的方法很多,如改变电压和改变定子、转子参数等。本节只介绍在转子回路中接入调速变阻器或在转子回路引入附加电动势等,这种方法只适合于三相绕线式异步电动机的调速。

此外,还可通过电磁转差离合器来实现调速。

7.4.1　变极调速

在电源频率 f_1 不变的条件下,改变电动机的磁极对数,电动机的同步转速 n_1 就会发生变化,磁极对数减少一半,同步转速就提高一倍,电动机转速也几乎升高一倍,所以它是一种有级调速。

要改变电动机的极数,可以在定子铁芯槽内嵌放两套不同极数的定子绕组,但从制造的角度看,很不经济,故通常采用的方法是单绕组变极调速,即在定子铁芯内只装一套绕组,通过改变定子绕组的接法来改变磁极对数,这种电动机称为多速电动机。在改变磁极对数时,转子磁极对数也必须同时改变,因此变极调速只适用于三相笼型异步电动机,这是因为三相笼型异步电动机转子没有固定的极数,它的磁极对数能自动与定子相适应。

我们以图 7-17 来说明变极原理。设电动机的定子每相绕组都由两个完全对称的"半相绕组"组成,以 A 相为例,并设相电流是从头 A 进,尾 X 出。当两个"半相绕组"头尾相串联时,根据"半相绕组"内电流的方向,用右手螺旋法则可以判定出磁场的方向,并用"⊙"和"⊗"表示在图中,如图 7-17(a)所示。很显然,这时电动机所形成的是一个 $2p=4$ 极的磁场;如果将两个"半相绕组"尾尾相串联(称之为反串)或头尾相串联(称之为反并),就形成一个 $2p=2$ 极的磁场,分别如图 7-17 (b)和图 7-17(c)所示。

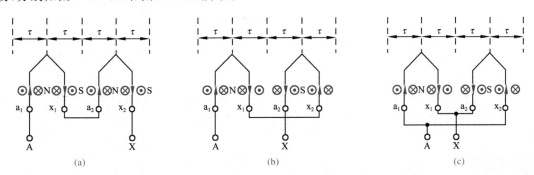

图 7-17　变极原理

比较上图可知,只要将两个"半相绕组"中的任何一个"半相绕组"的电流反向,就可以将极对数增加一倍(顺串)或减少一半(反串或反并)。

多极电动机定子绕组的连接方式很多,其中常用的有两种:一种是从星形改成双星形,写作 Y/YY,如图 7-18 所示;另一种是从三角形改成双星形,写作 D/YY,如图 7-19 所示。为了使电动机转向不变,在绕组改变时,应把绕组的相序改接一下。

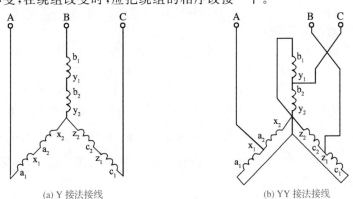

(a) Y 接法接线　　　(b) YY 接法接线

图 7-18　定子绕组从 Y 接法改成 YY 接法接线

必须注意的是,图 7-18 中在改变定子绕组接线的同时,将 B、C 两相的出线端进行了对调。这是因为在电动机定子的圆周上,电角度是机械角度的 p 倍。因此当磁极对数改变时,必然引起三相异步电动机的空间相序发生变化。现以下例进行说明,设 $p=1$ 时,A、B、C 三相绕组轴线的空间位置依次为 $0°$、$120°$、$240°$ 电角度。而当磁极对数变为 $p=2$ 时,空间位置依次是 A 相为 $0°$,B 相为 $120°×2=240°$,C 相为 $240°×2=480°$(相当于 $120°$ 电角度),这说明变极后绕组的相序改变了。如果电源相序不变,则变极后,不仅电动机的运行转速将发生变化,而

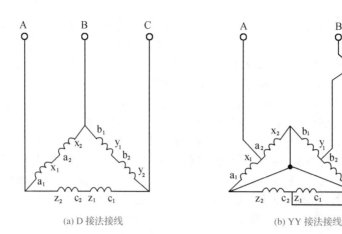

(a) D 接法接线　　　　　　　　(b) YY 接法接线

图 7-19　定子绕组从 D 接法改成 YY 接法接线

且，会因旋转磁场转向的改变而引起转子旋转方向的改变。所以，为了保证变极调速前后电动机的转向不变，在改变定子绕组接线的同时，必须用 B、C 两相出线端对调的方法，使接入电动机端的电源相序改变。

　　上述两种接线都能使电动机极数减少一半，但不同接法电动机的允许输出不同。从 Y 接法改为 YY 接法，最大转矩几乎为 Y 接法时的一倍；从 D 接法改成 YY 接法，最大转矩为 D 接法时的 2/3（推导从略）。

7.4.2　变频调速

1. 变频调速的基本原理

　　由式 $n_1 = \dfrac{60 f_1}{p}$ 可知，转速 n_1 与频率 f_1 成正比，只要改变频率 f_1 即可改变电动机的转速。通过改变电源频率进行调速，可以得到很大的调速范围，并且具有很好的调速平滑性和足够硬度的机械特性，是三相异步电动机的理想调速方法。近年来，由于电力电子技术的发展，三相异步电动机的变频调速发展很快。

　　由电动势公式 $U_1 \approx E_1 = 4.44 f_1 N_1 k_{w1} \Phi_m$ 可知，若 U_1 保持不变，则改变频率 f_1 时，将使磁通 Φ_m 发生变化。可见电动机在设计时，为充分利用铁磁材料，使电动机在正常工作时，将磁通取在膝点附近，接近饱和。当 Φ_m 变大时，将引起电动机磁路过饱和，使励磁电流过大；当 Φ_m 变小时，则在相同的转子电流下，电动机转矩将随之减小，这对电动机的运行不利。为了保持磁通 Φ_m 不变，要求变频调速在改变 f_1 时，U_1 必须随频率做正比变化，以保持 $\dfrac{U_1}{f_1} \approx 4.44 N_1 k_{w1} \Phi_m =$ 常数。

　　变频调速采用专用变频调速装置——变频器，如图 7-20 所示，可以实现无级平滑调速。变频调速有两种方式：一种为恒转矩调速，另一种为恒功率调速。目前广泛使用的变频器主要采用交-直-交方式，整流器先将频率为 50 Hz 的三相交流电变换为直流电，再由逆变器变换为频率可调、电压有效值也可调的三相交流电，供给笼型电动机。频率的调节范围一般为 0.5～320.0 Hz。

图 7-20　变频调速装置

2. 变频调速技术的发展概况

（1）变频调速技术的现状

变频调速电动机系统作为一个整体，随着电力电子技术、计算机和控制技术的迅速发展而发展，其主要表现为：

①电力电子、电动机及控制技术的一体化。国外主要电动机生产公司早已摆脱了单一电动机生产制造模式。而大大扩展了电动机的外延和内涵，以成套电动机产品的形式走向市场。

②集成化和智能化。电动机的高新技术附加含量越来越高，电动机机体内不仅包含原来电动机定子、转子，而且内含电力电子元器件及各种控制线路，使得电力电子、电动机及控制不仅在运行上形成一体，在外观上也融为一体，具有相当高的"智能"，称为智能电动机。

③高性能和高可靠性。由于电动机及控制系统制造成本较低，所以高性能和高可靠性成为衡量电动机及其系统优劣的第一标准。高效率、大功率因数、宽调速范围及高故障容错能力成为先进电动机系统的重要标志。

④新材料、新结构层出不穷。电动机中的导电、导磁及绝缘材料已发生了很大的变化，高性能材料的成本价格不断下降。同时，电力电子元器件材料也不断更新，为电动机提供了新的物质条件。

（2）变频调速技术的发展趋势

随着电力电子技术的发展，变频调速电动机系统的应用领域不断扩展。目前主要向两方面发展：一方面是挖掘传统电动机的潜力，使之与电力电子变频器形成最优组合；另一方面是研究新的异步电动机结构和运行方式，开发出高性能的交流变频调速系统。

异步电动机变频调速是在现代微电子技术基础上发展起来的新技术，它不但比传统的直流电动机调速方式优越，而且也比调压调速、变极调速、串级调速等调速方式优越。它的特点是调速平滑、调速范围宽、效率高、结构简单、机械特性硬、保护功能齐全、运行平稳安全可靠，以及在生产工程中能获得最佳速度参数。

变频调速技术正向着高性能、高精度、高频化、大容量、微型化和数字化方向发展。变频器应用于笼型异步电动机进行变频调速，可获得更好的调速性能，启动性能类似直流电动机，方便实用、易于推广。异步电动机的矢量变换控制可以把异步电动机的调速像直流电动机一样来控制，成为异步电动机控制技术的发展趋势。

此外，对电动机系统的合理选用和维护是有效节能的重要工作。提高整个电气传动系统的效率，不仅取决于电动机、风机、水泵本身的效率，还取决于电动机系统的各项技术参数的最佳匹配状态。如对于负载稳定、负荷率高、年运行在 4 000 h 以上的场合，应选配高效率电动机，能节省运行费用，其节省的电费可补偿为高效电动机多支付的投资。对于负载经常变化，其中有相当一部分时间处于轻载运行的电动机可加配轻载降压运行节电器，提高轻载时的效率和增大功率因数，达到节能目的。正确掌握生产机械的负载特性；配套选用派生系列或专用系列电动机替代一般通用电动机；合理选择与负载相适应的电动机型号及其额定功率；使电动机经常运行在最佳负载状态；采用电动机变频调速传动，特别是笼型异步电动机和变频器配套使用；通过微机程序指令，实现整个系统的自动控制，是目前最佳的系统节能装置。

总之，变频调速技术是强弱电结合、机电一体化的综合性技术，既要处理电能的转换（整流、逆变），又要处理信息的收集、变换和传输，因此它的共性技术必定分成功率和控制两大部分。前者要解决与高压大电流有关的技术问题和新型电力电子器件的应用技术问题，后者要解决基于现代控制理论的控制策略和智能控制策略的硬、软件开发问题。

变频调速技术作为高新技术、基础技术和节能技术，已经渗透到经济领域的所有技术部门中，今后我国在变频调速技术及节能方面应开展以下工作：

①应用变频调速技术改造传统电动机系统,节约能源及提高产品质量,获得较好的经济效益和社会效益。

②大力发展变频调速技术,缩小与世界先进水平的差距,增强自主开发能力,满足国民经济重点工程建设和市场的需求。

③规范我国变频调速技术标准,提高产品可靠性和工艺水平,实现规模化、标准化生产。

7.4.3 改变转差率调速

三相异步电动机的改变转差率调速包括定子调压调速、三相绕线式异步电动机的转子回路串接电阻调速及串极调速,这里仅介绍转子回路串接电阻调速和串极调速。

1. 转子回路串接电阻调速

该方法适合于三相绕线式异步电动机,通常在三相绕线式电动机的转子回路中串入调速电阻(和启动电阻一样接入)。

我们知道,三相绕线式电动机的转子回路中串接调速电阻后,同步转速不变,最大转矩不变,但临界转差率增大,机械特性运行段的斜率变大,即机械特性变软,转速 n 下降。

从调速性能看,转子回路串接电阻属于恒转矩调速,这是因为当转矩一定时,由机械特性的参数表达式可知,转子回路电阻与转差率成正比,即 $\dfrac{r_2'}{s} =$ 常数,故有

$$\frac{s_N}{s} = \frac{r_2'}{r_2' + r_t'} \tag{7-23}$$

式中　　r_2'——转子回路电阻的折算值;

　　　　r_t'——转子回路串接电阻的折算值。

转子回路串接电阻调速的优点是设备简单、投资少、工作可靠;缺点是调速范围不大,稳定性差,平滑性也不是很好,能量损耗大。在对调速性能要求不高的机械中得到广泛应用,如运输、起重机械。

例　有一台三相绕线式异步电动机,转子每相绕组电阻 $r_2' = 0.022\ \Omega$,额定转速 $n_N = 1\ 450\ \text{r/min}$。现要将其调速到 $1\ 200\ \text{r/min}$,求在转子绕组的电路中应串接的电阻的折算值。

解　(1)先求额定转差率 s_N

$$s_N = \frac{n_1 - n_N}{n_1} = \frac{1\ 500 - 1\ 450}{1500} \approx 0.033$$

再求转速为 $1\ 200\ \text{r/min}$ 时的转差率 s

$$s = \frac{n_1 - n}{n_1} = \frac{1\ 500 - 1\ 200}{1\ 500} \approx 0.2$$

(2)求串接电阻

由公式 $\dfrac{s_N}{s} = \dfrac{r_2'}{r_2' + r_t'}$ 得

$$r_t' = \frac{s r_2'}{s_N} - r_2' = \frac{0.2 \times 0.022}{0.033} - 0.022 \approx 0.11\ \Omega$$

2. 串极调速

所谓串极调速,就是在转子回路中串接一个与转子同频率的附加电动势 E_{ad} 来调节电动机的转速。该方法仅适合于三相绕线式异步电动机。

由三相异步电动机的等值电路求得

$$I_2 = \frac{sE_2}{\sqrt{r_2^2 + (sx_2)^2}} \tag{7-24}$$

转子回路串接 E_{ad} 时

$$I_{2ad} = \frac{sE_2 \pm E_{ad}}{\sqrt{r_2^2 + (sx_2)^2}} \tag{7-25}$$

当附加电动势 E_{ad} 的相位与转子电动势相位相反时,E_{ad} 为负值,使串接电动势后的转子电流 I_{2ad} 小于原来的电流 I_2,则 $T_{em} < T_L$,$n \downarrow$,$sE_2 \uparrow$,$I_{2ad} \uparrow$,$T_{em} \uparrow$,直到 $T_{em} = T_L$ 时,电动机在新的较低转速下稳定运行,实现降速的调速。

当附加电动势 E_{ad} 的相位与转子电动势相位相同时,E_{ad} 为正值,使串接电动势后的转子电流 I_{2ad} 大于原来的电流 I_2,则 $T_{em} > T_L$,$n \uparrow$,$sE_2 \downarrow$,$I_{2ad} \downarrow$,$T_{em} \downarrow$,直到 $T_{em} = T_L$ 时,电动机在新的较高转速下稳定运行,实现升速的调速。

7.4.4 电磁转差离合器调速

上述三相异步电动机的各种调速方法是将电动机和生产机械轴做硬连接,靠调节电动机本身的转速实现对生产机械的调速。而电磁转差离合器调速则不然,该系统中拖动生产机械的电动机并不调速且与生产机械也没有机械上的直接联系,两者之间通过电磁转差离合器的电磁作用做软连接,如图 7-21 所示。电磁转差离合器由电枢和磁极两部分组成,两者之间无机械联系,各自独立旋转。电枢是由铸钢制成的圆柱体,与电动机做硬连接,是离合器的主动部分;磁极包括铁芯与励磁绕组,励磁绕组由可控整流装置通过集电环引入可调直流电流 I_f 进行励磁,磁极与生产机械做硬连接,是离合器的从动部分。

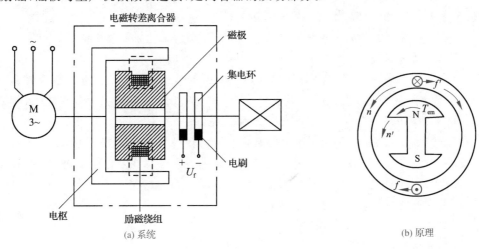

(a) 系统　　　　　　　　　　　　　　　　　　(b) 原理

图 7-21　电磁转差离合器调速

当 $I_f = 0$ 时,虽然三相异步电动机以转速 n 带动电磁转差离合器电枢旋转,但是磁极因没有磁性而没有受到电磁力的作用,因而它静止不动,负载也静止不动。这就使电动机和机械负载处于"离"状态。当 $I_f \neq 0$ 时,离合器磁极建立磁场,离合器电枢旋转时切割磁场而产生感应电动势并产生涡流,电枢中的涡流与磁极磁场相互作用产生电磁力及电磁转矩,电枢受到电磁力 f 的方向可由左手定则判定,对电枢而言,f 产生的转矩企图使电枢停转,是制动转矩。根据牛顿第三定律可知,离合器磁极所受到电磁力 f' 的方向,与 f 方向相反。在 f' 产生的电磁转矩作用下,迫使磁极沿电枢方向旋转,因此带动生产机械以转速 n' 也沿 n 方向旋转,这就使电动机与机械负载处于"合"状态。显然 n' 不可能达到电动机电枢转速 n(若 $n'=n$,电枢与磁极无相对运动,涡流为零,电磁转矩也为零),两者必有一个转差 $\Delta n = n - n'$,电磁转差离合器因此而得名。它通常与异步电动机装成一个整体,统称电磁调速异步电动机。平滑调节励磁电流 I_f 的大小,即可平滑调速。

电磁调速异步电动机结构简单、运行可靠、控制方便且可平滑调速、调速范围较大(调速比 10:1),因此被广泛应用于纺织、造纸等工业部门及风机泵的调速系统中。其缺点是由于离合器是利用电枢中的涡流与磁场相互作用而工作的,故涡流损耗大、效率低;另一方面由于其机械特性较软,特别是在低转速下,其转速随负载变化很大,不能满足恒转矩生产机械的需要。为此电磁调速异步电动机一般都配有根据负载变化而自动调节励磁电流的控制装置。

思考与练习

7-1　三相异步电动机在电源断掉一根线后为什么不能启动？在运行中断掉一根线为什么还能继续转动？长时间运行是否可以？

7-2　为什么三相异步电动机启动电流很大,而启动转矩却不大？

7-3　三相异步电动机在满载和空载下启动,启动电流和启动转矩是否一样？

7-4　三相笼型异步电动机降压启动有哪几种方法？其启动电流和启动转矩的大小怎样？

7-5　三相绕线式异步电动机转子回路串接电阻启动,为什么既能减小启动电流,又增大了启动转矩？如果串接电抗会怎样？

7-6　变极调速的基本原理是什么？变极调速时,为什么要改变绕组的相序？

7-7　反接制动为什么要在定子回路中串入制动电阻？

7-8　有 Y112M-2 型和 Y160M1-8 型三相异步电动机各一台,额定功率都是 4 kW,但前者转速为 2 980 r/min,后者转速为 720 r/min。比较它们的额定转矩,并由此说明电动机的极数、转速和转矩三者之间的关系。

7-9　一台 4 极三相异步电动机的额定功率为 30 kW,额定电压为 380 V,三角形连接,频率为 50 Hz。在额定负载下运行时,其转差率为 0.02,效率为 90%,线电流为 57.5 A。求:

(1)转子旋转磁场对转子的转速;

(2)额定转矩;

(3)电动机的功率因数。

7-10　一台三相异步电动机,铭牌数据为 $P_N = 2.2$ kW,$n_N = 2\,840$ r/min,$\lambda_m = 2$,求临界转差率和机械特性方程,并绘出机械特性曲线。

7-11　已知 Y90S-4 型三相异步电动机额定功率为 1.1 kW,额定电压为 380 V,效率为 0.78,功率因数为 0.78,转速为 1 400 r/min。求:

(1)线电流和相电流的额定值;

(2)额定转矩;

(3)额定转差率。

7-12　一台 4 极三相异步电动机的额定功率为 40 kW,额定电压为 380 V,额定电流为 73.6 A,三角形连接,最大启动电流倍数为 6.5,最大启动转矩倍数为 2.0,$\lambda_m = 1.2$。电动机所带负载转矩为 $0.6T_N$,电源容量为 560 kV·A,则能采用什么方法启动?

自测题

一、填空题

1.三相异步电动机按其转子结构形式分为(　　　)和(　　　)。

2.三相异步电动机主要由(　　　)和(　　　)两大部分组成。

3.三相笼型异步电动机直接启动时,启动电流可达到额定电流的(　　　)倍。

4.三相笼型异步电动机铭牌上标明:"额定电压 380 V,三角形连接。"当这台电动机采用星形-三角形换接启动时,定子绕组在启动时接成(　　　),运行时接成(　　　)。

5.三相笼型异步电动机降压启动的方法有(　　　)、(　　　)和(　　　)。

6.三相绕线式异步电动机启动时,为减小启动电流,增大启动转矩,须在转子回路中串接(　　　)或(　　　)。

7.异步电动机也称为(　　　)。

8.三相绕线式异步电动机一般采用(　　　)的调速方法。

9.三相异步电动机过载能力是指(　　　)。

10.当三相异步电动机的转速超过(　　　)时,出现回馈制动。

11.三相异步电动机的调速方法有(　　　)、(　　　)和(　　　)。

12.三相异步电动机拖动恒转矩负载进行变频调速时,为保证过载能力和主磁通不变,则 U_1 应随 f_1 按(　　　)规律调节。

二、判断题

1.三相异步电动机启动瞬间,因转子还是静止的,故此时转子中的感应电流为零。(　　)

2.Y-D 降压启动只适用于正常工作时定子绕组三角形连接的电动机。(　　)

3.三相绕线式电动机转子回路串接电阻启动,其电阻值越大,启动转矩越大。(　　)

4.三相绕线式异步电动机在某一负载下运行时,若在转子回路中串入一定的电阻,则电动机转差率提高,转速将降低。(　　)

5.三相异步电动机的变极调速只能用于三相笼型电动机上。(　　)

6.启动时获得最大电磁转矩的条件是 $s_m = 1$。(　　)

7.三相笼型异步电动机采用降压启动的目的是减小启动电流,同时增大启动转矩。(　　)

8.星形-三角形换接启动,启动电流和启动转矩都减小为直接启动时的 1/3。(　　)

9.三相绕线式异步电动机转子回路串接频敏变阻器,实质上是串入一个随转子电流频率

而变化的可变阻抗,与转子回路串接可变电阻器启动的效果是相似的。 （　　）

10.三相异步电动机可以改变极对数进行调速。 （　　）

11.三相异步电动机的端电压按不同规律变化,变频调速的方法具有优异的性能,适应于不同的负载。 （　　）

12.三相异步电动机在满载运行时,若电源电压突然减小到允许范围以下,转速下降,三相电流同时减小。 （　　）

三、选择题

1.某台三相异步电动机的额定数据如下:4 kW,三角形连接,1 440 r/min,$T_{st}/T_N=2.2$。现采用 Y-D 换接降压启动,则启动转矩为（　　）。

　　A.29.2 N·m　　　　B.19.5 N·m　　　　C.26.5 N·m　　　　D.58.4 N·m

2.一台三相异步电动机拖动额定转矩负载运行,若电源电压减小了 10%,电动机匀速转动的电磁转矩（　　）。

　　A.$T_{em}=T_N$　　　　B.$T_{em}=0.81T_N$　　　　C.$T_{em}=0.9T_N$

3.三相绕线式异步电动机负载不变,转子回路串接电阻后,电动机各量的变化是（　　）。

　　A.$n\uparrow$、$T_m\downarrow$　　　B.$n\downarrow$、$T_m\downarrow$　　　C.$n\downarrow$、T_m 不变　　　D.$n\uparrow$、$T_m\uparrow$

4.把运行中的三相异步电动机三相定子绕组出线端的任意两相与电源接线对调,电动机的运行状态变为（　　）。

　　A.反接制动　　　　B.反转运行　　　　C.先是反接制动,后是反转运行

5.三相异步电动机启动电流大是因为（　　）。

　　A.启动时轴上静摩擦阻力转矩大　　　　B.因为启动时 Φ 还未产生,$E_1=0$

　　C.$n=0$,$s=1\gg s_N$,E_2 和 I_2 很大

6.与固有机械特性相比,人为机械特性上的最大电磁转矩减小,临界转差率没变,则该人为机械特性是三相异步电动机的（　　）。

　　A.转子回路串接电阻的人为机械特性　　　B.减小电压的人为机械特性

　　C.定子回路串接电阻的人为机械特性

7.三相异步电动机采用直接启动方式时,空载时的启动电流与负载时的启动电流相比较,应为（　　）。

　　A.空载时小于负载时　　　　　　B.负载时小于空载时

　　C.一样大

8.三相笼型异步电动机采用 Y-D 降压启动,其启动电流和启动转矩为直接启动的（　　）。

　　A.$\dfrac{1}{\sqrt{3}}$　　　　B.$\dfrac{1}{3}$　　　　C.$\dfrac{1}{\sqrt{2}}$　　　　D.$\dfrac{1}{2}$

9.三相笼型异步电动机采用启动补偿器启动,其启动电流和启动转矩为直接启动的（　　）。

　　A.$1/k^2$　　　　B.$1/k$　　　　C.k　　　　D.k^2

10.三相线绕式异步电动机在转子回路中串变阻器启动,（　　）。

　　A.启动电流减小,启动转矩减小　　　B.启动电流减小,启动转矩增大

　　C.启动电流增大,启动转矩减小　　　D.启动电流增大,启动转矩增大

11.三相异步电动机在电源电压过大时,将会产生的现象是（　　）。

　　A.转速下降,电流增大　　　　　B.转速升高,电流增大

　　C.转速升高,电流减小　　　　　D.转速下降,电流减小

12.三相异步电动机在满载运行中,三相电源电压突然从额定值减小了 10%,这时电动机的电流将会（　　）。

　　A.减小 10%　　　　B.增大　　　　C.减小 20%　　　　D.不变

第8章

单相异步电动机

本章要点

本章主要介绍单相异步电动机的结构与工作原理，然后介绍单相异步电动机的启动、反转及调速方法，最后简单介绍单相异步电动机在实际中的应用。

通过本章的学习，应达到以下要求：

- 掌握单相异步电动机的结构与工作原理。
- 了解单相异步电动机的启动、反转及调速方法。
- 了解单相异步电动机在实际中的应用。

8.1　单相异步电动机的结构与工作原理

单相异步电动机是指仅需单相电源供电的电动机,如电风扇、洗衣机和电唱机中的电动机就是单相异步电动机。它具有结构简单、成本低廉、运行可靠,以及维修方便等一系列优点,特别是因为它可以直接使用单相电源,所以广泛地应用于小型电动工具、日用电器、仪器仪表、商业服务、办公用具和文教卫生设备中。

单相异步电动机结构与三相异步电动机相似,其定子铁芯上有两个绕组,一个是工作绕组,也称主绕组,占总槽数的 $\frac{1}{2} \sim \frac{2}{3}$,其余槽数则安放启动绕组,又称辅助绕组。启动绕组一般只在启动时接入,当转速升高到 $(75\% \sim 80\%)n_N$ 时,靠离心开关或继电器触点将其切除,所以正常工作时,仅主绕组接在电源上。单相异步电动机的转子都是笼型的。

当单相定子绕组中通入单相交流电,在定子内会产生一个大小随时间按正弦规律变化而空间位置不动的脉动磁场。脉动磁场可以分解为两个幅值相等、转速相同、转向相反的旋转磁场。我们把与转子转向相同的旋转磁场称为正向旋转磁场,用 $\dot{\Phi}^+$ 表示;与转子转向相反的旋转磁场称为反向旋转磁场,用 $\dot{\Phi}^-$ 表示。与普通三相异步电动机一样,正向旋转磁场对转子产生正向电磁转矩 T^+;反向旋转磁场对转子产生反向电磁转矩 T^-。如图 8-1 所示,T^+ 企图使转子正转,T^- 企图使转子反转。这两个电磁转矩叠加起来就是推动电动机的有效转矩 T_{em}。

不论 T^+ 还是 T^-,它们的大小与转差率的关系和三相异步电动机的情况是一样的。若电动机的转速为 n,则对正向旋转磁场而言,转差率 s^+ 为

$$s^+ = \frac{n_1 - n}{n_1} \tag{8-1}$$

而对反向旋转磁场而言,转差率 s^- 为

$$s^- = \frac{-n_1 - n}{-n_1} = \frac{2n_1 - (n_1 - n)}{n_1} = 2 - s^+ \tag{8-2}$$

可见,当 $s^+ = 0$ 时,相当于 $s^- = 2$;当 $s^- = 0$ 时,相当于 $s^+ = 2$。

如图 8-2 所示为单相异步电动机的 $T_{em} = f(s)$ 曲线,图中虚线表示了 T^+ 和 T^- 与 s 的关系,实线表示 T^+ 和 T^- 的合成电磁转矩 T_{em}。由图可知:

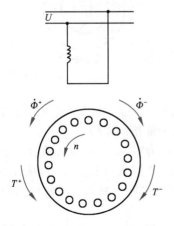

图 8-1　单相异步电动机的磁场和转矩

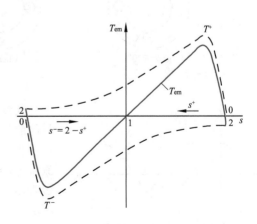

图 8-2　单相异步电动机的 $T_{em} = f(s)$ 曲线

电机与拖动技术（基础篇）

（1）电动机静止（$s^+=1$）时，由于在任何时刻这两个电磁转矩都大小相等、方向相反，这时 $T_{em}=T^++T^-=0$，即合成转矩为零，所以电动机的转子是不会转动的。可见，若不采取任何措施，电动机不能自启动。

（2）转子正向转动后，则 $0<s^+<1$，同时 $1<s^-<2$，$T^+>T^-$，合成转矩为正，则电动机按正向运转；若转子反向转动后，则 $1<s^+<2$，同时 $0<s^-<1$，$T^->T^+$，合成转矩为负，则电动机按反向运转。

从上面可以看出，要想使单相异步电动机运行，必须解决启动的问题。

为了使单相异步电动机能够产生启动转矩，自行启动，与三相异步电动机一样，要设法在电动机气隙中建立一个旋转磁场。下面来说明旋转磁场产生的过程。

定子铁芯中嵌有两相定子绕组 AX 和 BY（其中 A、B 为绕组的始端，X、Y 为绕组的末端），在空间相隔 90° 电角度，如图 8-3 所示。现分别通入相位上相差 90° 电角度的两相电流。

$$i_1=\sqrt{2}\,I_1\sin\omega t$$
$$i_2=\sqrt{2}\,I_2\sin(\omega t+90°)$$

单相异步电动机的工作原理

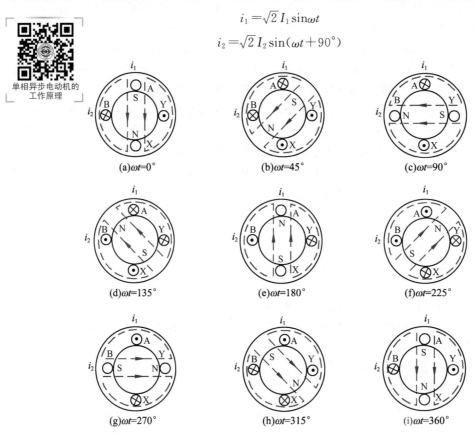

图 8-3 旋转磁场

图 8-4 两相对称电流波形图

其波形图如图 8-4 所示，且规定电流的参考方向从绕组的始端经绕组内部指向末端。

当 $\omega t=0°$ 时，i_1 为零，i_2 为正最大值，即 A、X 无电流流过，电流 i_2 则从 B 流入（用 $\otimes$ 表示），从 Y 流出（用 $\odot$ 表示），用右手螺旋定则可判知合成磁场如图 8-3（a）所示。

当 $\omega t=45°$ 时，i_1 为正，i_2 为正，即电流分别从 A、B

流入,从 X、Y 流出,其合成磁场如图 8-3(b) 所示,跟前一时刻相比,其磁极沿顺时针方向转过了 45°。

当 $\omega t=90°$ 时,i_1 为正最大,i_2 为零,即电流从 A 流入,从 X 流出,B、Y 无电流流过,其合成磁场如图 8-3(c) 所示,跟 $t=0$ 时刻相比,其磁极沿顺时针方向转过了 90°。

以此类推,可得其他时刻的合成磁场的极数和磁极位置,分别如图 8-3(d)～图 8-3(i)所示。由图可见,当电流变化一周,合成磁场的磁极也沿顺时针方向转过一周。若两相电流周期性地连续变化,它所产生的合成磁场的磁极将沿顺时针方向连续旋转下去。这说明两相电流通过在空间互差 90° 电角度的两相绕组时,可获得转动的磁场,有了转动的磁场,笼型转子就能转动起来。应当指出,这里所说的两相电流,相位上不一定要相差 90° 电角度,绕组在空间不一定要相隔 90° 电角度。

8.2 单相异步电动机的启动、反转及调速方法

8.2.1 单相异步电动机的类型和启动方法

单相异步电动机分为分相式电动机和罩极式电动机。分相式电动机包括电阻分相式电动机、电容分相式电动机、电容启动运转式电动机和电容电动机。

1. 分相式电动机

(1)电阻分相式电动机

电阻分相式电动机的接线如图 8-5 所示。辅助绕组用细导线绕制,它的电阻比较大,它的电流超前于主绕组电流,这样两相电流通过两相绕组时就可以产生旋转磁场,从而解决启动问题。

在电动机启动时开关 S 是闭合的,当转速达到 75%～80% 额定转速时,启动回路开关 S 便断开,电动机正常工作时只有主绕组通电工作。

如果想改变电阻分相式电动机转向,只需改变启动时旋转磁场的转向,只要把启动绕组连至电源的两个端头调换一下即可。

(2)电容分相式电动机

电容分相式电动机的接线如图 8-6 所示。启动回路中串入一个电容器和一个开关 S 接入电源,启动绕组回路呈容性,其中的电流超前电压一个角度;工作绕组是感性的,其中的电流滞后于电压一个角度。如果电容器选择适当,可使两相电流互差 90° 电角度,这样电动机启动时就产生了一个旋转磁场,从而产生了启动转矩。

同样,在电动机启动时开关 S 是闭合的,当转速达到 75%～80% 额定转速时,启动回路开关 S 便断开,电动机正常工作时只有主绕组通电工作。

(3)电容启动运转式电动机和电容电动机

电容启动运转式电动机的接线如图 8-7(a)所示。C_1 是启动电容,C_2 是运转电容,这种电动机启动时,C_1 和 C_2 全接入,使启动转矩比较大。启动后断开 C_1,辅助绕组串入 C_2,使 C_2 长期接电源以增大电动机的功率因数和转矩。C_2 的容量选配是否得当将直接影响电动机的工作性能。

电机与拖动技术（基础篇）

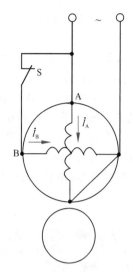

图 8-5　电阻分相式电动机的接线

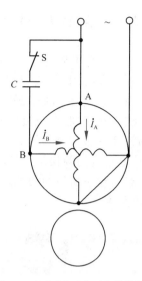

图 8-6　电容分相式电动机的接线

电容电动机在结构上与电容分相式电动机一样，只是辅助绕组和电容器都设计成长期工作的，如图 8-7(b)所示。电容电动机实质上就是一台两相电动机，它的运行性能较好。因为电容器长期工作，所以一般选用油浸式电容器。为保证电动机有较好的力学性能指标，电容电动机电容器的电容量比电容分相式电动机电容器的电容量要小，启动转矩也小，因此启动性能不如电容分相式电动机。

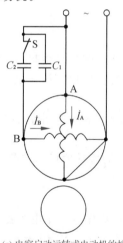

(a)电容启动运转式电动机的接线

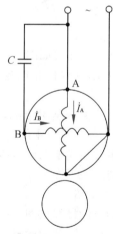

(b)电容电动机的接线

图 8-7　电容启动运转式电动机与电容电动机的接线

2. 罩极式电动机

罩极式电动机按照磁极形式的不同，分为凸极式和隐极式两种，其中凸极式最为常见。下面以凸极式为例介绍罩极式电动机，如图 8-8 所示，这种电动机定子、转子铁芯用 0.5 mm 的硅钢片叠压而成，定子凸极的铁芯上安装单相集中绕组，即主绕组。在磁极的约三分之一处开有一条轴向线槽，将磁极分成大小不等的两部分。小极上套一短路铜环（罩极因此而得名）。它结构简单、工作可靠，但启动转矩较小。

在罩极式电动机的移动磁场图中，Φ_1 是励磁电流产生的磁通，Φ_2 是励磁电流产生的另一部分磁通（穿过短路铜环）和短路铜环中的感应电流所产生的磁通的合成磁通。由于短路铜环

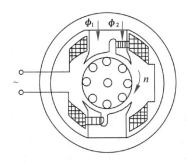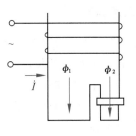

图 8-8 罩极式电动机的原理

中的感应电流阻碍穿过短路铜环磁通的变化，Φ_1 和 Φ_2 之间产生相位差，故 Φ_2 滞后于 Φ_1。当 Φ_1 达到最大值时，Φ_2 尚小；而当 Φ_1 减小时，Φ_2 才增大到最大值，这相当于在电动机内形成一个由未罩部分向被罩部分的旋转磁场，并使转子转动起来。

8.2.2　单相异步电动机的反转

单相异步电动机在使用过程中，常常希望能调节转向。例如，换气扇电动机的转向需要根据情况经常变化。

1. 分相式电动机的反转

把工作绕组和启动绕组中任意一个绕组的首端和尾端对调，即可改变单相异步电动机的转向。其原因是把其中一个绕组反接后，该绕组磁场相位将反相，工作绕组和启动绕组磁场的相位差也随之改变，原来超前的将改为滞后，旋转磁场的方向改变了，转子的转向也相应改变。此外，对电容分相式电动机，切换电容所串联的绕组，亦可使电动机的转向改变。

2. 罩极式电动机的反转

罩极式电动机的旋转方向始终是从未罩部分转向被罩部分，罩极式电动机的罩极部分固定，故不能用改变外接线的方法来改变电动机的转向。如果想改变电动机的转向，需要拆下定子上凸极铁芯，调转方向后转进去，也就是把罩极部分从一侧换到另一侧，这样就可以使罩极式电动机反转。

8.2.3　单相异步电动机的调速

单相异步电动机和三相异步电动机一样，平滑调速都比较困难。因变频无级调速设备复杂、成本高，故一般只进行有级调速，主要的调速方法有：

1. 改变单相异步电动机的端电压调速

采用自耦变压器或将电抗器与电动机定子绕组串联，将电源电压减小后加到电动机定子绕组上，使主磁通减小，从而降低电动机的转速。自耦变压器调速的主要优点是供电多样化，可连续调节电压，在降低电压的同时可获得较大的启动转矩，启动性能较好；缺点是设备价格较高。串电抗器调速线路简单、操作方便；缺点是电压减小后，电动机输出转矩明显减小，功率明显降低，只适用于转矩随转速而减小且功率随转速而降低的场合。

双向晶闸管调速是利用改变晶闸管导通角以改变电动机端电压的大小来实现调速的。其优点是可以实现无级调速，缺点是有一些电磁干扰。

2. 改变主磁通调速

改变主磁通调速是通过改变工作绕组和启动绕组连接方式，使电动机气隙磁场大小发生改变，从而达到调节转速的目的。常用方法有：

（1）工作绕组串、并联调速

电动机工作绕组由两部分组成，一部分设有抽头。高速开关闭合时，将工作绕组两部分并联时，工作绕组电流增大，主磁通增大，电动机转矩增大，转速升高；将工作绕组两部分串联时，工作绕组电流减小，主磁通减小，电动机转矩减小，转速随之下降，如图 8-9（a）所示。这种改变工作绕组连接方式的调速方法，多用在台扇电动机中。

（2）电动机绕组内部抽头调速

抽头调速是电容电动机的各种调速方法中最简单的一种，无须任何附加设备，成本低。该方法是在定子铁芯槽中嵌放工作绕组 AX、启动绕组 BY 和中间绕组 D_1D_2，通过调速开关改变中间绕组与工作绕组和启动绕组的连接方式，从而达到改变主磁通大小以调节电动机转速的目的。这种调速方法通常有 L 形抽头调速和 T 形抽头调速两种，如图8-9（b）、8-9（c）所示。其缺点是绕组嵌线和接线较复杂，电动机与调速开关之间的连线较多。

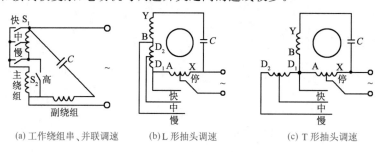

(a) 工作绕组串、并联调速　　　　(b) L 形抽头调速　　　　　(c) T 形抽头调速

图 8-9　电容电动机改变主磁通调速接线

（3）变极调速

单相异步电动机的转速与磁极对数成反比，改变定子铁芯中绕组元件的连接方式，产生不同的磁极对数，电动机的转速随之改变。通常有改变工作绕组元件连接方式实现变极调速和单设两套工作绕组实现变极调速两种方式。

8.3　单相异步电动机的应用

在日常生活中，很多家用电器中均配备有电动机，如洗衣机、电冰箱、电风扇、抽排油烟机等家用电器，此外，电动机也广泛应用于电动工具、医用机械和自动化控制系统中。这些设备中的电动机均有一个共同特点：功率不大且使用单相交流电源。

8.3.1　电风扇中的单相异步电动机

电风扇的种类很多、规格各异，它的功能因在不同场合而不同。但是电风扇的主要功能就是送风、吹凉，尽管它的型号很多，原理与结构则基本上是相同的，其中电动机就是电风扇的心脏部分，其性能指标，基本上就可以决定电风扇的质量。

电风扇用的电动机可分为交流电动机和直流电动机，一般使用的有电容启动运转式单相异步电动机、罩极式单相异步电动机、交直流电动机和直流电动机等,其中电容启动运转式单相异步电动机占绝大多数。

如图 8-10 所示,采用电容分相式单相异步电动机拖动,利用电抗器降压进行调速,调速电路中串入具有抽头的电抗器,当转速开关 S 处于不同位置时,电抗器的电压降不同,可使电动机端电压改变而实现有级调速。

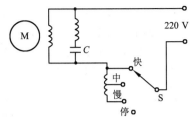

图 8-10　电风扇的调速电路

8.3.2　电冰箱中的单相异步电动机

电冰箱要求电动机具有启动转矩大、功率因数大、效率高等性能。如图 8-11 所示为电冰箱电路控制系统,采用了电阻分相式单相异步电动机。

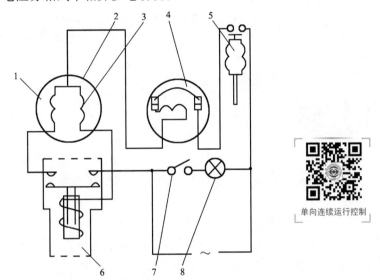

单向连续运行控制

图 8-11　电冰箱电路控制系统
1—启动绕组组成部分;2—压缩机电动机;3—工作绕组;4—保护继电器;
5—温度控制器;6—启动继电器;7—门灯开关;8—照明灯

8.3.3　洗衣机中的单相异步电动机

洗衣机是以电动机为动力,驱动波轮或滚筒等搅拌类的轮盘,形成特殊的水流以除去衣物上的污垢。洗衣机的类型很多,按照水流情况分类可分为波轮式、滚桶式和搅拌式,其中大多采用波轮式。

波轮式洗衣机的洗涤用电动机和脱水用电动机均属电容启动运转式单相异步电动机,该电动机额定电压均为 220 V,额定转速为 1 360~1 400 r/min,输出功率为 90~370 W,效率为 49%~62%。洗衣机用电动机的两相绕组一般都是完全对称的。洗涤时电动机需要自动正、反转工作。

8.3.4　电动工具中的应用

分相式单相异步电动机启动电流倍数为 6~7,启动转矩倍数为 1.2~2.0,功率因数为 0.40~0.75。它的主要优点是价格低、应用广泛;缺点是启动电流大、启动转矩较小。在工厂中通常用于启动转矩较小的动力设备,如钻床、研磨机、搅拌机等。

电容单相异步电动机启动电流倍数为 4～5,启动转矩倍数为 1.5～3.5,功率因数为 0.40～0.75。它的主要优点是启动转矩较大;缺点是造价稍高、启动电流较大,主要用于启动转矩要求大的场合,如井泵、冷冻机、压缩机等。

思考与练习

8-1　单相异步电动机启动转矩为什么为零?

8-2　绘制电阻分相式、电容分相式与电容启动运转式电动机的接线图,并说明如何改变其转向。

8-3　启动回路中的开关出现合不上或断不开的情况,会产生怎样的问题?

8-4　三相异步电动机启动前一相断路将产生什么样的磁场,能否启动? 如果运行中电源或一相断线,能否继续运转,有何不良后果?

8-5　单相异步电动机主要分哪几种类型? 简述罩极式单相异步电动机的工作原理。

自测题

一、填空题

1.单相异步电动机若无启动绕组,通电启动时,启动转矩等于(　　　　),它(　　　　)自行启动。

2.根据获得旋转磁场方式的不同,单相异步电动机分为(　　　　)和(　　　　)。

3.单相电容电动机实质上是一台(　　　　)异步电动机,因此启动绕组应按(　　　　)设计。

4.罩极式单相异步电动机的定子有(　　　　)和(　　　　)两种形式。

5.为解决单相异步电动机不能自行启动的问题,常采用(　　　　)和(　　　　)两套绕组的形式,并且有(　　　　)和(　　　　)之分。

6.单相异步电动机可采用(　　　　)的方法来实现正、反转。

7.罩极式单相异步电动机的转向(　　　　)。

二、判断题

1.三相异步电动机电源断一相时,相当于一台单相异步电动机,故不能自行启动。　　　　(　　　)

2.罩极式单相异步电动机只要改变两个端点的接线,就能改变它的转向。　　　　(　　　)

3.罩极式单相异步电动机的转向可以改变。　　　　(　　　)

4.单相异步电动机一般采用降压和变极进行调速。　　　　(　　　)

三、选择题

1.在单相交流电动机定子中通入单相交流电,无启动绕组时,其启动转矩(　　　)。

A.很大　　　　B.为零　　　　C.很小　　　　D.以上答案都不对

2.如果单相异步电动机只有一个单相绕组,没有其他绕组和元件,那么它产生的脉动磁场将使电动机(　　　)。

A.很快转动　　　　　　　　　　B.不转动

C.不转动,但用手推一下就可转动　　　　D.振动

第9章

同步电机

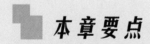

本章要点

　　本章主要介绍同步电机的结构和工作原理、同步发电机的运行分析和使用、同步电动机的运行分析和使用以及同步调相机的使用等。

　　通过本章的学习，应达到以下要求：

- 掌握同步电机的结构。
- 掌握同步发电机的工作原理。
- 掌握同步电动机的工作原理。
- 掌握同步发电机的运行分析和使用。
- 掌握同步电动机的运行分析和使用。
- 熟悉同步调相机的使用。

9.1 同步电机的结构和工作原理

同步电机主要用作发电机,也可作电动机和调相机(专门用于电网的无功补偿)使用。

同步电机的转速 n 与定子电流频率 f 和极对数 p 保持严格不变的关系 $n = \dfrac{60f}{p}$,即同步电机的转速等于旋转磁场的转速(同步转速),所以同步电机是相对异步电机而言的。

9.1.1 同步电机的结构

同步电机按结构可分为旋转磁极式和旋转电枢式两种。

1. 旋转磁极式

旋转磁极式同步电机的励磁绕组安装在转子上,转子转动带动磁极旋转;其电枢绕组安装在定子上。

旋转磁极式同步电机的定子铁芯是由硅钢片叠压而成,在内圆上开有均匀分布的槽,嵌放三相对称交流绕组,转子铁芯上绕有励磁绕组,用来通入直流电流产生磁场,旋转磁场是由转子转动形成的,这样就要将励磁绕组的两端分别接在两个滑环上,滑环固定装在转轴的一端,因此两个滑环之间、滑环与转轴之间应互相绝缘。

旋转磁极式同步电机又有两种结构:凸极式和隐极式,如图 9-1 所示。

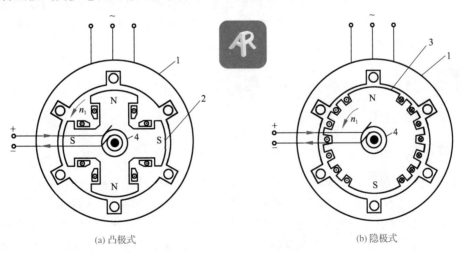

(a) 凸极式　　　　　　　　　　(b) 隐极式

图 9-1　旋转磁极式同步电机的结构
1—定子;2—凸极转子;3—隐极转子;4—滑环

(1)凸极式

转子具有突出的磁极,磁极的形状和直流电机的磁极相似,铁芯常用普通薄钢板冲压后叠成,装有成型的集中励磁绕组。其转子结构简单,制造方便,容易制造多极电机,但机械强度较低,适用于低速、多极同步电机,如水轮发电机、柴油发电机等。

(2)隐极式

转子呈圆柱形,无明显磁极,铁芯常用整块钢板制成,圆周的三分之二部分开有槽,用以安装分布式集中绕组，没有开槽的部分为磁极的中心位置。具有过载能力强，稳定性较高，机械强度好等特点，虽然其制造工艺复杂，但仍被广泛使用在高速且极数多的大、中型容量的同步电机中，如汽轮发电机等。

旋转磁极式同步电机的主要特点有：

①励磁电流比电枢电流小很多，同时励磁电压也小很多，减轻电刷和滑环的负担，工作更加可靠。

②同步电机的容量一般都很大，电枢装在定子上，能很方便地进行嵌线、加强绝缘水平和通风。通过固定的连接进行大电流的交换，保证了电能使用的安全。

2. 旋转电枢式

旋转电枢式同步电机的励磁绕组安装在定子上，其电枢绕组安装在转子上，如图 9-2 所示。从旋转部分输入或输出电能，就必须经过滑动装置，即滑环，这样对大容量的电机就很困难。所以这种形式一般只适用于容量为几个千瓦的小功率同步电机。

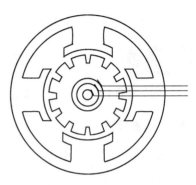

图 9-2　旋转电枢式同步电机

9.1.2　同步电机的分类

同步电机按结构分为旋转磁极式和旋转电枢式，旋转磁极式又分为凸极式和隐极式两种；按防护形式分为开启式、防护式和封闭式；按冷却方式分为空气冷却、氢冷与水冷和混合式；按用途分为发电机、电动机和调相机，发电机按拖动发电机的原动机类型又可分为汽轮发电机、水轮发电机、柴油发电机、风力发电机等。

9.1.3　同步发电机的工作原理

同步发电机将机械能转变为电能。

1. 旋转磁极式

同步发电机的转子励磁绕组通电产生恒定磁场，在原动机的拖动下，转子以同步转速旋转，如图 9-1 所示，在气隙中产生旋转磁场，该磁场切割定子三相绕组，在绕组中产生交变的感应电动势，气隙磁场在空间都是按正弦规律分布的，所以在定子绕组中产生的交变电动势也是按正弦规律分布。由于三相绕组在空间也是按 120° 电角度分布，每相的电动势的相位互差 120° 电角度，同时每相电动势的大小和频率是相等的，所以产生的三相电动势为对称电动势，即

$$\begin{cases} e_U = E_m \sin\omega t \\ e_V = E_m \sin(\omega t - 120°) \\ e_W = E_m \sin(\omega t + 120°) \end{cases} \tag{9-1}$$

同步发电机的频率为

$$f = \frac{pn}{60}$$

一般同步发电机都是向电网输送电能的,其频率应与电网的频率相等,即 50 Hz。

同步发电机的定子励磁绕组通电产生恒定磁场,在原动机的拖动下,转子以同步转速旋转,转子(电枢)对称绕组切割磁场产生交变的感应电动势,由于气隙磁场在空间也是按正弦规律分布的,所以在转子绕组中产生的交变电动势也是按正弦规律分布。由于三相转子绕组在空间同样按 120° 电角度分布,每相的电动势的相位互差 120° 电角度,所以产生的三相电动势同样为对称电动势,通过滑环向外界输送电能。

同步电动机将电能转换为机械能。在同步电动机的三相对称绕组中通入三相交流电流后,会产生一个以同步转速 $n_1 = \dfrac{60f_1}{p}$ 旋转的磁场,旋转方向由电源的相序决定。当转子绕组中通入直流电流后,会形成一个恒定磁场,极数与定子磁场极数相同。当转子的磁极 N 与定子磁极 S 对齐时会产生吸引力,使得转子跟着定子磁极旋转,旋转的速度与定子磁场转速(即同步转速)相同,故称同步电动机,也只有同步后才有稳定拉力,形成固定的转矩,来拖动负载。

三相同步电机主要的铭牌数据有:

额定电压指电机在额定条件运行时,定子绕组的线电压,单位为伏(V)或千伏(kV)。

额定电流指在额定运行条件下,定子绕组的线电流,单位为安(A)或千安(kA)。

3. 额定容量 S_N(额定功率 P_N)

额定容量是指电机在额定条件下运行时,输出或接收的电能的容量。发电机额定容量是指输出的视在功率,单位为千伏安(kV·A)或兆伏安(MV·A)。额定功率是指在额定条件下输出的功率,对发电机来说是指输出的有功功率,对电动机来说是指转轴上输出的机械功率,单位为千瓦(kW)或兆瓦(MW),对调相机来说则是指出线端的无功功率,单位为千乏(kvar)或兆乏(Mvar)。

有功功率与额定电流、电压的关系为

三相同步发电机 $\qquad\qquad P_N = S_N = \sqrt{3}\, U_N I_N \cos\varphi_N$ （9-2）

三相同步电动机 $\qquad\qquad P_N = \sqrt{3}\, U_N I_N \cos\varphi_N \eta_N$ （9-3）

4. 额定功率因数 $\cos\varphi_N$

额定功率因数指电机在额定运行条件下的功率因数。

5. 额定效率 η_N

额定效率指电机在额定运行条件下的效率。

6. 额定频率 f_N

额定频率指国家规定的交流电标准频率 50 Hz。

此外还有电机的极数、温升、绝缘等级、励磁电压和励磁容量等数据,在运行时也要注意。

9.2 同步发电机

9.2.1 同步发电机的励磁方式

同步发电机运行时,必须通入直流电流来建立磁场,即必须进行励磁。供给励磁电流的系统称为励磁系统,主要分为两大类:一类是直流发电机励磁系统;一类是交流整流励磁系统。

1. 直流发电机励磁系统

将一台小容量的并励直流发电机与同步发电机同轴连接,如图 9-3 所示。并励直流发电机发出直流电,供给同步发电机的励磁绕组。当改变并励直流发电机的励磁电流时,并励直流发电机端电压改变,使同步发电机的励磁电流、输出的端电压和输出功率也改变。

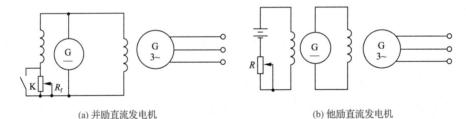

(a) 并励直流发电机　　　　　　　　　　　　(b) 他励直流发电机

图 9-3　同轴直流发电机励磁系统原理

对容量稍大的同步发电机,采用他励直流发电机作为励磁机,他励直流发电机的励磁电流由另一台直流发电机供给。这种方法的励磁电压增大很快,在低压时调节方便,电压也比较稳定。但增加了一台直流发电机使设备变得复杂,运行可靠性降低。

直流发电机励磁系统原理简单,但由于直流励磁机制造工艺复杂、成本高、维护困难等,并且现在发电机组的容量越来越大,所需要的励磁电流也就越来越大,所以大容量的发电机组不能采用同轴发电机励磁,而是采用非同轴的直流发电机励磁方式。

2. 交流整流励磁系统

(1)晶闸管整流励磁系统

晶闸管整流励磁系统也称为静止的交流励磁系统,晶闸管整流励磁系统分自励式和他励式两种。

①自励式晶闸管励磁系统

这种励磁方法是利用晶闸管的整流特性,对同步发电机发出的交流电进行整流后又供给同步发电机作为励磁电流。晶闸管的输出电压可以很方便地进行调节,也就可以很方便地调节同步发电机的输出电压,如图 9-4 所示。

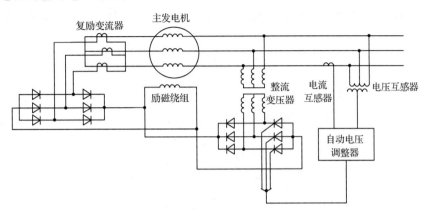

图 9-4 自励式晶闸管励磁系统原理

②他励式晶闸管励磁系统

他励式晶闸管励磁系统如图 9-5 所示,由一台交流励磁机(主励磁机)、一台交流副励磁机、三套整流装置、自动电压调整器等构成。交流主励磁机为中频率(国内多采用 1 000 Hz)的三相交流发电机,交流副励磁机是频率为 400 Hz 的三相交流发电机。同步发电机的励磁电流由与它同轴的交流主励磁机经晶闸管整流后提供,交流主励磁机的励磁电流则由交流副励磁机经晶闸管整流后提供。交流副励磁机的电流开始由直流电源提供,建立起电压后,再改为由自励恒压装置提供,并保持恒压。通过调节电压互感器、电流互感器和自动电压调整器改变晶闸管的控制角,实现对交流主励磁机进行励磁电流的自动调节。

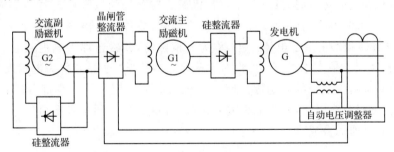

图 9-5 他励式晶闸管励磁系统原理

虽然整个装置较为复杂,启动时还需要直流电源,但由于这种励磁方式具有运行维护方便、技术性能较好等优点,因此在大容量的发电机组中得到了广泛应用。目前我国 100 MV·A、200 MV·A、300 MV·A 等的汽轮发电机都是采用这种励磁方式。

(2)三次谐波励磁系统

凸极式同步发电机的主磁极绕组多为集中绕组,在空载时主磁极的磁场在空间的分布为矩形,同时由于极靴下的气隙不均匀,主磁极的波形为一平顶波,即矩形波,可以将该平顶波分解为一个正弦基波和各次谐波,其中三次谐波的含量最大。

为此,在发电机的定子铁芯上开一套专门的槽用来嵌放谐波绕组,绕组的节距为磁极的三分之一，每极下的三个绕组串联起来构成一个元件组，绕组元件之间的电角度为 60°。在发电机的额定转速下，基波在谐波绕组中产生的电动势为 0，三次谐波将产生频率为基波频率 3 倍的电动势，将该电动势整流后，提供给发电机作为励磁电流，如图 9-6 所示。这种励磁方式提高了发电机的效率，节约了设备投入。三次谐波的电动势会随负载的变化而变化，能起到自动稳压的作用，同时谐波绕组是静止的，整流设备的安装和维护都比较容易，在小容量的发电机组中比较适用。

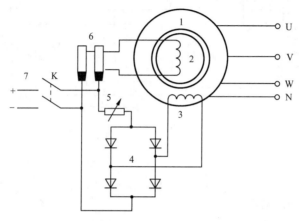

图 9-6　三次谐波励磁系统原理

1—同步发电机；2—励磁绕组；3—谐波绕组；4—硅桥式整流；5—调节电阻；6—集电环；7—直流电源

9.2.2 同步发电机的运行特性

1. 同步发电机的电枢反应

同步发电机在负载运行时，其气隙中存在机械旋转磁场和电气旋转磁场。机械旋转磁场是由转子电流产生的，因转子在原动机的带动下旋转，故称为主磁场，其磁通称为主磁通，用 Φ_0 表示。电气旋转磁场由定子电流产生，称为电枢磁场，其磁通称为电枢磁通。电枢磁通又可分为两部分：大部分在气隙中流通，将对主磁极产生影响，这部分称为电枢反应磁通，记为 Φ_a。这种电枢磁场对主磁极的影响称为同步电机的电枢反应。另一小部分不在发电机的磁路中流通，对主磁极没有影响，称为电枢漏磁通，记为 Φ_σ。所以同步发电机气隙中的磁通为主磁通和电枢反应磁通的合成，即

$$\dot{\Phi} = \dot{\Phi}_0 + \dot{\Phi}_a \tag{9-4}$$

合成电动势 $\dot{E}$ 由 Φ 产生，空载电动势 $\dot{E}_0$ 由 Φ_0 产生，电枢反应电动势 $\dot{E}_a$ 由 Φ_a 产生。因此电枢反应既要影响磁路中的磁通，还要影响电路中的电动势。

（1）$\psi = 0°$ 时的电枢反应

ψ 为同步发电机空载电动势与电枢电流间的相位角，$\cos\psi$ 称为同步发电机的内角功率因数。当 $\psi = 0°$ 时，$\cos\psi = 1$，电枢电流 $\dot{I}$ 与 $\dot{E}_0$ 同相，这时电枢反应磁通 Φ_a 的方向与主磁通 Φ_0 的方向垂直，称为交轴（或称横轴）电枢反应，如图 9-7 所示。结果使转子一边的磁通减小，另一边的磁通增大。由于电机磁路工作在近饱和状态，因此，磁通增大很少而减小很多，使得气隙中的合成磁场沿轴线偏转一个角度 θ，且总的合成磁通减小，即电枢反应具有去磁作用。

（2）$\psi=+90°$ 时的电枢反应

当 $\psi=+90°$ 时，$\cos\psi=0$，相当于发电机只带有感性负载，也就是只向电网输送无功功率。这时电枢反应磁通 Φ_a 与主磁通 Φ_0 方向相反，使得气隙磁通减小，起去磁作用，称为直轴（或称纵轴）去磁电枢反应，如图9-8所示。

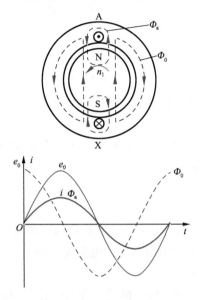

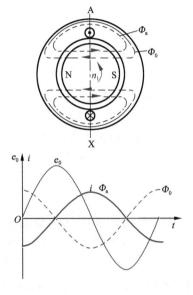

图 9-7　$\psi=0°$ 时的电枢反应　　　　图 9-8　$\psi=+90°$ 时的电枢反应

（3）$\psi=-90°$ 时的电枢反应

当 $\psi=-90°$ 时，$\cos\psi=0$，相当于发电机只带有容性负载，也就是只向电网输送无功功率。这时电枢反应磁通 Φ_a 与主磁通 Φ_0 方向相同，使气隙磁通增大，起增磁作用，称为直轴增磁电枢反应，如图9-9所示。

除上述三种特殊情况外，一般带有感性负载时，既有交轴电枢反应，又有直轴电枢反应，使得气隙磁通减小，并发生偏移；带有容性负载时，它们共同作用的结果使得气隙磁通增大，同样发生偏移。

图 9-9　$\psi=-90°$ 时的电枢反应

2. 同步发电机的运行特性

以隐极式同步发电机为例进行分析。同步发电机的等值电路如图9-10所示。电压平衡方程为

$$\dot{E}_0=\dot{U}+\dot{I}R_a+j\dot{I}(R_a+X_\sigma) \qquad (9-5)$$

式中，$\dot{E}_0$ 为空载电动势，由主磁通 Φ_0 产生，$\dot{E}_0$ 在相位上滞后 $\dot{\Phi}_0$ 90° 电角度。

以电压为参考的同步发电机的相量图（假定负载为感性）如图9-11所示。

电机与拖动技术（基础篇）

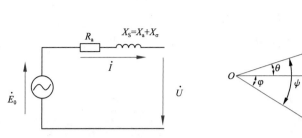

图 9-10　同步发电机的等值电路

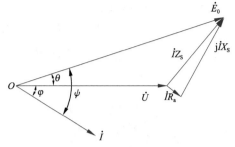

图 9-11　同步发电机的相量图

$I\dot{R}_a$ 为电枢绕组上的电压降。由于目前同步发电机容量都很大，电阻很小，因此电枢绕组压降可忽略不计。

$j\dot{I}X_a$ 为电枢反应电抗电压降，由电枢反应产生的电枢反应电动势 E_a 引起，而 E_a 由电枢反应磁通 Φ_a 产生。X_a 称为电枢反应电抗。$\dot{E}_a$ 在相位上滞后 $\dot{I}$ 90° 电角度，$j\dot{I}X_a$ 则超前 $\dot{I}$ 90° 电角度。即

$$\dot{E}_a = -j\dot{I}X_a \tag{9-6}$$

$j\dot{I}X_\sigma$ 为漏磁电抗电压降，由电枢漏磁电动势 E_σ 引起，而 E_σ 由电枢漏磁通 Φ_σ 产生。X_σ 称为定子漏抗。$\dot{E}_\sigma$ 在相位上滞后 $\dot{I}$ 90° 电角度，$j\dot{I}X_\sigma$ 则超前 $\dot{I}$ 90° 电角度。即

$$\dot{E}_\sigma = -j\dot{I}X_\sigma \tag{9-7}$$

从相量图中可以得到，当同步发电机的负载为感性时，电枢反应有去磁作用，同步发电机的端电压变小，感性负载越大，去磁作用就越大，端电压减小就越多。当同步发电机的负载为容性时，电枢反应有增磁作用，使得端电压增大。

同步发电机从空载到额定负载，其端电压的变化用电压变化率表示，即

$$\Delta U\% = \frac{E_0 - U_N}{U_N} \times 100\% \tag{9-8}$$

式中，U_N 为发电机的额定电压。

电压变化率是同步发电机运行的一个重要参数。同步发电机多带感性负载，一旦突然失去负荷，会造成电压增大很快，从而击穿电机绝缘。同时电力用户也要求有一个稳定的工作电压，因此，同步发电机的电压变化不宜太大。当超过允许的范围时，应通过调节励磁电流来保持同步发电机的端电压。

9.2.3　同步发电机的并联运行

1. 并联运行的意义

同步发电机的并联运行是指将两台或多台同步发电机分别接在电力系统的对应母线上，或通过主变压器、输电线接在电力系统的公共母线上，共同向用户供电。同步发电机并联运行的意义在于以下几点：

（1）可以根据负载的变化合理地调整发电机运行的台数，提高机组的运行效率。

（2）便于轮流安排检修，提高供电的可靠性，同时可以减小系统的备用容量。

（3）实现各地能源的合理、充分利用。例如，火电与水电并联运行后，在丰水期就可以多发水电，节约大量的燃煤，而在枯水期就可以多生产火电，保证生产和人民生活对电能的需求。

（4）能更好地调节电能，提高电能质量。多个发电厂并联在一起后，负载波动所引起的电压、频率的变化由一大电网来承担，可以将影响大大减小，从而保证了供电的质量。

2. 同步发电机并联运行的条件

同步发电机并联运行应满足一定的条件。

（1）同步发电机的端电压应等于电网的电压。

如果这两个电压不相等，就会出现一个电压差，如图 9-12 所示。当开关闭合后，在发电机和电网构成的环形回路中就会出现环流 I_P，即

$$I_P = \frac{\Delta U}{X} \tag{9-9}$$

式中，ΔU 为发电机与电网之间的电压差；X 为发电机的电抗。很显然，两者之间的电压差越大，环流就越大，对发电机的运行就越不利。

（2）同步发电机电压的相位（极性）应与电网电压的相位（极性）相同。

如果它们的电压大小相等，但是相位（极性）不同，则同样存在电压差，如图 9-13 所示，同样会引起环流，影响发电机的正常运行。

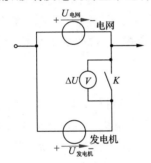

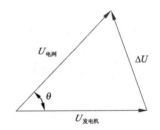

图 9-12　同步发电机并联运行的等效电路　　　图 9-13　同步发电机与电网的电压差

（3）同步发电机的频率应与电网的频率相同。

当电网和发电机的频率分别为 f_1、f_2，且它们不相等时，假设电压值和相位是相同的，它们的电压差为

$$
\begin{aligned}
\Delta U &= U_2 - U_1 \\
&= \sqrt{2} U_1 \left[\sin(2\pi f_2 t) - \sin(2\pi f_1 t) \right] \\
&= 2\sqrt{2} U_1 \sin\left\{ 2\pi \left[\frac{1}{2}(f_2 - f_1) \right] t \right\} \cos\left\{ 2\pi \left[\frac{1}{2}(f_2 + f_1) \right] t \right\} \\
&= 2\sqrt{2} U_1 \sin\left[\frac{1}{2}(\omega_2 - \omega_1) t \right] \cos\left[\frac{1}{2}(\omega_2 + \omega_1) t \right] \tag{9-10}
\end{aligned}
$$

式中

$$\omega_1 = 2\pi f_1$$
$$\omega_2 = 2\pi f_2$$

由此可知，发电机与电网的电压差 ΔU 的瞬时值以频率 $\frac{1}{2}(f_2 - f_1)$ 在 $0 \sim 2\sqrt{2} U_1$ 范围内变化，其本身为一个频率为 $\frac{1}{2}(f_2 + f_1)$ 的交流电动势。所以虽然电压值相等，但有相位差，也就存在电压差 ΔU，环形回路中一样会有环流。

(4)发电机的电压波形应与电网的电压波形相同,即均应为正弦波。

(5)发电机的相序应与电网的相序相同。

实际将发电机投入并联时,要绝对满足上述条件是很困难的,如果在允许的范围内还是可以并网运行的。要求发电机与电网的频率相差 0.2%～0.5%,电压有效值相差 5%～10%,相序相同而相位差不超过 10°。

3. 并联运行的投入方法

(1)准同期法

准同期法是将发电机完全调整到符合并联运行条件后再并入电网运行。这种方法需要采用同步指示器。最简单的同步指示器由三组指示灯组成。

①灯光熄灭法

如图 9-14(a)所示,将三组指示灯接在发电机和电网并联开关的两侧。在投入运行前,应保证发电机与电网的相序相同,如三相相序不同,三组指示灯会轮流变暗。如果发电机与电网的电压有差别,电压表中将会有读数,可通过调节发电机的励磁电流使得它们之间的电压相等。当发电机与电网的频率有差别时,并联开关的两端存在一个变化的电压差,会使灯光忽亮忽暗,通过调节发电机的转速,使发电机的频率与电网频率接近,当调节至亮、暗变化的频率很低时,就可以准备合闸了。一旦电压表指示为 0,指示灯全熄灭,说明发电机已符合并联条件,运行人员应迅速进行合闸操作,将发电机投入运行。

②灯光旋转法

如图 9-14(b)所示。如果发电机与电网的相序不同,三组指示灯将同时亮、暗;如果相序相同,灯光会旋转。在合闸前应一定保证相序相同。如果发电机的频率比电网高,将按相序方向旋转;否则,按相序的相反方向旋转。因此,可以根据灯光的旋转方向,适当调节发电机的转速,使灯光的转速变得很低,当接在同一相的一组指示灯熄灭而另两组指示灯亮度相同时,应迅速合闸。

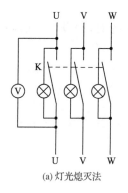
(a)灯光熄灭法

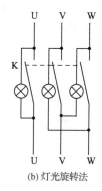
(b)灯光旋转法

图 9-14　准同期法接线

采用这种方法应注意:一是白炽灯在电压小于 $1/6U_N$ 时就会熄灭,为了使合闸更准确,可在开关的两端接一个指示零电压的电压表作为辅助仪表。二是各指示灯的电压可能出现 2 倍的相电压,会烧坏灯泡,当相电压为 220 V 时,每组应串接两个指示灯;当发电机和电网的电压较大时,应采用电压互感器降压后再接入指示灯,两个三相电压互感器应具有相同连接组别。

准同期法的优点是在投入的瞬间发电机和电网之间没有冲击电流。缺点是复杂,尤其是当频率和电压变化时,很难准确掌握投入的时机。

（2）自同期法

如图 9-15 所示。先将发电机的励磁绕组用电阻短接，当发电机转速升高到接近同步转速时，将发电机并入电网，并立即进行直流励磁。发电机转子依靠定子和转子主磁极形成的自同期作用把转子自动投入同步。

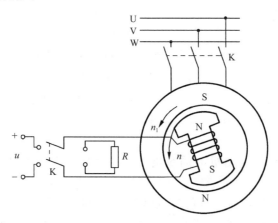

图 9-15　自同期法接线

这种方法具有操作简单、并网迅速的优点。但在合闸和加上励磁时，会有电流冲击，因不会危及发电机的安全，所以这种方法非常实用。

9.3　同步电动机

9.3.1　同步电动机的基本方程和相量图

1. 同步电动机的电枢反应

同步电动机电枢反应的分析应考虑同步电动机本身的工作特性，即电阻性、电感性、电容性。

设主磁极的位置和旋转方向不变，同步电动机的电枢电流方向应与同步发电机的电枢电流方向相反，这使得电枢反应的结果也相反。因此可以得到同步电动机电枢反应有以下结果：

（1）当同步电动机为感性时，电枢反应有磁化作用。

（2）当同步电动机为容性时，电枢反应为去磁作用。

（3）当同步电动机为阻性时，电枢反应略有去磁作用，使磁场发生偏转。

2. 隐极式同步电动机的方程和相量图

同步电动机正常工作时，转子中直流电流产生的主磁极磁场和定子电流产生的旋转磁场都以同步速度 n_1 旋转，它们形成一个合成磁场，合成磁场的磁通为

$$\dot{\Phi}=\dot{\Phi}_0+\dot{\Phi}_a \tag{9-11}$$

上述三个旋转的磁通切割定子绕组，绕组中分别产生三个对应电动势，即合成磁通 $\dot{\Phi}$ 产生一个合成电动势 $\dot{E}_1$；主磁通 $\dot{\Phi}_0$ 产生空载电动势 $\dot{E}_0$；电枢磁通 $\dot{\Phi}_a$ 产生电枢反应电动势

$\dot{E}_a$，且

$$\dot{E}_1 = \dot{E}_0 + \dot{E}_a \tag{9-12}$$

同步电动机其中一相绕组的电动势平衡方程为

$$\dot{U}_1 = -\dot{E}_1 + \dot{I}_1 R_1 + j\dot{I}_1 X_\sigma \tag{9-13}$$

式中　X_σ——定子漏抗；

　　　R_1——定子绕组电阻。

一般同步电动机容量都比较大，R_1 的值很小，分析时常忽略。因此可得

$$\dot{U}_1 = -\dot{E}_0 - \dot{E}_a + j\dot{I}_1 X_\sigma \tag{9-14}$$

由以前分析可知，电枢电动势 $\dot{E}_a = -j\dot{I}_1 X_a$，$X_a$ 为电枢反应电抗，则式(9-14)变为

$$\dot{U}_1 = -\dot{E}_0 + j\dot{I}_1 X_a + j\dot{I}_1 X_\sigma$$
$$= -\dot{E}_0 + j\dot{I}_1 X_S \tag{9-15}$$

式中　X_S——隐极式同步电动机的同步电抗，$X_S = X_a + X_\sigma$，其中 X_a 要比 X_σ 大很多，常为 5～8 倍。

由此，可绘出隐极式同步电动机的等效电路和相量图，如图 9-16 所示。图中电流超前电压，是同步电动机经常工作的状态，目的是在拖动负载时，可以增大电网的功率因数。

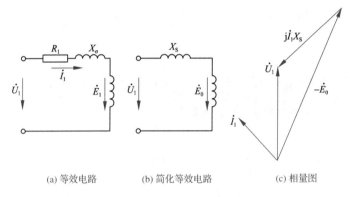

(a) 等效电路　　　　(b) 简化等效电路　　　　(c) 相量图

图 9-16　隐极式同步电动机的等效电路和相量图

隐极式同步电动机气隙均匀，无明显磁极，电枢反应电动势在任何位置受到的磁阻都是一样的，电抗也不变，在不考虑因磁路饱和所引起的非线性的情况下，电枢反应电抗和同步电抗都应是常数。

3. 凸极式同步电动机的方程和相量图

凸极式同步电动机的气隙是不均匀的，存在明显的磁极，因此电枢电动势在磁极的不同位置受到的磁阻是不相同的，电抗 X_a 和 X_σ 不再为常数。

首先我们考虑两个特殊位置。一是当电枢磁场的轴线与主磁极的轴线重合时，这时气隙最小，磁阻最小，磁导最大，电抗也最大，将这时的电抗称为电枢反应直轴电抗，记为 X_{ad}。另一位置是电枢磁场的轴线处于主磁极的几何中线，这时气隙最大，磁阻最大，磁导最小，电抗也最小，将这时的电抗称为电枢反应交轴电抗，记为 X_{aq}。当电枢磁场处在两个特殊位置之间时，磁阻、磁导、电抗也处在上述值之间，并随着位置变化而发生变化。所以在分析凸极式同步电动机的电动势方程时，应将电枢磁通分解为直轴和交轴两个分量。

在不考虑因磁路饱和引起的非线性和高次谐波的影响，只考虑磁通中的基波分量时，可以把电枢磁通分解为直轴和交轴两个分量，分别用 Φ_{ad} 和 Φ_{aq} 表示，它们在气隙也以同步转速旋

转。因此总的电枢磁通为

$$\Phi_a = \Phi_{ad} + \Phi_{aq} \qquad (9\text{-}16)$$

Φ_{ad} 和 Φ_{aq} 分别在定子绕组中产生感应电动势 $\dot{E}_{ad}$ 和 $\dot{E}_{aq}$，也就是电枢磁动势在定子绕组产生的电动势 $\dot{E}_a$ 的两个分量。所以

$$\dot{E}_a = \dot{E}_{ad} + \dot{E}_{aq} \qquad (9\text{-}17)$$

由于 Φ_{ad} 作用在主磁极的轴线上，对应电枢反应直轴电抗为 X_{ad}，电流的直轴分量用 $\dot{I}_d$ 表示，这样 $\dot{E}_{ad} = -j\dot{I}_d X_{ad}$；同理 Φ_{aq} 作用在主磁极的几何中线上，对应电枢反应交轴电抗为 X_{aq}，电流的直轴分量用 $\dot{I}_q$ 表示，这样 $\dot{E}_{aq} = -j\dot{I}_q X_{dq}$，$X_{ad}$ 和 X_{aq} 在不考虑磁路饱和的影响下为常数。因此凸极式同步电动机的电动势平衡方程为

$$\begin{cases} \dot{U}_1 = -\dot{E}_0 - \dot{E}_a + j\dot{I}_1 X_\sigma \\ \dot{U}_1 = -\dot{E}_0 - \dot{E}_{ad} - \dot{E}_{aq} + j\dot{I}_1 X_\sigma \\ \dot{U}_1 = -\dot{E}_0 + j\dot{I}_d X_{ad} + j\dot{I}_q X_{aq} + j\dot{I}_1 X_\sigma \end{cases} \qquad (9\text{-}18)$$

同样，电阻 R_1 因很小可忽略。将 $j\dot{I}_1 X_\sigma$ 也分解为直轴和交轴两个分量并由式（9-18）作出凸极式同步电动机的相量图，如图 9-17 所示。图中的 φ 角为功率因数角，ψ 角为内功率因数角，θ 角为功率角，它们的关系为 $\varphi = \psi + \theta$。

由图 9-17 可知

$$\begin{cases} \dot{U}_1 = -\dot{E}_0 + j\dot{I}_d X_{ad} + j\dot{I}_q X_{aq} + j\dot{I}_d X_\sigma + j\dot{I}_q X_\sigma \\ \dot{U}_1 = -\dot{E}_0 + j\dot{I}_d X_d + j\dot{I}_q X_q \end{cases} \qquad (9\text{-}19)$$

式中　X_d——直轴同步电抗，$X_d = X_{ad} + X_\sigma$；
　　　X_q——交轴同步电抗，$X_q = X_{aq} + X_\sigma$。

对于隐极式同步电动机，$X_d = X_q = X_\sigma$，代入式（9-19）就得到隐极式同步电动机的电动势平衡方程，它实际是凸极式同步电动机电动势平衡方程的一个特例。

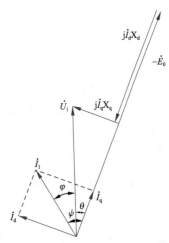

图 9-17　凸极式同步电动机的相量图

9.3.2 同步电动机的功角特性和机械特性

1. 同步电动机的功率及转矩平衡方程

电网向同步电动机输送的电功率为 P_1，除小部分在定子绕组引起铜损耗外，大部分转变为电磁功率，传递给转子。同步电动机的功率流程如图 9-18 所示。

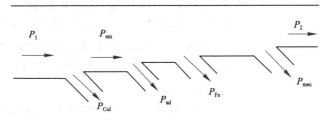

图 9-18　同步电动机的功率流程

从图 9-18 中可知

$$\begin{cases} P_1 = P_{em} + p_{Cu1} \\ P_{em} = P_2 + (p_{mec} + p_{Fe} + p_{ad}) = P_2 + p_0 \end{cases} \qquad (9\text{-}20)$$

式中　P_1——定子输入的电功率；

　　　P_{em}——电磁功率；

　　　P_2——轴上输出的机械功率；

　　　p_{Cu1}——定子铜损耗；

　　　p_{Fe}——铁损耗；

　　　p_{mec}——机械损耗；

　　　p_{ad}——附加损耗。

其中
$$p_0 = p_{mec} + p_{Fe} + p_{ad}$$

相应的转矩平衡方程为

$$T_{em} = T_2 + T_0 \tag{9-21}$$

式中　T_{em}——电磁转矩，$T_{em} = \dfrac{P_{em}}{\Omega_0}$；

　　　T_2——机械负载转矩，$T_2 = \dfrac{P_2}{\Omega_0}$；

　　　T_0——空载转矩，$T_0 = \dfrac{P_0}{\Omega_0}$；

　　　Ω_0——同步角速度。

同步电动机随着负载的变化，必然会引起电磁转矩的变化，但转速是不会变化的，所以我们研究电磁功率和电磁转矩随负载变化的规律就不能用它与转速的关系来描述，而要采用功角特性。

2. 同步电动机的功角特性

同步电动机功角特性是指电磁功率（电磁转矩）随功率角 θ 变化的关系，即 $P_{em} = f(\theta)$ 或 $T_{em} = f(\theta)$ 对应的关系特性曲线，称为功角特性曲线。

（1）凸极式同步电动机的功角特性

$$P_{em} = \frac{3E_0 U_1}{X_d} \sin\theta + \frac{3U_1^2}{2}\left(\frac{1}{X_q} - \frac{1}{X_d}\right)\sin(2\theta)$$

$$T_{em} = \frac{P_{em}}{\Omega_0} = \frac{3U_1 E_0}{\Omega_0 X_d}\sin\theta + \frac{3U_1^2}{2\Omega_0}\left(\frac{1}{X_q} - \frac{1}{X_d}\right)\sin(2\theta) \tag{9-22}$$

式中　θ——外加电源电压 $\dot{U}_1$ 和电枢反应电动势 $\dot{E}_0$ 间的夹角。

式（9-22）中的第一项为主电磁功率（转矩），第二项为附加电磁功率（转矩），这一项只在凸极式同步电动机中才存在。当电源电压为额定电压 U_N，励磁电流 I_f 为常数时，E_0 亦为常数，电磁功率 P_{em} 和电磁转矩 T_{em} 仅为功率角 θ 的函数。凸极式同步电动机的功角特性曲线如图 9-19 中的实线所示。

（2）隐极式同步电动机的功角特性

$$P_{em} = \frac{3E_0 U_1}{X_d}\sin\theta$$

$$T_{em} = \frac{3E_0 U_1}{\Omega_0 X_d}\sin\theta \tag{9-23}$$

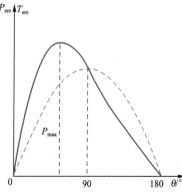

图 9-19　同步电动机的功角特性曲线

其功角特性曲线为图 9-19 中的虚线。这时 $X_d = X_q$，式(9-22)中的 $\dfrac{3U_1^2}{2\Omega_0}\left(\dfrac{1}{X_g} - \dfrac{1}{X_d}\right)\sin(2\theta)$ 项为 0。当电压、频率、空载电动势(即电枢反应电动势)都为常数时，在 $\theta = 90°$ 时的电磁转矩达到最大值，即

$$T_{max} = \frac{3U_1 E_0}{\Omega_0 X_d} \tag{9-24}$$

(3)稳定运行区分析

以隐极式同步电动机为例来分析。

①同步电动机的工作点在 0°~90° 范围内。当负载较小时，转速会上升，功率角 θ 减小，电磁转矩 T_{em} 减小，当 T_{em} 减小到与 T_L 相等时，同步电动机在新的平衡状态下稳定运行；当负载增大时，转速会下降，功率角 θ 增大，电磁转矩 T_{em} 增大，当 T_{em} 增大到与 T_L 相等时，同步电动机又在新的平衡状态下稳定运行。故 0°~90° 为同步电动机的稳定运行区。

②同步电动机的工作点在 90°~180° 范围内。当负载增大时，转速会上升，功率角 θ 增大，电磁转矩 T_{em} 减小，电磁转矩不断减小，直至同步电动机停止。所以 90°~180° 为同步电动机的不稳定运行区。

为了使同步电动机有足够的过载能力，额定转矩应小于最大转矩，额定功率角常为 20°~30°。这时电动机的过载能力为

$$\lambda = \frac{T_{max}}{T_N} = \frac{\sin 90°}{\sin(20°\sim30°)} = 2\sim3.5 \tag{9-25}$$

凸极式同步电动机的功角特性曲线如图 9-19 中的实线所示。从图 9-19 中可以看到，最大转矩通常出现在 45°~90° 范围内。由于附加转矩的存在，其过载能力增强，故其稳定性就较高，因此同步电动机多制成凸极式。

(4)稳定运行条件

用同步功率来表示同步电动机保持同步转速的能力，即运行的稳定度。同步功率是指电磁功率(或电磁转矩)的变化量 ΔP_{em}(或 ΔT_{em})与功率角变化量 $\Delta\theta$ 之间的比值 P_S。即

$$P_S = \frac{\Delta P_{em}}{\Delta\theta} \tag{9-26}$$

对隐极式同步电动机，即

$$P_S = \frac{3U_1 E_0}{X_d}\cos\theta \tag{9-27}$$

在电源电压和励磁电流都不变的情况下，X_d 不变，同步功率随 θ 按余弦规律变化，如图 9-20 所示。当 $\theta = 0°$ 时，P_S 最大，即同步电动机在空载运行时保持同步的能力最强，也就是最稳定；当负载运行时，θ 角增大，电磁功率 P_{em} 增大，同步功率 P_S 减小，只要是在 0°~90° 范围内，同步电动机都能稳定运行。因此，同步电动机稳定运行的条件为 $P_S > 0$。

当 $\theta = 90°$ 时，$P_S = 0$，为临界点。当 θ 在 90°~180° 范围内时，$P_S < 0$，同步功率为负值，同步电动机不能稳定运行。

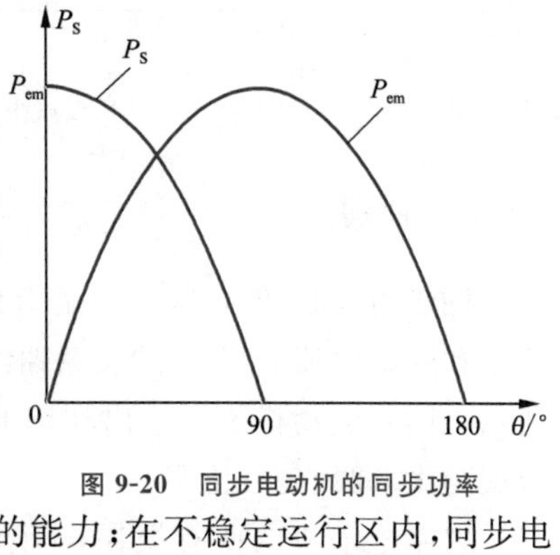

图 9-20 同步电动机的同步功率

所以，在稳定运行区内，同步电动机具有保持同步转速的能力；在不稳定运行区内，同步电动机的转速不能保持为同步转速，这种现象称为失步。很显然，同步电动机在稳定运行区内运行时，其转速为同步转速，不随负载的变化而变化。

9.3.3 同步电动机的工作特性和 V 形曲线

1. 同步电动机的工作特性

同步电动机的工作特性是指在外加电压 U_1、励磁电流 I_f 均为常数时，电枢电流 I、电磁转矩 T_{em}、功率因数 $\cos\varphi$ 和效率 η 与输出功率 P_2 之间的关系。

由转矩平衡方程 $T_{em} = T_2 + T_0 = \dfrac{P_2}{\Omega_0} + T_0$ 可知，当 $P_2 = 0$ 时，$T_{em} = T_0$，定子绕组中仅有空载电流。随着负载的增大，P_2 也会逐渐增大，电磁转矩 T_{em} 为了克服增大了的负载转矩也会逐渐增大，因此 $T_{em} = f(P_2)$ 是一条直线。由于功率平衡的关系，P_2 的增大会使输入的电功率 P_1 增大，励磁电流也会上升，$I = f(P_2)$ 近似一条直线。同步电动机的效率特性与其他电动机相同。同步电动机的工作特性曲线如图 9-21 所示。

如图 9-22 所示为同步电动机在不同励磁下的功率因数特性曲线。曲线 1 是在较小励磁电流下，只能在空载时才会使 $\cos\varphi = 1$；当负载增大时，功率因数会减小且滞后。曲线 2 为较大的励磁电流下，当负载小于半载时，功率因数为超前（过励状态），大于半载时，功率因数为滞后（欠励状态）；曲线 3 为更大的励磁电流下，当同步电动机满载时，功率因数为 1。因此，可以通过调节同步电动机的励磁电流来达到在任意负载下，使功率因数为 1 的目的，且可以在超前与滞后之间变化，这是同步电动机的优点之一。

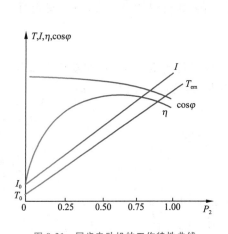

图 9-21 同步电动机的工作特性曲线

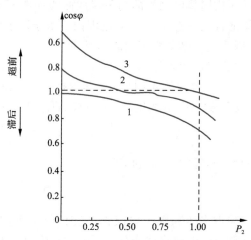

图 9-22 同步电动机在不同励磁下的功率因数特性曲线

2. V 形曲线

同步电动机的 V 形曲线是指在电网电压、频率和电动机输出功率恒定的情况下，电枢电流 I 和励磁电流 I_f 之间的关系曲线 $I = f(I_f)$。因其形状像"V"字，故称 V 形曲线。如图 9-23 所示为同步电动机不同输出功率下的 V 形曲线，在相同的励磁电流下，输出功率越大，电枢电流就越大，曲线越往上移。

忽略电动机的所有损耗，不计凸极效应，输入的电功率应与电磁功率相等。即当 $U_1 = U_N$ 时，$I\cos\varphi =$ 常数，$E_0\sin\theta =$ 常数，所以 $P_1 = 3U_1 I_1 \cos\varphi = P_{em} = 3\dfrac{U_1 E_1}{X_d}\sin\theta =$ 常数。这时调节励

磁电流,电枢电流和励磁电动势均会发生变化。将不同励磁电流的相量绘制在一起,如图 9-24 所示。

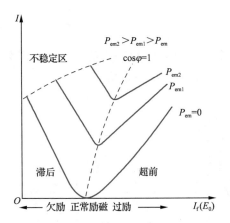

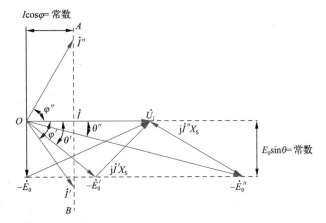

图 9-23　同步电动机不同输出功率下的 V 形曲线　　　　图 9-24　同步电动机在不同励磁下的相量图

　　(1)调节励磁电流 $\dot{I}_f$ 会使励磁磁场 $\dot{\Phi}_0$ 和由其产生的电动势 $\dot{E}_0$ 发生变化。而 $E_0\sin\theta$ 为常数,这样 $\dot{E}_0$ 变化会引起电枢电流 $\dot{I}$ 的变化。

　　(2)调节励磁电流 $\dot{I}_f$ 可能使电枢电流 $\dot{I}$ 超前或滞后。当励磁电流 $\dot{I}_f$ 减小至 $\dot{I}_f{}'$ 时,主磁通 $\dot{\Phi}_0{}'$ 较小,$\dot{E}_0{}'$ 较小,$\dot{E}_0{}' < \dot{U}_1$,电枢电流 $\dot{I}'$ 滞后 $\dot{U}_1$,电动机处于欠励状态,相当于感性负载,功率因数小于 1,为滞后。由于电源向一感性负载输送功率,减小了电网的功率因数,所以一般情况下同步电动机不能在欠励状态下运行。增大励磁电流至 $\dot{I}_f$,随着主磁通 $\dot{\Phi}_0$ 增大,$\dot{E}_0$ 也增大,使电枢电流 $\dot{I}$ 和 $\dot{U}_1$ 同相,均为有功电流,电动机为阻性负载,功率因数 $\cos\varphi=1$,电动机处于正常励磁状态,电网只向电动机提供有功功率。继续增大励磁电流至 $\dot{I}_f{}''$,会使电枢电流 $\dot{I}''$ 超前 $\dot{U}_1$,电动机处于过励状态,相当于容性负载,起到电容的作用,功率因数小于 1,为超前,电动机这时能够增大电网的功率因数,这对电网十分有利,因为电网带有大量的感性负载,如果有处于过励运行的同步电动机,就能补偿感性负载中的无功部分,而不需电网提供无功,减小输电线路的电流,减小线损。

　　每条曲线中的最低点均为正常励磁状态,将所有的最低点连接起来,为 $\cos\varphi=1$ 的线,如图 9-23 中的右虚线所示。此虚线的右边为过励状态,励磁电流较大,功率因数角为负值,为超前,电枢电流比正常励磁电流大,电网除向电动机能提供有功功率外,还提供容性无功。此虚线的左边,励磁电流较小,功率因数角为正值,为滞后,电网除向电动机能提供有功功率外,还提供感性无功。

　　同步电动机的最大电磁功率 $P_{\max}$ 与 E_0 成正比,在恒定负载下,减小励磁电流,会降低电动机的过载能力,当励磁电流减小到一定程度时,电动机会因进入不稳定运行区而失去同步,如图 9-23 中的左虚线表示电动机不稳定运行区的极限位置。

9.3.4　同步电动机的启动方法

　　同步电动机的三相定子绕组通电后,旋转磁场就以同步转速旋转,由于转子惯性很大,不能立即也以同步转速转动。在非变频启动时,转子转速与同步转速不等,功率角 θ 在 $0°\sim360°$ 范围内变化。当在 $0°\sim180°$ 范围内时,电磁转矩为正值,是拖动力矩;而在 $180°\sim360°$ 范围内时,电磁转矩则为负值,是制动力矩。在一个周期内,转子产生的平均电磁转矩为 0,因此同步电动机也不能自行启动。

同步电动机常用的启动方法有异步启动法、辅助启动法和调频启动法。

1. 异步启动法

在制造同步电动机时，在转子磁极的圆周上装有同笼型异步电动机一样的短路绕组作为启动绕组，也称为阻尼绕组。异步启动法原理如图 9-25 所示，其启动步骤如下：

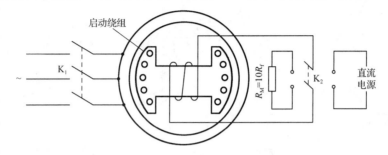

图 9-25　同步电动机异步启动法原理

(1)将同步电动机的励磁绕组和限流电阻 R_M 相接，启动时，如果励磁绕组开路，启动时就会产生很大的电动势，可能损坏电动机绝缘并危急人身安全，但如果将励磁绕组直接短接，在励磁绕组中会出现很大的感应电流，这个电流与旋转磁场一起，在转子上产生很大的附加转矩，造成转子启动困难。所以启动前必须先将同步电动机的励磁绕组和限流电阻 R_M 相接以限制启动电流并减小附加转矩。限流电阻 $R_M \approx 10R_f$，R_f 为励磁绕组电阻。

(2)同步电动机三相定子绕组接通三相电源，该磁场作用在阻尼绕组上，相当于三相异步电动机，使转子转动，即异步启动。

(3)当转子转速升高到接近于同步转速($95\% n_1$)时，将转子绕组接通直流电源，同时将限流电阻断开。

转子绕组接上直流电源进行直流励磁，是利用旋转磁场与转子磁场间的相互吸引力，将转子拉入同步。

如果是大容量的同步电动机采用异步启动，与三相异步电动机一样，会出现很大的启动电流，为了限制过大的启动电流，同样可以采用三相异步电动机减小启动电流的方法来启动同步电动机。

需要注意的是，同步电动机停止运行时，应先断开定子电源，再断开励磁电源，不然转子突然失磁，将在定子中产生很大的电流，在转子中产生很大的电压，会损坏电动机绝缘，影响人身安全。

2. 辅助启动法

辅助启动法是用辅助动力机械将同步电动机加速到接近同步转速，在脱开动力机械的同时，立即给转子绕组加上电源，将同步电动机拉入同步。

辅助动力机械采用异步电动机时，其容量一般为同步电动机容量的 $5\% \sim 15\%$，磁极数与同步电动机相同，当转速接近同步转速时，给转子绕组加上励磁电流，将同步电动机拉入同步，并断开异步电动机电源。也可采用极数比主机少一对的异步电动机，将同步电动机转速升高超过同步转速，断开异步电动机电源，当同步电动机转速下降到同步转速时，立即加上励磁电流。

这种方法的主要缺点是不能带负载启动,否则将要求辅助电动机的容量很大,造成启动设备和操作复杂。

3. 调频启动法

同步电动机转子绕组通电形成磁场后,如果定子旋转磁场的转速从 0 开始逐渐升高,利用异性相吸的原理,定子旋转磁场就能将转子逐渐升速至同步转速,这样转子的转速始终与定子磁场的转速相同,即同步。但这种方法需要变频电源,且励磁机不能和主机同轴,因为启动开始就需要进行励磁,如果同轴,在转速很低时,不能建立所需的励磁电压。

9.3.5 同步电动机的调速方法

同步电动机始终以同步转速运转,没有转差,也没有转差率,而同步电动机转子极对数又是固定的,不能变极调速,因此只能变频调速。在进行变频调速时同样考虑恒磁通问题,所以同步电动机的变频调速也是电压频率协调控制的变压变频调速。在同步电动机的变压变频调速方法中,从控制的方式来看,可分为他控变压变频调速和自控变压变频调速两种。

1. 他控变压变频调速系统

使用独立的变压变频装置给同步电动机供电的调速系统称为他控变压变频调速系统。变压变频装置与异步电动机的变压变频装置相同,分为交-直-交和交-交变频两大类。对于经常在高速运行的电力拖动系统,定子的变压变频方式常用交-直-交电流型变压变频器,其电动机侧变换器(即逆变器)比给异步电动机供电时更简单。对于运行于低速的同步电动机电力拖动系统,定子的变压变频方式常用交-交变频器(或称周波变换器),使用这样的调速方式可以省去庞大的机械传动装置。

2. 自控变压变频调速系统

自控变压变频调速系统是一种闭环调速系统。它利用检测装置,检测出转子磁极位置的信号,并用来控制变压变频装置换相,类似于直流电动机中电刷和换向器的作用。

9.4 同步调相机

同步调相机也称为同步补偿机,实质上是一台空载运行的同步电动机,专门用来改善输电电网的功率因数。它总在空载情况下运行,因而从电网吸收的有功电流是很小的。在过励情况下,它从电网吸收容性的无功电流,补偿了接在电网上的异步电动机和变压器等感性负载所吸收的感性无功电流,增大了电网的功率因数,减小了输电线和发电机的电阻损耗。

如忽略同步调相机的全部损耗,则电枢电流全是无功分量,其电压方程为

$$\dot{U} = \dot{E}_0 + \mathrm{j}\dot{I}X_\mathrm{t} \tag{9-28}$$

据此可绘制过励和欠励时的相量图,如图 9-26 所示。

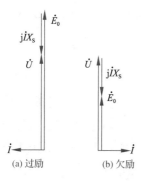

图 9-26　同步调相机的相量图

从图 9-26 中可见,过励时电流 $\dot{I}$ 超前电压 $\dot{U}$ 90°,而欠励时电流 $\dot{I}$ 滞后电压 $\dot{U}$ 90°。所以,只要调节励磁电流,就能灵活地调节它的无功功率的性质和大小。由于电力系统大多数情况下带感性负载,故调相机通常都是在过励状态下运行。

同步调相机的特点如下:

(1)同步调相机的额定容量是指其过励时的视在功率,这时的励磁电流称为额定励磁电流。

(2)由于同步调相机不拖动机械负载,故机械强度要求较低,转轴也可以细一些,过载能力可以小些,可设计较小的气隙以节约励磁绕组用铜量,故其 X_d 较大。

(3)为了提高材料利用率,大型同步调相机多采用双水内冷或氢冷。

(4)为了节省造价,大型同步调相机常采用 6 极或 8 极的凸极式结构而不采用隐极式结构。

思考与练习

9-1　什么是同步电机?其感应电动势频率和转速有何关系?怎样由其极数决定它的转速?

9-2　简述同步发电机的工作原理。

9-3　有一台 QFS-300-2 型汽轮发电机,$P_N = 300$ MV·A,$U_N = 18$ kV,$\cos\varphi_N = 0.85$,$f_N = 50$ Hz。求:

(1)发电机的额定电流;

(2)发电机在额定运行时的有功和无功功率。

9-4　有一台 TS854-29-40 型水轮发电机,$P_N = 100$ MW,$U_N = 13.8$ kV,$\cos\varphi_N = 0.9$,$f_N = 50$ Hz。求:

(1)发电机的额定电流;

(2)额定运行时的有功和无功功率;

(3)转速。

9-5　为什么同步电抗的数值一般都较大(不可能做得较小),分析下列情况对同步电抗的影响:

(1)电枢绕组匝数增加;

(2)铁芯饱和程度增大;

(3)气隙加大;

(4)励磁绕组匝数增加。

9-6　简述三相同步发电机并列运行的条件。

9-7　同步发电机的功率角在时间和空间上各有什么含义?

9-8　什么是同步电动机的 V 形曲线？什么时候是正常励磁、过励磁和欠励磁？一般情况下同步电动机在什么状态下运行？

9-9　比较 ψ、φ、δ 这三个角的含义，同步电机的各种运行状态分别与哪个角有关？角的正、负又如何？

9-10　有一台发电机向一感性负载供电，有功电流分量为 1 000 A，感性无功电流分量为 1 000 A。求：

(1)发电机的电流 I 和 $\cos\varphi$；

(2)在负载端接入调相机后，如果将 $\cos\varphi$ 增大到 0.8，发电机和调相机的电流各为多少？

(3)如果将 $\cos\varphi$ 增大到 1，发电机和调相机的电流又各为多少？

9-11　说明 x_d''、x_d' 的物理意义，比较 x_d''、x_d'、x_d 的大小。

自测题

一、填空题

1.同步电机主要用作（　　　　），也可作为（　　　　）和调相机使用。

2.同步电机按结构可分为（　　　　）式和（　　　　）式两种。

3.同步电动机有两种励磁方式，分别为（　　　　）和（　　　　）。

4.关于额定功率，对于同步电动机来讲是输出的（　　　　），对于同步发电机来讲是输出的（　　　　）。

5.同步电动机的启动方法大致分为（　　　　）、（　　　　）和（　　　　）三种。

二、判断题

1.整流励磁是将电网或其他交流电源经过整流以后,送入电动机励磁绕组的。（　　）

2.整个同步电动机的气隙磁场由励磁(转子)磁场的磁动势和电枢(定子)磁场的磁动势共同合成。（　　）

3.电枢磁动势的直轴分量与励磁磁动势的方向相同。（　　）

4.同步电动机由电网的额定电源送入功率,然后发出电功率。（　　）

5.将同步电动机的运行状态设置在过励状态工作,以便吸收超前的无功功率,改善电网的功率因数。（　　）

三、简答题

1.同步发电机并联运行的条件是什么？

2.同步电动机的工作原理是什么？

四、计算题

1.某台 150 r/min、50 Hz 的同步电动机,其极对数是多少？

2.某台三相凸极式同步电动机,定子绕组为星形连接,额定电压为 380 V,交轴同步电抗 $x_q=3.43\ \Omega$,直轴同步电抗 $x_d=6.06\ \Omega$,运行时的电动势 $E_0=250$ V(相值),功率角 $\theta=28°$。求电磁功率 P_{em}。

第10章

伺服电动机

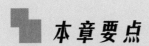 **本章要点**

本章主要介绍直流伺服电动机的分类和特性，交流伺服电动机的结构、原理等。

通过本章的学习，应达到以下要求：

- 掌握直流伺服电动机的分类和特性。
- 掌握交流伺服电动机的结构、原理。
- 熟悉交、直流伺服电动机的性能比较方法。
- 了解伺服电动机的应用。

伺服电动机的功能是把输入的控制电压转换为转轴上的角位移和角速度输出,转轴的转速和转向随着输入电压信号的大小和方向而改变。在自动控制系统中,伺服电动机作为执行元件,因此伺服电动机又称为执行电动机。

伺服电动机按其使用电源性质不同,可分为直流伺服电动机和交流伺服电动机。

对伺服电动机的基本要求如下:

(1)可控性好,有控制电压信号时,电动机在转向和转速上应能做出正确的反应,控制电压信号消失时,电动机应能可靠停转。

(2)响应快,电动机转速的高低和方向随控制电压信号改变而快速变化,反应灵敏,即要求机电时间常数小,启动转矩大。

(3)机械特性线性度好,调速范围大,转速稳定。

(4)控制功率小,空载始动电压(从静止到连续转动的最小电压)小。

10.1 直流伺服电动机

10.1.1 直流伺服电动机的分类

直流伺服电动机分为传统直流伺服电动机和低惯量直流伺服电动机两类。

1. 传统直流伺服电动机

传统直流伺服电动机就是微型他励直流电动机,在结构上有电磁式和永磁式两种基本类型。电磁式直流伺服电动机的定子通常用硅钢片叠成铁芯,铁芯上套有励磁绕组,使用时需加励磁电源,按励磁方式不同又分为他励、并励、串励和复励四种。我国生产的 SZ 系列直流伺服电动机就属于这种结构。永磁式直流伺服电动机是在定子上装置由永久磁铁做成的磁极,不需要励磁电源,应用方便。我国生产的 SY 系列直流伺服电动机就属于这种结构。

传统直流伺服电动机的电枢与普通直流电动机的电枢相同,铁芯是用硅钢片冲压叠片制成,外圆有均匀分布的槽齿,电枢绕组按一定规律嵌放在槽中,并经换向器和电刷引出。

2. 低惯量直流伺服电动机

低惯量直流伺服电动机在结构上分为盘形电枢、无槽电枢和无刷等直流伺服电动机。

(1)盘形电枢直流伺服电动机

盘形电枢的特点是电枢的直径远大于长度,电枢有效导体沿径向排列,定子、转子间的气隙为轴向平面气隙,主磁通沿轴向通过气隙。其中电枢绕组可以是印制绕组或绕线式绕组,后者功率比前者大。

印制绕组是采用与制造印制电路板相类似的工艺制成的,它可以是单片双面或多片重叠的。如图 10-1 所示为印制绕组盘形电枢直流伺服电动机结构。由图可见,它不单独设置换向器,而是利用靠近转轴的电枢端部作为换向器,但导体表面需另外镀一层耐磨材料,以延长使用寿命。

绕线式绕组则是先绕成单个线圈,然后把全部线圈排列成盘形,再用环氧树脂热固化成型。如图 10-2 所示为线绕式盘形电枢直流伺服电动机结构。

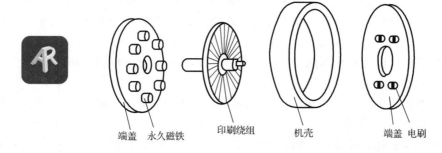

端盖　永久磁铁　　　印刷绕组　　机壳　　　　　　端盖　电刷

图 10-1　印制绕组盘形电枢直流伺服电动机结构

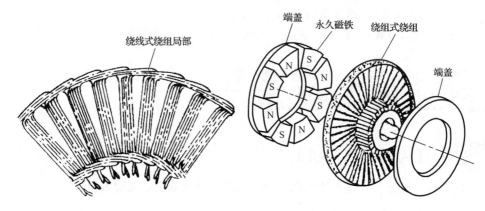

绕线式绕组局部　　　　　　　　　端盖　　永久磁铁　　绕组式绕组　　　　　端盖

图 10-2　线绕式盘形电枢直流伺服电动机结构

盘形电枢直流伺服电动机具有以下特点：

①结构简单，制造成本低。

②启动转矩大。由于电枢绕组全部在气隙中，散热良好，其绕组电流密度比一般普通的直流伺服电动机大 10 倍以上，因此容许的启动电流大，启动转矩也大。

③力矩波动很小，低速运行稳定，调速范围广而平滑，能在 1∶20 的速比范围内可靠平稳运行。这主要是由于这种电动机没有齿槽效应，以及电枢元件数、换向片数很多的缘故。

④换向性能好。电枢由非磁性材料组成，换向元件电感小，所以换向火花小。

⑤电枢转动惯量小，反应快，机电时间常数一般为 10～15 ms，属于中等低惯量伺服电动机。

（2）无槽电枢直流伺服电动机

无槽电枢直流伺服电动机的结构和普通直流伺服电动机的差别仅仅是前者的电枢铁芯是光滑、无槽的圆柱体。电枢的制造是将敷设在光滑电枢铁芯表面的绕组，用环氧树脂固化成型并与铁芯黏结在一起，其气隙尺寸较大，比普通的直流伺服电动机大 10 倍以上。定子励磁一般采用高磁能的永久磁铁。

由于无槽电枢直流电动机在磁路上不存在齿部磁通密度饱和的问题，因此就有可能大大增大电动机的气隙磁通密度和减小电枢的外径。这种电动机的气隙磁通密度可达 1 T 以上，比普通直流伺服电动机大 1.5 倍左右。电枢的长度与外径之比在 5 倍以上。所以无槽电枢直流伺服电动机具有转动惯量低、启动转矩大、反应快、启动灵敏度高、转速平稳、低速运行均匀、换向性能良好等优点。目前无槽电枢直流伺服电动机的输出功率在几十瓦到十千瓦范围内，机电时间常数为 5～10 ms。主要用于要求快速动作、功率较大的系统，如数控机床和雷达天线驱动等系统。

（3）无刷直流伺服电动机

无刷直流伺服电动机由电动机、转子位置传感器和半导体开关电路三部分组成。无刷直流伺服电动机的结构如图 10-3 所示。它的磁极是旋转的，即永磁式转子，静止的定子安放多相电枢绕组，各相绕组分别由半导体开关控制，半导体开关的导通由转子位置传感器所决定，使电枢绕组中的电流随转子位置的改变而按一定的顺序进行换向，从而实现了无接触（电刷）电子换向。无刷直流伺服电动机既具有直流伺服电动机良好的机械特性和调节特性，又具有交流电动机维护方便、运行可靠的优点。

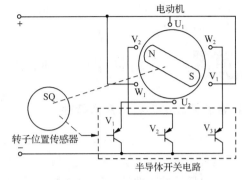

图 10-3　无刷直流伺服电动机的结构

10.1.2　直流伺服电动机的控制方法

由直流电动机的电压平衡方程

$$U_a = I_a R_a + E_a \tag{10-1}$$

可推得

$$I_a = \frac{U_a - E_a}{R_a} = \frac{U_a - C_e \Phi n}{R_a} \tag{10-2}$$

$$n = \frac{U_a}{C_e \Phi} - \frac{R_a T_{em}}{C_e C_T \Phi^2} \tag{10-3}$$

由此可见，当转矩 T_{em} 一定时，转速 n 是电枢电压 U_a 和磁通 Φ 的函数。它表明了电动机的控制特性，也就是说，改变 U_a 或 Φ 都可以达到调节转速 n 的目的。

1. 电枢控制

在定子磁场不变的情况下，通过调节电枢电压 U_a 来控制电动机的转速和输出转矩的方法称为电枢控制。

2. 磁场控制

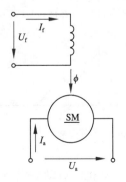

图 10-4　电枢控制直流伺服电动机原理

通过调节磁通 Φ（改变励磁电压 U_f）来控制电动机的转速和输出转矩的方法称为磁场控制。

这两种方法是不同的：电枢控制中，转速 n 和控制量 U_a 之间是线性关系；磁场控制中，转速 n 和控制量 Φ 是非线性关系。因此，在直流伺服系统中多采用电枢控制。

电枢控制直流伺服电动机原理如图 10-4 所示。直流伺服电动机励磁绕组接于恒压直流电源 U_f 上，流过恒定励磁电流 I_f，产生恒定磁通 Φ，将控制电压 U_a 加在电枢绕组上来控制电枢电流 I_a，进而控制电磁转矩 T_{em}，实现对电动机转速的控制。

直流伺服电动机在使用时应先接通励磁电源,等待控制信号。控制信号一旦出现,电动机马上启动,快速进入运行;当控制信号消失时,电动机马上停转。所以在工作过程中,一定要防止励磁绕组断电,以防止电动机因超速而损坏。

常用的有 SZ 系列直流伺服电动机。

10.1.3 直流伺服电动机的特性

1.直流伺服电动机的静态特性

当直流伺服电动机的控制电压和负载转矩不变,电流和转速达到恒定的稳定值时,就称此电动机处于静态(稳态),此时电动机所具有的特性称为静态特性。直流伺服电动机的静态特性一般包括机械特性(转速与转矩的关系)和调节特性(转速与控制电压的关系)。

（1）机械特性

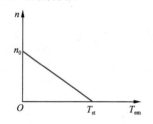

图 10-5　直流伺服电动机的机械特性曲线

由式(10-3)知,当电枢电压 U_a 和磁通 Φ 一定时,转速 n 是转矩 T_{em} 的函数,它表明了直流伺服电动机的机械特性,如图 10-5 所示。

在理想的空载情况下,即电磁转矩 $T_{em}=0$ 时,理想空载转速为

$$n_0 = \frac{U_a}{C_e \Phi} \tag{10-4}$$

由式(10-3)可见,当 $n=0$ 时,有

$$T_{em} = T_{st} = \frac{U_a C_T \Phi}{R_a} \tag{10-5}$$

式中,T_{st} 称为启动转矩。

斜率

$$\beta = \frac{R_a}{C_e C_T \Phi^2} \tag{10-6}$$

表明了机械特性的硬软程度。β 越小,说明转速 n 随转矩 T_{em} 变化越小,即机械特性比较硬;β 越大,说明转速随转矩变化越大,即机械特性比较软。从电动机控制的角度,希望机械特性硬些。

β 与电枢电压无关,如果改变电枢电压 U_a,可得到一组平行直线,如图 10-6 所示。由图可见,增大电枢控制电压 U_c,机械特性直线平行上移。在相同转矩时,电枢控制电压越大,静态转速越高。

（2）调节特性

调节特性是指电磁转矩(或负载转矩)一定时直流伺服电动机的静态转速与电枢电压的关系。调节特性表明电压 U_a 对转速 n 的调节作用。如图 10-7 所示是转速 n 和控制电压 U_a 在不同转矩值时的调节特性曲线。

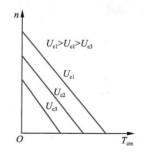

图 10-6　不同控制电压时的机械特性曲线

由图 10-7 可见,当电磁转矩(或负载转矩)为零时,直流伺服电动机的启动是没有死区的。如果电磁转矩(或负载转矩)不为零,则调节特性就出现了死区。只有电枢电压 U_a 大到一定

值,所产生的电磁转矩大到足以克服负载转矩,直流伺服电动机才能开始转动,并随着电枢电压的增大,转速也逐渐提高。直流伺服电动机开始连续旋转所需的最小电枢电压 U_{c01} 称为始动电压。由式(10-3)可知,当 $n=0$ 时,有

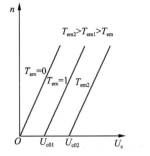

$$U_a = U_{c01} = \frac{T_{em}R_a}{C_T\Phi} \tag{10-7}$$

图 10-7　直流伺服电动机的调节特性曲线

可见,始动电压和电磁转矩(或负载转矩)成正比。

综上所述,直流伺服电动机采用电枢控制时,机械特性和调节特性都是直线,特性曲线族是平行直线,这是很大的优点,给控制系统设计带来方便。

2. 动态特性

直流伺服电动机的动态特性是指在电枢控制条件下,在电枢绕组加上阶跃电压时,转子转速 n 和电枢电流 I_a 随时间变化的规律。

直流伺服电动机产生过渡过程的原因是电动机中存在着两种惯性,即机械惯性和电磁惯性。机械惯性是由直流伺服电动机和负载的转动惯量引起的,是造成机械过渡过程的原因;电磁惯性是由电枢回路中的电感引起的,是造成电磁过渡过程的原因。由于电磁过渡过程比机械过渡过程要短得多,因此为简化分析,通常只考虑机械过渡过程,而忽略电磁过渡过程。

在不计电枢回路的电感时,由他励直流伺服电动机的启动过渡过程可知,此时转速随时间变化的规律为

$$n = n_L(1 - e^{\frac{-t}{\tau_m}}) \tag{10-8}$$

式中　n_L——稳态转速,由负载大小决定;

　　　τ_m——机电时间常数。

在理想空载状态下启动时,$n_L = n_0$,则

$$n = n_0(1 - e^{\frac{-t}{\tau_m}}) \tag{10-9}$$

电枢电流 I_a 随时间变化的规律为

$$I_a = \frac{U_a}{R_a}e^{\frac{-t}{\tau_m}} \tag{10-10}$$

可以看出,过渡过程的快慢与机电时间常数 τ_m 有关,τ_m 越小,直流伺服电动机的响应越快,它是直流伺服电动机的一项重要的性能指标。空载时在电枢上加上阶跃控制电压,经过 $3\tau_m$ 时,直流伺服电动机的转速可从 0 上升到稳定转速的 95%。关于直流伺服电动机的过渡时间,一般圆柱形电枢,$\tau_m = 35 \sim 150$ ms;空心杯电枢,$\tau_m = 15 \sim 20$ ms;盘形电枢,$\tau_m = 5 \sim 20$ ms。

10.1.4　直流伺服电动机的铭牌

1. 型号含义

以电磁式直流伺服电动机 36SZ03 为例,其型号含义如下:

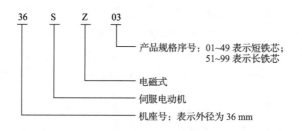

2. 系列

直流伺服电动机有六个系列，例如，电磁式系列的型号为 SZ；永磁式系列的型号为 SY；空心杯电枢永磁式系列的型号为 SYK；无槽电枢系列的型号为 SW。

SZ 系列直流伺服电动机的主要技术数据见表 10-1。

表 10-1　　　　　　　　　　　SZ 系列直流伺服电动机的主要技术数据

型 号	转矩/(mN·m)	v 转速/(r·min⁻¹)	功率/W	电压/V	电流/A		允许顺逆转速差/(r·min⁻¹)	转动惯量/(kg·m²)
36SZ01	16.7	3 000	5	24	0.55	0.32	200	2.646×10⁻⁶
36SZ02	16.7	3 000	5	27	0.47	0.30	200	2.646×10⁻⁶
36SZ03	16.7	3 000	5	48	0.27	0.18	200	2.646×10⁻⁶
36SZ04	14.2	6 000	9	24	0.85	0.32	300	2.646×10⁻⁶
36SZ05	14.2	6 000	9	27	0.74	0.30	300	2.646×10⁻⁶
36SZ06	14.2	6 000	9	48	0.40	0.18	300	2.646×10⁻⁶
36SZ07	14.2	6 000	9	110	0.17	0.085	300	2.646×10⁻⁶

10.2　交流伺服电动机

20 世纪 80 年代以前，在数控机床中采用的伺服系统中，一直是以直流伺服电动机为主，这主要是因为直流伺服电动机具有控制简单、输出转矩大、调速性能好、工作平稳可靠的优点。近年来交流调速有了飞速的发展，交流电动机的可变速驱动系统已发展为数字化，这使得交流电动机的大范围平滑调速成为现实，交流伺服电动机的调速性能已可以与直流伺服电动机相媲美，同时发挥了其结构简单坚固、容易维护、转子的转动惯量可以设计得很小、可以高速运转等优点。因此，在当代的数控机床中，交流伺服电动机得到了广泛的应用。

交流伺服电动机分为同步交流伺服电动机和异步交流伺服电动机两大类型。

10.2.1　同步交流伺服电动机

同步交流伺服电动机由变频电源供电时，可方便地获得与频率成正比的可变转速，得到非常硬的机械特性及较宽的调速范围，所以在数控机床的伺服系统中多采用永磁式同步交流伺服电动机。

1. 工作原理

如图 10-8 所示为一个具有两个极的永磁式转子。当同步交流伺服电动机的定子绕组接通三相交流电流时，产生旋转磁场$(N_s，S_s)$，以同步转速 n_s 逆时针方向旋转。根据两异性磁极相吸引的道理，定子磁极 N_s（或 S_s）紧紧吸住转子永久磁极，以同步转速 n_s 在空间旋转，即转子和定子磁场同步旋转。当转子的负载转矩增大时,定子磁极轴线与转子磁极轴线间的夹角 θ 就会增大,当负载转矩减小时 θ 角会减小,但只要负载不超过一定的限度,转子就始终跟着定子旋转磁场以同步转速转动。此时转子的转速只决定于电源频率和电动机的极对数,而与负载的大小无关。

当负载转矩超过一定的限度时,电动机就会"失步",即不再按同步转速运行,甚至最后会停转。这个最大限度的转矩称为最大同步转矩。因此,使用永磁式同步交流伺服电动机时,负载转矩不能大于最大同步转矩。

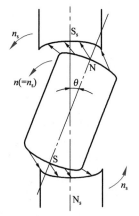

图 10-8　永磁式同步交流伺服电动机的工作原理

2. 调速方法

当同步交流伺服电动机的定子绕组,接通三相交流电源后,就会产生一个一定转速的旋转磁场,并吸引永磁式转子磁极同步旋转,只要负载在允许范围内,转子就会与磁场同步旋转,同步电动机也因此而得名。永磁式同步交流伺服电动机转子的转速为

$$n = \frac{60f}{p} \tag{10-11}$$

式中　f——电源频率;

　　　p——磁极对数。

与异步交流伺服电动机的调速方法不同,同步交流伺服电动机不能用调节转差率 s 的方法来调速,也不能用改变磁极对数 p 的方法来调速,而只能用变频调速才能满足数控机床的要求,实现无级调速。因此,变频器是永磁式同步交流伺服电动机调速控制的一个关键部件。

10.2.2　异步交流伺服电动机

1. 结构特点

异步交流伺服电动机的结构主要可分为两大部分,即定子部分和转子部分。在定子铁芯中安放着空间互成 90° 电角度的两相绕组,如图 10-9 所示。其中 l_1-l_2 称为励磁绕组,k_1-k_2 称为控制绕组,所以交流伺服电动机是一种两相的交流电动机。转子的结构常用的有笼型转子和非磁性杯型转子。

非磁性杯型转子异步交流伺服电动机的结构如图 10-10 所示。图中外定子与笼型转子异步交流伺服电动机的定子完全一样,内定子由环型钢片叠成,通常内定子不放绕组,只是代替笼型转子的铁芯,作为电动机磁路的一部分。在内、外定子之间有细长的空心转子装在转轴上,空心转子做成杯子型状,所以又称为非磁性杯型转子。非磁性杯型转子由非磁性材料铝或铜制成,它的杯壁极薄,一般为 0.3 mm 左右。非磁性杯型转子套在内定子铁芯外,并通过转轴可以在内、外定子之间的气隙中自由转动,而内、外定子是不动的。

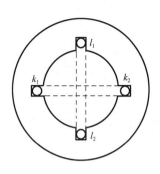

图 10-9　定子两相绕组分布

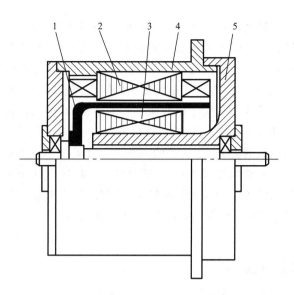

图 10-10　非磁性杯型转子异步交流伺服电动机的结构

1—非磁性杯型转子；2—外定子；3—内定子；4—机壳；5—端盖

　　非磁性杯型转子与笼型转子从外表型状来看是不一样的。但实际上，非磁性杯型转子可以看作笼条数目非常多的、条与条之间彼此紧靠在一起的笼型转子，非磁性杯型转子的两端也可看作由短路环相连接而成的。这样，非磁性杯型转子只是笼型转子的一种特殊形式。从实质上看，二者没有什么差别，在电动机中所起的作用也完全相同。因此在分析时，只以笼型转子为例，分析结果对非磁性杯型转子电动机也完全适用。

　　与笼型转子相比较，非磁性杯型转子惯量小，轴承摩擦阻转矩小。由于它的转子没有齿和槽，所以定子、转子间没有齿槽黏合现象，转矩不会随转子的位置不同而发生变化，恒速旋转时，转子一般不会有抖动现象，运转平稳。但是由于它内、外定子间气隙较大（杯壁厚度加上杯壁两边的气隙），所以励磁电流就大，降低了电动机的利用率，因而在相同的体积和重量下，在一定的功率范围内，非磁性杯型转子异步交流伺服电动机比笼型转子异步交流伺服电动机所产生的启动转矩和输出功率都小。另外，非磁性杯型转子异步交流伺服电动机结构和制造工艺又比较复杂。因此，目前广泛应用的是笼型转子异步交流伺服电动机，只有在要求运转非常平稳的某些特殊场合下（如积分电路等），才采用非磁性杯型转子异步交流伺服电动机。

2. 工作原理

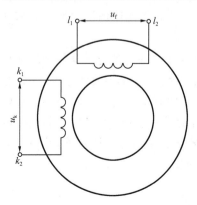

使用异步交流伺服电动机时，定子的励磁绕组两端施加恒定的励磁电压 u_f，控制绕组两端施加控制电压 u_k，如图 10-11 所示。则励磁绕组中产生励磁电流 i_f，控制绕组中产生控制电流 i_k。由单相异步电动机相关的分析可知：在空间互差 90°电角度的两相交流绕组的电流 i_f、i_k 将在电动机内部产生椭圆形的旋转磁场。转子绕组切割磁力线感应电动势和电流，转子电流在磁场中受力使转子沿着旋转磁场的方向转动起来。即当定子绕组加上电压后，电动机就会很快转动起来，将电信号转换成转轴的机械转动。

图 10-11　异步交流伺服电动机的工作原理

异步交流伺服电动机的转子是跟着旋转磁场转的，也就是说,旋转磁场的转向决定了电动机的转向。旋转磁场的转向是从流过超前电流的绕组轴线转到流过滞后电流的绕组轴线。如果控制电流 i_k 超前励磁电流 i_f,那么旋转磁场将从控制绕组轴线转到励磁绕组轴线,即按顺时针方向转动,如图 10-12 所示。

交流伺服电动机的
工作原理

显然,当任意一个绕组上所加的电压反相时(电压倒相或绕组两个端头换接),流过该绕组的电流也反相,即原来是超前电流的就变成滞后电流,原来是滞后电流的则变成超前电流(如图 10-13 所示,原来超前电流 i_k 变成落后电流 i_k'),因而旋转磁场转向改变,变成逆时针方向。这样电动机的转向也发生变化。在实际上,就是采用这种方法使异步交流伺服电动机反转的。

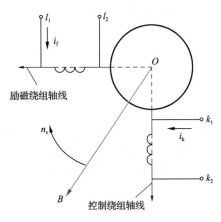

图 10-12 旋转磁场转向

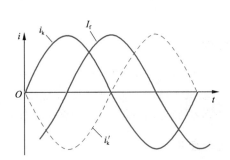

图 10-13 一相电压倒相后的绕组电流波形

3. 控制方式

异步交流伺服电动机运行时,控制绕组上所加的控制电压 U_k 是变化的,改变其大小或者改变 U_k 与励磁电压 u_f 之间的相位角,都能使电动机气隙中的旋转磁场发生变化,从而影响电磁转矩。当负载转矩一定时,可以通过调节控制电压的大小或相位来改变电动机转速或转向。所以控制方式有幅值控制、相位控制和幅值-相位控制三种。

10.3 交流、直流伺服电动机的性能比较

在自动控制系统中,交流、直流伺服电动机应用都很广泛,我们对这两类伺服电动机的性能加以比较,说明其优缺点,以供选用时参考。

1. 机械特性

直流伺服电动机转矩随转速的增大而均匀减小,斜率固定。在不同控制电压下,机械特性曲线是平行的,即机械特性是线性的,而且机械特性为硬特性,负载转矩的变化对转速的影响很小。

交流伺服电动机的机械特性是非线性的,电容移相控制时非线性更为严重,而且斜率随控制电压的变化而变化,这会给系统的稳定和校正带来困难。机械特性很软,低速段更软,负载转矩变化对转速影响很大,而且机械特性软会使阻尼系数减小,机电时间常数增大,从而降低了系统品质。

2. 自转现象

直流伺服电动机无自转现象。

若交流伺服电动机的设计参数选择不当，或制造工艺不良，在单相状态下会产生自转而失控。

3. 体积、重量和效率

交流伺服电动机的转子电阻相当大，所以损耗大，效率低，电动机的利用程度差。而且交流伺服电动机通常运行在椭圆形旋转磁场下，反向磁场产生的制动转矩使得电动机输出的有效转矩减小，所以当输出功率相同时，交流伺服电动机比直流伺服电动机的体积大，重量重，效率低。故交流伺服电动机只适用于小功率系统，功率较大的控制系统普遍采用直流伺服电动机。

4. 结构

直流伺服电动机结构复杂，制造麻烦，运行时电刷和换向器滑动接触，接触电阻不稳定，会影响电动机运行的稳定，又容易出现火花，给运行和维护带来一定困难。

交流伺服电动机结构简单，维护方便，运行可靠，适宜于不易检修的场合使用。

5. 控制装置

直流伺服电动机的控制绕组通常由直流放大器供电，直流放大器比交流放大器结构复杂，且有零点漂移现象，这会影响系统的稳定性和精度。

10.4 伺服电动机的应用

伺服电动机在自动控制系统中作为执行元件，当输入控制电压后，伺服电动机能按照控制信号的要求驱动工作机械。伺服电动机应用十分广泛，在工业机器人、机床、各种测量仪器、办公设备以及计算机关联设备等场合获得了广泛应用。

10.4.1 直流伺服电动机在电子电位差计中的应用

电子电位差计的基本原理如图 10-14 所示。

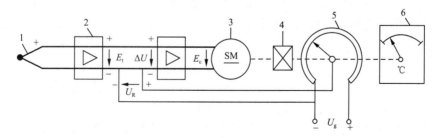

图 10-14　电子电位差计的基本原理

1—金属热电偶；2—放大器；3—直流伺服电动机；4—变速机构；5—变阻器；6—温度指示器

电子电位差计的基本原理是:测温系统工作时,金属热电偶处于炉膛中,并产生与温度对应的电动势,经补偿和放大后得到与温度成正比的热电动势 E_t,然后与工作电源 U_g 经变阻器的分压 U_R 进行比较,得到误差电压 ΔU, $\Delta U = E_t - U_R$,若 ΔU 为正,则经放大后加在直流伺服电动机上的控制电压 E_c 为正,直流伺服电动机正转,经变速机构带动变阻器和温度指示器指针顺时针方向偏转,一方面指示温度值升高,另一方面变阻器的分压升高,使误差电压 ΔU 减小,当直流伺服电动机旋转至使 $U_R = E_t$ 时,误差电压 ΔU 变为零,直流伺服电动机的控制电压也为零,直流伺服电动机停止转动,则温度指示器指针也就停止在某一对应位置上,指示出相应的炉温。若误差电压 ΔU 为负,则直流伺服电动机的控制电压也为负,直流伺服电动机将反转,带动变阻器及温度指示器指针逆时针方向偏转,U_R 减小,直至 ΔU 为零,直流伺服电动机才停止转动,指示出相应的炉温。

10.4.2 直流伺服电动机在家用录像机中的应用

家用录像机中伺服电动机应用非常普遍,如磁鼓伺服系统、主导轴伺服系统等。以磁鼓伺服系统为例,它采用的是无刷直流伺服电动机直接驱动磁鼓旋转,其控制原理如图 10-15 所示。

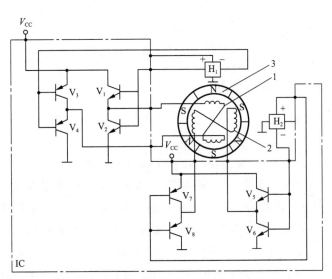

图 10-15　磁鼓伺服系统控制原理

1,2—定子绕组;3—环形永久磁铁

无刷直流伺服电动机的转子用环形永久磁铁制成,并与上磁鼓连接成一整体,使上磁鼓与转子同步旋转。定子铁芯及两个互成 90° 的定子线圈固定在下磁鼓上。由这两个线圈产生旋转磁场牵着转子同步旋转。定子上装有两个检测位置的霍尔元件 H_1、H_2,并对着转子的上表面,当转子经过霍尔元件时,由于霍尔效应,在霍尔元件输出端产生霍尔电动势,利用此电动势来控制驱动电路对定子绕组电流进行换向,使定子绕组中电流按一定顺序流过和换向,电动机便按一定的方向连续旋转。当转子 N 极正对 H_1 时,左侧为正电位,右侧为负电位,此电位使 V_1 和 V_4 导通,V_2 和 V_3 截止,控制电流由 V_1 流向定子绕组 1 及 V_4,定子绕组 1 产生的磁场使转子顺时针方向旋转,而此时 H_2 由于处于磁极交界处,不产生霍尔电动势,使 $V_5 \sim V_8$ 均截止,定子绕组 2 中无电流。当转子旋转 30° 时,S 极正对 H_2,H_2 的输出端上端为霍尔电动势正极,下端为负极,使 V_7 和 V_6 导通,V_5 和 V_8 截止,控制电流由 V_7 流向定子绕组 2 及 V_6,定子绕组 2 产生的磁场使转子继续顺时针方向旋转。然后是 S 极转至 H_1 处,V_2 和 V_3 导通,再 N 极转至 H_2 处,使 V_5 和 V_8 导通,如此循环不断进行下去,使磁鼓电动机连续旋转。转速的控制由驱动电源电压 V_{CC} 的大小来实现。磁鼓电动机采用无刷直流伺服电动机,可提高录像机的可靠性,减小噪声,不产生火花干扰,转速稳定,体积小,使用寿命长。

10.4.3　交流伺服电动机在测温仪电子电位差计中的应用

如图 10-16 所示为测温仪电子电位差计原理。该系统主要由金属热电偶、电桥电路、变流器、放大器与交流伺服电动机等组成。

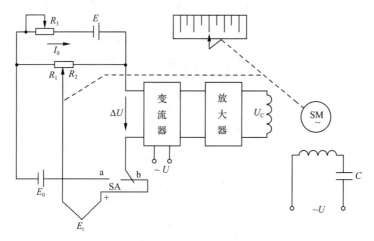

图 10-16　测温仪电子电位差计原理

在测量温度前,将开关 SA 扳向 a 位,将电动势为 E_0 的标准电池接入;然后调节 R_3,使 $I_0(R_1 + R_2) = E_0$,$\Delta U = 0$,此时的电流 I_0 为标准值。在测温时,要保持 I_0 为恒定的标准值。

在测量温度时,将开关 SA 扳向 b 位,将金属热电偶接入。金属热电偶将被测的温度转换成热电动势 E_t,而电桥电路中 R_2 上的电压 $I_0 R_2$ 是用以平衡 E_t 的,当两者不相等时将产生不平衡电压 ΔU。而 ΔU 经过变流器变换为交流电压,再经过放大器放大,用以驱动交流伺服电动机 SM。交流伺服电动机 SM 经减速后带动测温仪指针偏转,同时驱动滑线电阻器的滑动端移动。当 R_2 达到一定值时,电桥达到平衡,交流伺服电动机停转,指针停留在一个转角 α 处。由于测温仪的指针被交流伺服电动机所驱动,而偏转角度 α 与被测温度 t 之间存在着对应的关系,因此,可从测温仪刻度盘上直接读得被测温度 t 的值。

当被测温度上升或下降时,ΔU 的极性不同,亦即控制电压的相位不同,从而使得交流伺服电动机正向或反向运转,电桥电路重新达到平衡,从而测得相应的温度。

思考与练习

10-1 伺服电动机有哪几种类型？

10-2 什么是直流伺服电动机的电枢控制方式？什么是磁场控制方式？

10-3 为什么直流伺服电动机常采用电枢控制方式而不采用磁场控制方式？

10-4 直流伺服电动机采用电枢控制方式时，始动电压是多少？与负载大小有什么关系？

10-5 常有哪些控制方式可以对交流伺服电动机的转速进行控制？

10-6 何谓交流伺服电动机的自转现象？怎样消除自转现象？直流伺服电动机有自转现象吗？

自测题

一、填空题

1.伺服电动机按其使用电源性质不同，可分为（　　　　）伺服电动机和（　　　　）伺服电动机。

2.（　　　　）伺服电动机有传统直流伺服电动机和低惯量直流伺服电动机两类。低惯量直流伺服电动机又分（　　　　）、（　　　　）和（　　　　）等。

3.（　　　　）伺服电动机又分为同步伺服电动机和异步伺服电动机两大类型。

4.在直流伺服系统中多采用（　　　　）控制。

5.异步交流伺服电动机的结构主要可分为两大部分，即（　　　　）部分和（　　　　）部分。在定子铁芯中安放着空间互成 90° 电角度的两相绕组，其中 $l_1 - l_2$ 称为（　　　　）绕组，$k_1 - k_2$ 称为（　　　　）绕组。

二、简答题

1.什么是直流伺服电动机的电枢控制？

2.什么是直流伺服电动机的磁场控制？

3.有哪些控制方式可以对交流伺服电动机的转速进行控制？

第11章

步进电动机

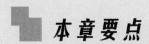 **本章要点**

本章主要介绍步进电动机的结构、工作原理、驱动和控制方法等。

通过本章的学习，应达到以下要求：

- 掌握反应式步进电动机的结构。
- 掌握反应式步进电动机的工作原理。
- 了解其他形式的步进电动机。
- 熟悉步进电动机驱动电源的组成。
- 熟悉步进电动机的控制方法。
- 了解步进电动机的应用。

步进电动机是一种将电脉冲信号转换成角位移或线位移的控制电动机。其运行特点是每输入一个电脉冲信号,电动机就转动一个角度或前进一步。如果连续输入电脉冲信号,它就像走路一样,一步接一步,转过一个角度又一个角度。因此,步进电动机又称为脉冲电动机。随着数字计算技术的发展,步进电动机的应用日益广泛。例如,在数控机床、绘图机、自动记录仪表和数/模转换装置中,都使用了步进电动机。

步进电动机按照励磁方式可分为反应式、永磁式和感应子式;按使用场合可分为功率步进电动机和控制步进电动机;按相数可分为三相、四相、五相等;按使用频率可分为高频步进电动机和低频步进电动机。不同类型的步进电动机,其工作原理、驱动装置也不完全一样。其中反应式步进电动机用得比较普遍,结构也较简单,所以本章着重分析。

11.1 步进电动机的结构和工作原理

11.1.1 反应式步进电动机的结构

反应式步进电动机又称为磁阻式步进电动机。如图 11-1 所示是三相反应式步进电动机的结构,由定子和转子两大部分组成,它们是用硅钢片或其他软磁性材料制造的。

定子铁芯由硅钢片组成,定子上均匀分布有 6 个磁极,磁极上绕有控制绕组,两个相对磁极组成一相,故共有三相绕组,三相绕组接成星形连接,由专用的驱动电源来供电。

转子铁芯由硅钢片组成,转子铁芯上没有绕组,转子具有均匀分布的 4 个齿,且转子齿宽等于定子极靴宽。

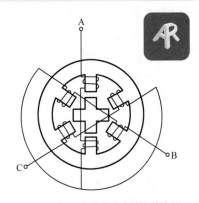

图 11-1　三相反应式步进电动机的结构

四相反应式步进电动机定子铁芯由硅钢片叠成,定子上有 8 个磁极(大齿),每个磁极上又有许多小齿。四相反应式步进电动机共有 4 套定子控制绕组,绕在径向相对的两个磁极上的一套绕组为一相。转子也是由叠片铁芯构成,沿圆周有很多小齿,转子上没有绕组。根据工作要求,定子磁极上小齿的齿距和转子上小齿的齿距必须相等,而且转子的齿数有一定的限制。

11.1.2 反应式步进电动机的工作原理

反应式步进电动机的工作原理是利用凸极转子横轴磁阻与直轴磁阻之差所引起的反应转矩而转动。如图 11-2 所示是三相反应式步进电动机的工作原理。

当 A 相控制绕组通电,而 B 相和 C 相都不通电时,由于磁通具有力图走磁阻最小路径的特点,所以转子齿 1 和 3 的轴线与定子 A 极轴线对齐。同理,当断开 A 相接通 B 相时,转子便按逆时针方向转过 30°,使转子齿 2 和 4 的轴线与定子 B 极轴线对齐。断开 B 相,接通 C 相,则转子再转过 30°,使转子齿 1 和 3 的轴线与 C 极轴线对齐。

如此按 A→B→C→A……顺序不断接通和断开控制绕组,转子就会一步一步地按逆时针方向连续转动。

电
机
与
拖
动
技
术
（
基
础
篇
）

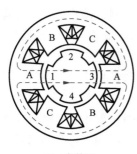  

（a）A 相接通   （b）B 相接通   （c）C 相接通

图 11-2　三相反应式步进电动机的工作原理

反应式步进电动机的转速取决于各控制绕组通电和断电的频率（即输入的脉冲频率），旋转方向取决于控制绕组轮流通电的顺序。如上述电动机通电顺序改为 A→C→B→A→……，则电动机转向相反，变为按顺时针方向转动。

这种按 A→B→C→A→……方式的运行称为三相单三拍运行。所谓"三相"是指此电动机具有三相定子绕组；"单"是指每次只有一相绕组通电；"三拍"是指三次换接为一个循环，第四次换接重复第一次的情况。除了这种运行方式外，三相反应式步进电动机还可以三相双三拍和三相六拍运行。

如果通电顺序为 AB→BC→CA→AB→……，则称为三相双三拍工作方式。此时，电动机的转子按顺时针方向旋转。若定子绕组的通电顺序为 AC→CB→BA→AC→……，则电动机的转子就按逆时针方向转动。

如果通电顺序为 A→AB→B→BC→C→CA→A→……，则称为三相单（双）六拍或三相六拍工作方式。

三相双三拍和三相六拍工作方式，在状态切换时，始终有一相绕组通电，保证了状态切换过程中电动机运行的稳定性和可靠性。因此，在实际中常采用这两种控制方式。推而广之，四相反应式步进电动机的工作方式如下。

双四拍：

AB→BC→CD→DA→AB→……

或 AB→DA→CD→BC→AB→……

四相八拍：

A→AB→B→BC→C→CD→D→DA→A→……

或 A→AD→D→DC→C→CB→B→BA→A→……

或 AB→ABC→BC→BCD→CD→CDA→DA→DAB→AB→……

或 AB→ABD→DA→DAC→DC→DCB→CB→CBA→AB→……

步进电动机的
工作原理

当步进电动机输入一个脉冲电信号时，转子转过的角度称为步距角，用符号 θ 表示。步进电动机的步距角 θ 与相数 m、转子齿数 Z、通电方式 C 有关，其关系为

$$\theta = \frac{360^{\circ}}{mZC} \tag{11-1}$$

式中　C——状态系数，当采用单三拍或双三拍工作方式时，$C=1$；当采用单六拍或双六拍工作方式时，$C=2$。

为了提高工作精度，希望步距角很小。要减小步距角可以增加拍数 $N=mC$。相数增加相当于拍数增加，但相数越多，电源及电动机的结构也越复杂。反应式步进电动机一般做到六

相,个别的也有八相或更多相数。对同一相数既可以采用单拍制,也可采用双拍制。采用双拍制时步距角减小一半。所以一台反应式步进电动机可有两个步距角,如1.5°/0.75°、1.2°/0.6°、3°/1.5°等。增加转子齿数 Z,步距角也可减小。所以反应式步进电动机的转子齿数一般是很多的。通常反应式步进电动机的步距角为零点几度到几度。

　　反应式步进电动机可以按特定指令进行角度控制,也可以进行速度控制。速度控制时,每输入一个脉冲,转子转过的角度是整个圆周角的 $1/(ZmC)$,也就是转过 $1/(ZmC)$ 转,因此每分转子所转过的圆周数,即转速 $n(\text{r/min})$ 为

$$n=\frac{60f}{ZmC}=\frac{60f\times360°}{ZmC\times360°}=\frac{60f\theta}{360°}=\frac{f\theta}{6°} \tag{11-2}$$

　　反应式步进电动机转速取决于脉冲频率、转子齿数和拍数,而与电压、负载、温度等因素无关。当转子齿数一定时,转子旋转速度与输入脉冲频率成正比,或者说其转速和脉冲频率同步。改变脉冲频率可以改变转速,故可进行无级调速,调速范围很宽。另外,若改变通电顺序,即改变定子磁场旋转的方向,就可以控制电动机正转或反转。所以反应式步进电动机是用脉冲进行控制的电动机。改变脉冲输入的情况,就可方便地控制它,使它快速启动、反转、制动或改变转速。

　　反应式步进电动机具有自锁能力。当控制脉冲停止输入,而让最后一个脉冲控制的绕组继续通直流电时,电动机可以保持在固定的位置上,即停在最后一个脉冲控制的角位移的终点位置上。这样,反应式步进电动机可以实现停止时转子定位。

11.2　其他形式的步进电动机

11.2.1　永磁式步进电动机

1.永磁式步进电动机的结构

　　永磁式步进电动机的结构如图 11-3 所示。定子上有两相或多相绕组,转子为一对或几对极的星形磁铁,转子的极数与定子每相的极数相同。图 11-3 中,定子为两相集中绕组(AO、BO),每相为两对极,转子磁钢也是两对极。从图中不难看出,当定子绕组按 A→B→(−A)→(−B)→A······顺序轮流通以直流电时,转子将按顺时针方向转动,每次转过 45° 空间角度,也就是步距角为 45°。

　　一般来说,步距角的值为

$$\theta=\frac{360°}{2mp} \tag{11-3}$$

式中　　p——转子极对数;

　　　　m——相数。

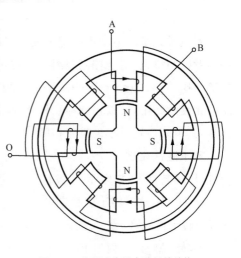

图 11-3　永磁式步进电动机的结构

由此可知,永磁式步进电动机要求电源供给正、负脉冲,否则不能连续运转,这就使电源的线路复杂化了。这个问题可通过在同一相的极上绕上两套绕向相反的绕组,电源只供给正脉冲的方法来解决。这样做虽增大了用铜量和电动机的尺寸,但却降低了对电源的要求。

2. 永磁式步进电动机的特点

(1)大步距角,如 15°、22.5°、30°、45°、90° 等。

(2)启动频率较低,通常为几十到几百赫兹(但转速不一定低)。

(3)控制功率小。

(4)在断电情况下有定位转矩。

(5)有强的内阻尼力矩。

11.2.2 感应子式步进电动机

感应子式步进电动机也称为混合式步进电动机。如图 11-4 所示为其结构。

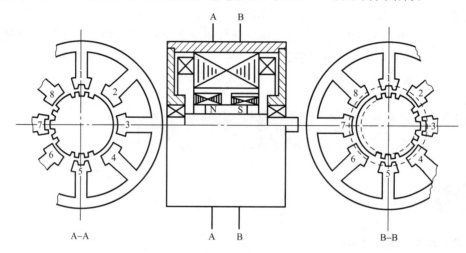

图 11-4 感应子式步进电动机的结构

感应子式步进电动机的定子铁芯与反应式步进电动机相同,即分成若干大极,每个极上有小齿及控制绕组;定子控制绕组与永磁式步进电动机相同,也是两相集中绕组,每相为两对极,按 A→B→(−A)→(−B)→A→…… 顺序轮流通以正、负脉冲(也可在同一相的极上绕上两套绕向相反的绕组,通以正脉冲);转子的结构与永磁式同步电动机相同,两段转子铁芯上也开有齿槽,其齿距与定子小齿齿距相同。

转子磁铁充磁后,一端(如图 11-4 中 A 端)为 N 极,则 A 端转子铁芯的整个圆周上都呈 N 极性,B 端转子铁芯则呈 S 极性。当定子 A 相通电时,定子 1−3−5−7 极上的极性为 N−S−N−S,这时转子的稳定平衡位置就是图 11-4 所示的位置,即定子磁极 1 和 5 上的齿在 B 端与转子齿对齐,在 A 端则与转子槽对齐,定子磁极 3 和 7 上的齿与 A 端上的转子齿及 B 端上的转子槽对齐,而 B 相 4 个极(2、4、6、8 极)上的齿与转子齿都错开1/4齿距。

由于定子同一个极的两端极性相同,转子两端极性相反,相互错开了半个齿距,所以当转子偏离平衡位置时,两端作用转矩的方向是一致的。在同一端,定子第一极与第三极的极性相反,转子同一端极性相同,但第一和第三极下定子、转子小齿的相对位置错开了半个齿距,所以作用转矩的方向也是一致的。当定子各相绕组按顺序通以直流脉冲时,转子每次将转过一个步距角,其值为

$$\theta = \frac{360°}{2mZ} \tag{11-4}$$

感应子式步进电动机也可以做成小步距角,并有较高的启动频率,同时它又具有控制功率小的优点(这点对于航空设备来说特别重要)。当然,由于采用磁钢,转子铁芯须分成两段,结构和工艺都比反应式步进电动机复杂一些。

11.3 步进电动机的驱动与控制

11.3.1 步进电动机的驱动电源

步进电动机由专用的驱动电源来供电,步进电动机的驱动电源主要包括变频信号源、脉冲分配器和脉冲放大器三部分,如图 11-5 所示。

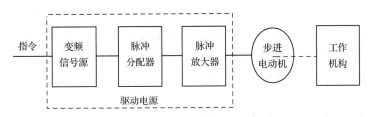

图 11-5 步进电动机的驱动电源

变频信号源是一个频率从几十赫兹到几千赫兹的可连续变化的信号发生器。脉冲分配器是由门电路和双稳态触发器组成的逻辑电路,它根据指令把脉冲信号按一定的逻辑关系加到放大器上,使步进电动机按一定的运行方式运转。

目前,随着单片机技术的发展,变频信号源和脉冲分配器的任务均可由单片机来承担,而且性能更好,工作更可靠。如图 11-6 所示是步进电动机单片机驱动电路原理(只画出部分元件)。

图 11-6 中,单片机 AT89C2051 将控制脉冲从 P1 口的 P1.4~P1.7 输出,经反相器74LS14 反相后进入 9014,经 9014 放大后控制光电开关,光电隔离后,由功率管 TIP122 将脉冲信号进行电压和电流放大,驱动步进电动机的各相绕组。使步进电动机随着不同的脉冲信号分别做正转、反转、加速、减速和停止等动作。图中 L_1 为步进电动机的一相绕组。AT89C2051 选用频率 22 MHz 的晶振,选用较高晶振的目的是为了尽量减小 AT89C2051 对上位机脉冲信号周期的影响。R_{L1}~R_{L4} 为绕组内阻,50 Ω 电阻是一外接电阻,起限流作用,也是一个改善回路机电时间常数的元件。D_1~D_4 为续流二极管,使电动机绕组产生的反电动势通过续流二极管而衰减掉,从而保护了功率管 TIP122 不受损坏。在 50 Ω 外接电阻上并联一个 200 μF 电容,可以改善注入电动机绕组的电流脉冲前沿,提高了电动机的高频性能。与续

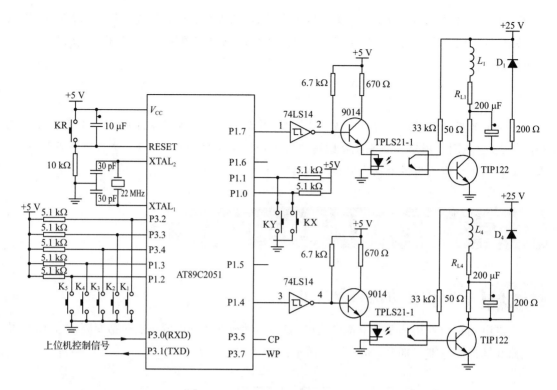

图 11-6　步进电动机单片机驱动电路原理

流二极管串联的 200 Ω 电阻可减小回路的机电时间常数，使绕组中电流脉冲的后沿变陡，电流减小时间变短，也起到提高高频工作性能的作用。

11.3.2　步进电动机的控制

步进电动机可以采用硬件控制方式，但如果需要变动控制功能，则须重新设计硬件电路，因此灵活性差、调整困难。计算机数控技术为步进电动机的控制开辟了新的途径。原来由硬件线路实现的控制，都可由相应的计算机程序模块来实现。这样不但使控制功能增强，电路简化，成本降低，而且可靠性也大大提高。下面以三相步进电动机为例，简要介绍计算机程序控制的方法。

1. 步进电动机运转控制

利用微型计算机的 I/O 接口板，可实现步进电动机的控制，如图 11-7 所示。

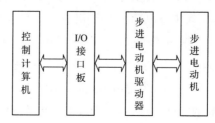

图 11-7　步进电动机的控制

若以"1"（高电平）表示通电，以"0"（低电平）表示断电，使用 I/O 接口板的一个输出端口对步进电动机按照三相六拍工作方式进行控制。此时，通电顺序应为 A→AB→B→BC→C→CA→……（正转）或 CA→C→BC→B→AB→A→……（反转）。设步进电动机的 A、B、C 相分别接至 I/O 接口板输出端口的 A0、A1、A2 位，则运转控制见表 11-1。

表 11-1　　　　　　　　　　　步进电动机三相六拍环形控制（正转）

控制节拍	A2	A1	A0	控制方向	方　向		
1	0	0	1	01H		反转	
2	0	1	1	03H			
3	0	1	0	02H		↓	
4	1	1	0	06H			
5	1	0	0	04H		正转	
6	1	0	1	05H			

如果用 C 语言实现其控制动作，则应编制一个如下的循环体程序。

正转程序：outportb（0x2000,0x01）;

　　　　　outportb（0x2000,0x03）;

　　　　　outportb（0x2000,0x02）;

　　　　　outportb（0x2000,0x06）;

　　　　　outportb（0x2000,0x04）;

　　　　　outportb（0x2000,0x05）;

反转程序：outportb（0x2000,0x05）;

　　　　　outportb（0x2000,0x04）;

　　　　　outportb（0x2000,0x06）;

　　　　　outportb（0x2000,0x02）;

　　　　　outportb（0x2000,0x03）;

　　　　　outportb（0x2000,0x01）;

计算机如果执行上述循环体，则步进电动机将不停地旋转。如果要求步进电动机正转，则执行第一个循环体；如果要求步进电动机反转，则执行第二个循环体。

2. 步进电动机速度控制

生产实际中，对控制系统的速度范围要求很高。步进电动机运转的速度取决于输入脉冲的频率。只要在控制软件中，控制两个节拍进给脉冲的间隔时间，就可以方便地实现步进电动机运转速度的控制。两个节拍间的间隔时间通常采用软件延时的方法实现，如在 C 语言中，可采用 delay（　）函数实现，delay（　）函数的调用格式为

void　delay(unsigned　int　milliseconds);

该函数表示将系统挂起，暂停一段时间，delay（　）函数中的 milliseconds 以毫秒为单位。

因此，设 V 为步进电动机速度控制变量，则可通过以下循环体控制步进电动机按照一定的转速进行正转（反转同理可得）：

```
outportb(0x2000,0x01);
delay(V);
outportb(0x2000,0x03);
delay(V);
outportb(0x2000,0x02);
delay(V);
outportb(0x2000,0x06);
delay(V);
outportb(0x2000,0x04);
delay(V);
outportb(0x2000,0x05);
delay(V);
```

速度控制变量 V 的确定方法是，根据数控机床的加工要求，求出电动机的转速 $n(\mathrm{r/min})$，再根据步进电动机步距角 θ 的大小，由式(11-2)求出相应的脉冲频率 $f(\mathrm{Hz})$，即

$$f=\frac{6°}{\theta}n \tag{11-5}$$

则两个节拍间的间隔时间 T 可根据 $T=1/f$ 的关系求出。

3. 步进电动机位置控制

对步进电动机实现位置控制的方法是：首先按照机械传动关系，求出丝杠位移量与步进时间转角的关系，从而得到一定直线位移量所对应的步进电动机转角，并根据步距角的大小换算为步进电动机所应转过的步数。将该步数赋给一变量，当步进电动机每进给一步，控制程序自动完成减 1 运算，并判断是否为零。如不为零，则继续进给加工；若为零，则停止进给加工，即停止步进电动机的运行。

11.4　步进电动机的应用

步进电动机的转速不受电压和负载变化的影响，也不受环境条件温度、压力等的限制，仅与脉冲频率成正比，所以应用于高精度的控制系统中。如图 11-8 所示是步进电动机在数控线切割机床上的应用。

数控线切割机床是采用专门计算机进行控制，并利用钼丝与被加工工件之间电火花放电所产生的电蚀现象来加工复杂形状的金属冲模或零件的一种机床。在加工过程中，钼丝的位置是固定的，而工件则固定在十字拖板上，如图 11-8(a)所示，通过十字拖板的纵横运动完成对加工工件的切割。

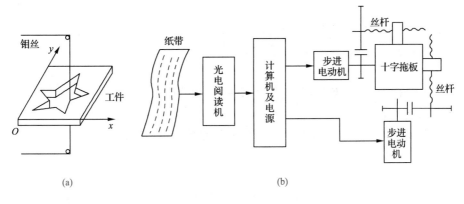

图 11-8　步进电动机在数控线切割机床上的应用

如图 11-8(b)所示,数控线切割机床在加工零件时,先根据图纸上零件的形状、尺寸和加工工序编制计算机程序,并将该程序记录在穿孔纸带上,而后由光电阅读机读出后输入计算机,计算机就对每一方向的步进电动机给出控制脉冲(这里十字拖板 x、y 方向的两根丝杆,分别由两台步进电动机拖动),指挥两台步进电动机运转,通过传动装置拖动十字拖板按加工要求连续移动,进行加工,从而切割出符合要求的零件。

思考与练习

11-1　步进电动机的作用是什么?

11-2　什么是步进电动机的步距角 θ? 一台步进电动机可以有两个步距角,如 $3°/1.5°$ 是什么意思?

11-3　什么是步进电动机的单三拍、单六拍和双三拍工作方式?

11-4　步进电动机的驱动电源由哪几部分组成?

11-5　一台三相反应式步进电动机,已知步距角为 $3°$ 及采用三相三拍通电方式。求:

(1)该步进电动机转子有多少个齿?

(2)若驱动电源频率为 2 000 Hz,则该步进电动机的转速为多少?

自测题

一、填空题

1.步进电动机按照励磁方式可分为(　　　　)式、(　　　　)式和(　　　　)式。

2.反应式步进电动机又称为(　　　　)式步进电动机。

3.步进电动机的驱动电源主要包括(　　　　)、(　　　　)和(　　　　)三部分。

4.感应子式步进电动机也称为(　　　　)式步进电动机。

二、简答题

    1.什么是步进电动机的三相单三拍工作方式？

    2.什么是步进电动机的步距角 θ？它与什么有关？

三、计算题

    一台三相反应式步进电动机，转子齿数 $Z=40$，采用三相六拍工作方式。求：

    (1)该步进电动机的步距角为多大？

    (2)若向该步进电动机输入 $f=1\,000$ Hz 的脉冲信号，电动机转速为多少？

第12章

其他微特电机

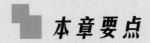 **本章要点**

　　本章主要介绍测速发电机、直线电动机、自整角机和超声波电动机。

　　通过本章的学习，应达到以下要求：
- 掌握直流测速发电机的结构、工作原理和特点。
- 掌握交流测速发电机的结构和工作原理。
- 熟悉直线电动机结构和工作原理。
- 熟悉自整角机的结构、工作原理和应用。
- 了解超声波电动机的结构和工作原理。

12.1 测速发电机

在自动控制系统中,测速发电机是一种测速装置,它将输入的机械转速转换为电压信号输出。测速发电机除了能测量平均速度及瞬时转速外,还可作为进行微分和积分的解算元件,并常用作提高系统精度及稳定性的校正元件。根据输出电压的不同,测速发电机分为直流测速发电机和交流测速发电机两种。

12.1.1 直流测速发电机

1.直流测速发电机的结构

直流测速发电机实质上是一种微型直流发电机。根据励磁方式,直流测速发电机有他励式和永磁式两种。他励式与直流伺服电动机在结构上基本相同;永磁式也只是磁极为永久磁铁,其余部分与他励式相同,主要优点是省去了一个励磁电流。

2.直流测速发电机的工作原理

如果保持磁通 Φ 恒定不变,直流测速发电机的空载电动势 E_0 便与转速 n 成正比,即

$$E_0 = C_e \Phi n = C_1 n \tag{12-1}$$

式中 C_1——$C_1 = C_e \Phi$,为一常数。

因此只要测出相应的信号电压值(即 E_0),便可间接地知道与测速发电机做机械连接的被测机构的转速。

式(12-1)可改写为

$$E_0 = C_1 n = C_1' \omega = C_1'' \frac{\mathrm{d}\theta}{\mathrm{d}t} \tag{12-2}$$

式中 ω——$\omega = \dfrac{2\pi n}{t}$,扭轴的角速度;

θ——角位移。

式(12-2)说明直流测速发电机的输出电压与机械转角的一次微分成正比,因此,它也可以作为计算装置中的微分元件。

直流测速发电机和普通直流发电机一样,在有负载时,电枢端电压为

$$U = E_0 - IR_a = E_0 - UR_a/R_L$$

可改写为

$$U = C_e \Phi n/(1 + R_a/R_L) = C_1 n/(1 + R_a/R_L) = C_2 n \tag{12-3}$$

式(12-3)表示电枢绕组的输出电压和转速的关系,即输出特性。在理想情况下,略去电枢反应的影响,并认为电枢回路中的电阻 R_a 为常数时,输出特性为一过原点的直线。改变负载电阻 R_L,仅影响常数 C_2 的大小。这也就是说,只改变输出特性的斜率。如图 12-1 所示。

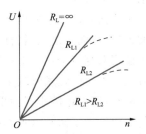

12-1 直流测速发电机的输出特性曲线

在实际运行中，若励磁电流不变（他励），可能有两种因素引起误差：电枢反应使主磁通减小；在电枢回路中，电刷的接触电压降随负载电流的变化而变化。

考虑电枢反应，负载时的感应电动势为

$$E=C_e n(\Phi-\Delta\Phi)=C_e n\Phi-C_e n\Delta\Phi \tag{12-4}$$

式中 $\Delta\Phi$——由电枢反应所削弱的磁通。

设电枢反应的去磁作用与负载电流成正比，即 $\Delta\Phi=RU/R_L$，则式(12-4)可写为

$$E=C_e n\Phi-C_e RUn/R_L=C_1 n-C_3 Un/R_L \tag{12-5}$$

考虑到电刷的接触电阻不是常数，R_a 为电枢绕组的电阻，$2\Delta U$ 为正、负电刷的接触电压降，则有

$$E=U+IR_a+2\Delta U=U+UR_a/R_L+2\Delta U \tag{12-6}$$

由式(12-5)和式(12-6)可得

$$C_1 n-C_3 Un/R_L=U-UR_a/R_L+2\Delta U$$

整理后可得

$$U=C_1 n/[(1+R_a/R_L)+C_3 n/R_L]-2\Delta U/[(1+R_a/R_L)+C_3 n/R] \tag{12-7}$$

比较式(12-6)和式(12-7)，可以看出，由于 $C_3 n/R_L$ 及 ΔU 项的存在，将使输出电压 U 和输入量 n 之间不再是直线关系。$C_3 n/R_L$ 项的影响：当 n 增大时，式(12-7)中两项的分母也增大，与式(12-3)比较，U 增大得慢一些，也就是说它使输出特性变成柱下弯的曲线，如图 12-1 所示。ΔU 项的影响：使输出特性出现无信号区，如图 12-2 所示。

输出特性并不通过原点，这意味着在达到某一转速以前（$C_1 n<2\Delta U$），电枢两端电压 U 为零。

为了减少电枢反应的影响，应使负载电流尽可能小，即负载电阻 R_L 尽可能大。有时也可按一般直流电机补偿电枢反应的办法，在定子磁极上加装补偿绕组 W_c，如图 12-3 所示。

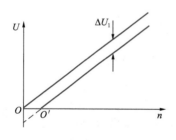

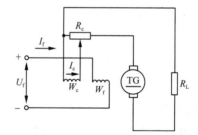

图 12-2　电刷接触压降的影响　　　图 12-3　具有补偿绕组的直流测速发电机接线

补偿绕组中的电流可由分流电阻 R_c 来调节。用这种办法能够得到非常满意的输出特性。

为了减小电刷的接触压降，常采用黄铜-石墨电刷，有时也采用含银的金属电刷，这样可使无信号区大大缩小。

永磁式直流测速发电机的优点是励磁与电源无关；其缺点是当有激烈的振动时，永磁因受振而退磁，久而久之，其特性可能改变。

温度对直流测速发电机也有影响。对永磁式直流测速发电机来说，普通的合金磁铁，温度每升高 1 ℃ 时，磁通将减小 $0.2\%\sim0.3\%$。在他励式直流测速发电机中，励磁绕组发热会使磁通减小，因而也减小了输出电压。由于这个原因，他励式直流测速发电机的误差可能达到很大的数值。为了减小这种影响，常应用磁化曲线的饱和部分，有时在励磁绕组的电路中串联上电阻温度系数较小的康铜或锰钢电阻。

3. 直流测速发电机的特点

(1)直流测速发电机的优点

①不存在输出电压相位移问题。

②转速为零时,无零位电压。

③输出特性曲线的斜率较大,负载电阻较小。

(2)直流测速发电机的缺点

①由于有电刷和换向器,所以结构比较复杂,维护较麻烦。

②电刷的接触电阻不恒定,使输出电压有波动。

③电刷下的火花对无线电有干扰。

12.1.2 交流测速发电机

1. 交流测速发电机的结构

交流测速发电机有异步和同步两类,在自动控制系统中应用较广的为异步交流测速发电机。

异步交流测速发电机结构与非磁性杯型转子异步交流伺服电动机相同。在机座号小的异步交流测速发电机中,定子槽内嵌放着空间相差 90° 电角度的两相绕组,其中一相绕组作为励磁绕组,另一相作为输出绕组。在机座号较大的异步交流测速发电机中,常将励磁绕组嵌放在外定子上,而把输出绕组嵌放在内定子上。异步交流测速发电机主要采用非磁性杯型转子。这主要是因为:

(1)非磁性杯型转子在转动过程中,内、外定子间隙不发生变化,磁阻不变,因而气隙中磁通密度分布不受转子转动的影响,这样输出电压波形比较好,没有因谐波而引起的畸变;

(2)非磁性杯型转子的转动惯量小,有利于提高控制系统的动态品质。

2. 交流测速发电机的原理

交流测速发电机的作用原理可按在转子不动和转子旋转两种情况下,发电机产生的电磁感应现象来解释。交流测速发电机的原理如图 12-4 所示。两相交流测速发电机的外定子有两个在空间互差 90° 电角度的绕组,即励磁绕组 W_f 和输出绕组 W_{ex}。励磁绕组接到电压大小及频率均为恒定的交流电源上,输出绕组接到自动控制或测量回路上。

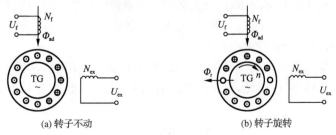

图 12-4 交流测速发电机的原理

（1）转子不动

如图 12-4（a）所示为转子不动的情况,把励磁绕组放在纵轴位置,当励磁绕组通过交流电流时,产生的脉动磁通 Φ_{ad},称为直轴磁通,它的正方向如图 12-14（a）所示,箭头向下。非磁性杯型转子可以看成是由无数导线所组成的闭合笼型线圈。直轴磁通 Φ_{ad} 穿过转子而在转子导体中感生电动势,这个电动势称为变压器电动势。当 Φ_{ad} 处于增大的时刻时,电动势的方向如图 12-4（a）所示。当转子感应电动势引起电流（涡流）时,它将对励磁有去磁作用,但由于励磁电压 U_f 不变,根据磁势平衡原理,励磁绕组要输入相应的电流补偿转子的电流的影响,从而维持气隙中的合成磁通基本不变。

由于输出绕组的轴线与励磁绕组的轴线互相垂直,亦即输出绕组的轴线与 Φ_{ad} 方向垂直,因而 Φ_{ad} 在输出绕组中不感应电动势,所以当转子不动时,没有输出电压。

（2）转子旋转

转子转动后,转子导线中感应的变压器电动势并没有改变,只是这时又出现了因转子导线切割磁通 Φ_{ad} 而产生的电动势,称之为旋转电动势。这个电动势与变压器电动势不同,它的方向可用右手定则判定,如图 12-4（b）所示。因为 Φ_{ad} 是随着励磁电流交变的,变化的频率取决于励磁电源的频率 f,取直轴磁通为最大值的瞬间,转子导线切割 Φ_{ad} 产生的旋转电动势 E_r 的最大值为

$$\sqrt{2}\,E_r = C_1 \Phi_{ad} n$$

其有效值为

$$E_r = C_1 \Phi_{ad} n / \sqrt{2} = K_1 n \tag{12-8}$$

式中　C_1——与转子绕组数据有关的常数;

　　　K_1——另一个常数,$K_1 = C_1 \Phi_{ad} n / \sqrt{2}$。

由 E_r 引起的电流 I_r 方向与 E_r 相同,其大小与 E_r 成正比。电流 I_r 产生的磁通 Φ_r 的方向如图 12-4（b）所示,它与励磁绕组轴线相垂直,因此称为交轴磁通,它的大小与 I_r 成正比,也就是与 E_r 成正比。转子的转速 n 改变时,使得 E_r 和 Φ_r 的大小成比例的改变,但由于转子电流 I_r 的分布没有改变,所以磁通 Φ_r 的轴线位置不变。I_r 及 Φ_r 的频率和 Φ_{ad} 的频率相同,也就是和励磁电源的频率 f 相同。这个交轴脉动磁通 Φ_r 穿过输出绕组,就会在其中感应出频率为 f 的变压器电动势 E_{ex},即

$$E_{ex} = 4.44 f N_{ex} K_{ex} \Phi_r = K_2 \Phi_r \tag{12-9}$$

式中　N_{ex}——输出绕组的匝数;

　　　K_{ex}——输出绕组的绕组系数。

因为 $\Phi_r \propto I_r \propto E_r \propto n$,即 $\Phi_r = K_3 n$,代入式（12-9）则得

$$E_{ex} = K_2 K_3 n = Kn$$

式中　K——$K = K_2 K_3$,测速发电机常数。

通常交流测速发电机输出绕组所接的负载,要求有较大的阻抗,这样输出电流较小,输出绕组的阻抗压降可忽略不计,因此,输出绕组的输出电压 U_{ex} 可认为近似等于其变压器电动势 E_{ex},即

$$U_{ex} \approx E_{ex} = Kn \tag{12-10}$$

由上面讨论可知:输出电压的大小与转子转速成正比,其频率与励磁电压的频率相同而与转速无关。当转子转向改变时,输出电压的相位也随之改变,这就是交流测速发电机的基本工作原理。

3. 交流测速发电机的误差

在分析交流测速发电机的输出特性时,忽略了励磁绕组阻抗和转子漏阻抗的影响,实际上这些阻抗对交流测速发电机的性能影响是比较大的。即使是输出绕组开路,实际的输出特性与直线性输出特性仍然存在着一定的误差。

(1)幅值及相位误差

为了使得输出电压 U_{ex} 与转速 n 成正比,首先要求直轴磁通 Φ_{ad} 为一常数。而事实上,当励磁电压不变时,Φ_{ad} 随负载的改变而略有变化,这是因为励磁绕组电动势与外加励磁电压之间相差一个励磁绕组的漏阻抗压降 $I_f Z_f$ 的缘故。$I_f Z_f$ 越大,励磁绕组电动势 E_f 和磁通 Φ_{ad} 的幅值及相位的变化越大,输出电压的幅值和相位误差就越大。若要减小误差,可设法减小定子励磁绕组的漏阻抗。若使转子有较大的电阻,转子电流将减小,从而使 I_f 减小,也可达到同样的目的。

(2)零位温差

从原理上讲,交流测速发电机转子不动时,输出绕组上并没有感应电动势,也就没有输出电压。但是由于在电机的加工和装配过程中,存在机械上的不对称及定子磁性材料性能在各个方向的不对称使磁力线发生畸变等。因而在转子不动时,在输出绕组上也有磁通穿过,从而感应出电动势,把它称为零位电压。由于零位电压的存在,当转子不动时给出了错误的信号;在转子旋转时,零位电压就叠加在输出电压上,使输出信号的大小和相位改变而造成误差。这对控制系统是有害的,因此应合理地选择磁性材料和提高加工质量,采用绕组补偿和磁路补偿等措施,使零位误差尽量减小。

12.1.3 测速发电机的应用

测速发电机作为控制系统中的测速元件应用很普遍,能直接测出拖动电动机和执行机构的转速,以便进行速度控制和速度显示。测速发电机用于恒速控制系统的原理如图 12-5 所示。

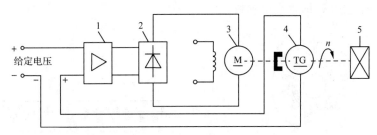

图 12-5　测速发电机用于恒速控制系统的原理

1—放大器;2—可控整流电路;3—他励直流电动机;4—测速发电机;5—负载

系统中,他励直流电动机直接拖动生产机械旋转。由电动机的机械特性可知,在某一机械特性上,当生产机械的负载转矩增大时,电动机的转速将下降;当生产机械的负载转矩减小时,电动机的转速将升高。即转速随负载转矩的波动而变化。为了稳定拖动系统的转速,在他励直流电动机和生产机械的同一轴上安装了一台测速发电机,并将测速发电机的输出电压送至系统输入控制端,与给定电压相减后,差值电压再加入到放大器,经放大后控制晶闸管整流电路的输出电压,以调整他励直流电动机的转速。当负载转矩由于某种原因而减小时,他励直流电动机的转速升高，测速发电机的输出电压也随着增大，使给定电压与测速发电机的输出电压之差减小，经放大后控制可控整流电路，使整流输出电压减小，则他励直流电动机的转速下降，以抵消负载引起的转速上升。反之，若负载转矩增大，使他励直流电动机转速下降，测速发电机的输出电压随之减小，给定电压与测速发电机输出电压的差值增大，经放大后控制整流输出电压增大，则他励直流电动机的转速上升。因此，不论负载转矩如何波动，在本系统中由于具有自动调节作用，生产机械的转速变化很小，接近于恒速。要人为地改变生产机械的转速，只需改变给定电压的大小即可，系统中给定电压要求很稳定，必须取自稳压电源。

12.2　直线电动机

12.2.1　直流电动机简介

随着科技发展的需要，除了前述各种电机外，又出现了一些新型电机，其种类甚多，本节只介绍常见的有发展前途的直线电动机，其目的除了拓宽读者视野外，亦起着巩固和深化电机基本原理的作用。

在生活生产、交通运输以及军事等领域常遇到直线运动的机械。过去传统的方法是利用机械方法将电动机等原动机的旋转运动转变为直线运动。这种方法的装置体积大、效率低、精度不高。直线电动机是一种能直接将电能转换为直线运动的驱动机械，省去了中间转换机构，并具有速度范围宽、推力大、精度高等特点。

从工作原理来看，前面介绍过的直流电动机、异步电动机、同步电动机和步进电动机等均可改制为直线电动机。现以应用较广的异步直线电动机为例来说明直线电动机的形成、工作原理和基本构造。

如图 12-6(a)所示为笼型异步电动机的原理结构剖视图，如想象将它径向切开，并展成如图 12-6(b)所示的直线状，即直线电动机。

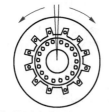
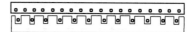

(a) 笼型异步电动机的原理结构剖视图　　　　(b) 直线展开

图 12-6　直线电动机的形成

原来的定子一侧现改称为一次侧，原来的转子一侧现改称为二次侧。转子的名称不能再用了，因为它不转动。一次侧和二次侧中固定不动的称为定子，可以直线运动的称为动子。与普通异步电动势相似，当图中的定子三相分布绕组中通以三相电流时，将激励出一个从前相转向后相的滞后磁场。在普通异步电动机中为圆形旋转磁场，而今定子绕组沿直线敷设磁场，便是等幅的行波磁场，其平移速度为 v_s，单位为 m/s，可由同步转速 n_1 及电动机尺寸求出

$$v_s = \frac{n_1}{60} \cdot 2p\tau = 2\tau f \qquad (12\text{-}11)$$

式中　τ——极距，m。

图 12-6 中动子为二次侧，也与笼型转子相似，钢板上开槽，嵌入铜条，铜条两端用铜带焊接短路，也可用铸造的方法，将铝条、铝带一起铸就。当二次侧绕组较长时，也可由钢板敷铜或铝制成。为保证定子、动子运动时不相互摩擦，气隙应设计较长。动子为直线运动，故支撑的为平面滑动轴承。

行波磁场在二次侧感应电动势和电流，电流与行波磁场作用在动子上产生电磁力，使动子做直线运动。设动子运动的速度为 v（单位为 m/s），v 与 v_s 之差除以 v_s 所得值的百分数称为速差率，与异步电动机中的转差率相似，亦以 s 表示，则有

$$s = \frac{v_s - v}{v_s} \qquad (12\text{-}12)$$

显然，与普通异步电动机一样，异步直线电动机的工作范围为 $0 < s < 1$。

直线电动机的结构和它的运动规律密切相关：

(1)在有限长度内往复运动，可以水平或垂直运动。如图 12-7(a)所示为水平运动的电动大门；如图 12-7(b)所示为垂直运动的电锤，一次侧通电时，动子上升，弹簧起蓄能作用，下降时弹簧释放的能量加上动子自重去锤击工件。

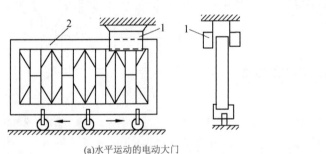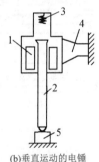

(a)水平运动的电动大门　　　　　　(b)垂直运动的电锤

图 12-7　有限长度内往复运动的直线电动机举例

1——次侧定子；2—二次侧动子；3—弹簧；4—支架；5—模具

(2)无限制直线运动。如图 12-8 所示为用于传输带的直线电动机，带金属的传输带为动子。

(3)振荡式直线运动。如图 12-9 所示为磁阻式振荡直线电动机，两个晶闸管被控制轮流导通，左右两侧磁极相应轮流被激励磁场，由磁阻拉力使动子左右振荡。

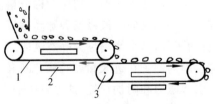

图 12-8　用于传输带的直线电动机

1—二次侧；2——次侧；3—滑轮

根据直线电动机工作特点，结构上又分为一次侧为定子，二次侧为动子；长一次短二次，短一次长二次；单边型和双边型；扁平型和管道型。不同结构的直线电动机如图 12-10 所示。

异步直线电动机的一次侧绕组与普通异步电动机的一次侧绕组不尽相同。前者铁芯和绕组都是断开的，而后者铁芯为圆筒形，所以铁芯及设置在上面的绕组是连续的，无头无尾。如

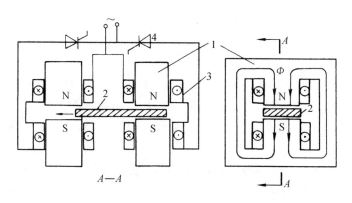

图 12-9　磁阻式振荡直线电动机

1——次侧定子；2—二次侧动子；3—励磁线圈；4—晶闸管

图 12-11 所示为一个简单的例子，三相，14 槽，双层叠绕组，$p=2$，$\tau=3$，$y=2$。由图 12-11 可见，槽 1、2 和 13、14 中只有一个圈边。

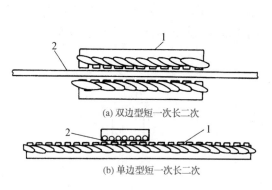

(a) 双边型短一次长二次

(b) 单边型短一次长二次

图 12-10　不同结构的直线电动机

1——次侧；2—二次侧

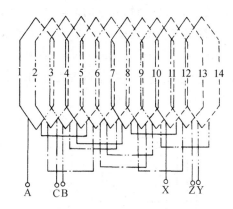

图 12-11　一个简单的异步直线电动机一次侧绕组展开图

边端效应是直线电动机特有的不良效应，会影响电动机的性能。由图 12-11 可见，两端和中间的互电感因铁芯断开，绕组因不对称而不相等。各相互感不等，则即使外施三相对称电源，三相电流亦不对称。利用对称分量法把不对称三相电流分解为正、负、零序分量，它们将分别激励正向、反向行波磁场和脉动磁场，后两个磁场一个产生阻力，一个增大损耗，均不利于电动机的运行，这个影响称为静态纵向（运动方向）边端效应。当动子运动时，还存在另一种边端效应，因为动子在进入和离开铁芯断开端时，磁导发生变化，将在该处二次侧感应电动势和电流，引起阻力和附加损耗，这也将影响直线电动机的性能，称为动态纵向边端效应。这些边端效应需要通过特殊的方法来减少。

12.2.2　步进直线电动机

步进直线电动机与普通步进电动机一样，接收一个脉冲，动子就直线走过一步。鉴于它可由数字控制器和微处理机提供信号，实现一定精度的位置和速度控制，所以广泛地应用于精密设备、计算机外围设备及智能仪器等领域。如图 12-12 所示为两相步进直线电动机的几种不同结构，其作用原理完全与普通反应式步进电动机一样。

如图 12-13 所示是混合式步进直线电动机的原理,一次侧为永久磁铁 PM 加上两个门字形软铁,每个软铁上绕有励磁线圈以接收控制信号,信号电源为正、负脉冲,轮流向线圈供电。

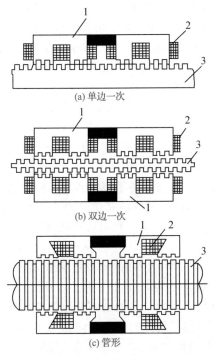

图 12-12 两相步进直线电动机的几种不同结构
1——次铁芯;2——次线圈;3—二次铁芯

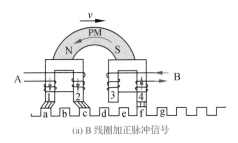

(a) B 线圈加正脉冲信号

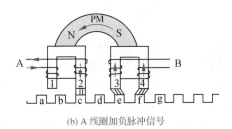

(b) A 线圈加负脉冲信号

图 12-13 混合式步进直线电动机的原理

12.3 自整角机

自整角机(又称同步器)是一种能对角位移或角速度的偏差进行指示、传输及自动整步的感应控制电机,被广泛用于随动控制系统中。

自整角机按其作用不同,可分为力矩式自整角机和控制式自整角机两种。按供电电源相数的不同,自整角机又分为单相自整角机和三相自整角机两种。三相自整角机多用于功率较大的系统中,又称功率自整角机,主要用于中、大功率系统,其结构形式与三相绕线式异步电动机相同。单相自整角机广泛应用于小功率同步传动或伺服自动控制系统中。

单相自整角机由定子和转子两部分组成,定子铁芯用硅钢片叠成,内圆开槽,槽内嵌有对称的三相绕组,三相绕组按星形连接后引出三个接线端。转子铁芯按不同类型做成凸极式或隐极式,其上装有转子绕组。转子绕组通过滑环和电刷引出接线端。

12.3.1 力矩式自整角机

力矩式自整角机为在整个圆周范围内能够准确定位,通常采用两极的凸极式结构。只有在频率较高而尺寸又较大的力矩式自整角机中才采用隐极式结构。

力矩式自整角机在随动系统中用作转角指示,如图 12-14 所示为其工作原理。图中两台自整角机的结构和参数是相同的。转子与主动轴相连的一台作为发送机用,另一台作为接收

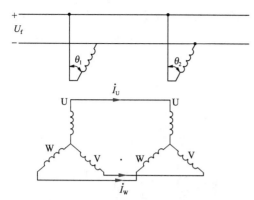

U_f

θ_1 θ_2

i_U

U U

W V W V

i_W

图 12-14　力矩式自整角机的工作原理

机用,它的转子与显示角度的仪表指针的轴相连。两台自整角机的励磁绕组接到同一个单相交流电源上,三相整步绕组彼此对应连接。

在自整角机中,以 U 相整步绕组的轴线为基准,励磁绕组轴线与 U 相整步绕组轴线之间的夹角定义为转子位置角。设发送机转子位置角为 θ_1,接收机转子位置角为 θ_2,令 $\theta = \theta_1 - \theta_2$,称 θ 为失调角。当 θ 为零时,接收机转子位置为协调位置。

当发送机和接收机的定子、转子绕组的相对位置相同时,即在如图 12-14 所示的位置时,就称发送机和接收机是处于协调位置的。这时,它们的转子电流通过转子绕组形成脉振磁通势,产生脉振磁通,从而分别在两者的定子绕组中产生三相电动势,而且各相电动势大小相等,对应相相位相同。三相相位互差 120°。定子电路内不会有电流,发送机和接收机中都不会产生电磁转矩,转子不会自行转动。

发送机转子在外施转矩的作用下,顺时针偏转 θ_1,而 θ 不为零时,即发送机和接收机之间不处于协调位置时,对应相电动势不等。定子电路中就会有电流 $\dot{I}_U$、$\dot{I}_V$ 和 $\dot{I}_W$,发送机和接收机中都会产生电磁转矩。由于二者定子电流的方向相反,因而二者的电磁转矩方向相反。

这时发送机相当于一台发电机,其电磁转矩的方向与其转子的偏转方向相反,它力图使发送机转子回到原来的协调位置。但因发送机转子受外力控制,所以其不可能往回转动。接收机则相当于一台电动机,其电磁转矩的方向使得转子也向 θ_1 角度的方向转动,直到重新转到新的协调位置,即与发送机的偏转角 $\theta_2 = \theta_1$ 为止。于是接收机转子便准确地指示出发送机的转角。如果发送机转子在外施转矩的作用下不停地旋转,接收机转子就会以同一转速随之旋转。

12.3.2　控制式自整角机

控制式自整角机的工作原理如图 12-15 所示。它与力矩式自整角机系统不同之处:控制式自整角机中的接收机并不直接带负载转动,转子绕组不是接在交流电源上,而是用来输出电压,故又称输出绕组。由于该接收机是从定子绕组输入电压,从转子绕组输出电压,它工作在变压器状态,故称自整角机变压器。当自整角机发送机与自整角机变压器的定子、转子绕组处于如图 12-15 所示位置,即它们的转子绕组互相垂直时,它们所处的位置称为控制式自整角机的协调位置。这时,由于只有自整角机发送机的转子绕组接在交流电源上,它的脉振磁通势所产生的脉振磁场将在发送机定子三相绕组中分别产生感应电动势,进而在定子电路中产生三个大小相同而相位不同的电流 $\dot{I}_U$、$\dot{I}_V$ 和 $\dot{I}_W$。当自整角机发送机的转子处在垂直位置时,如图 12-16(a)所示,转子脉振磁场在定子三相绕组中产生的感应电动势和电流的参考方向根据右手定则的判断可以得出,左半部为流出导体,右半部为流入导体。定子电流通过三相绕组所产生的合成磁通势仍为脉振磁通势,而且其方位也是在垂直位置,即与转子绕组的轴线一致。$\dot{I}_U$、$\dot{I}_V$ 和 $\dot{I}_W$ 通过自整角机变压器的定子绕组也会产生与自整角机发送机中一样的处于垂直方位上的脉振磁通势和脉振磁场。由于它与输出绕组垂直,故不会在输出绕组中产生感应电动势,输出绕组的输出电压为零。

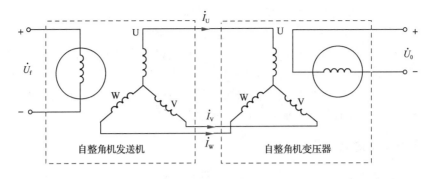

图 12-15　控制式自整角机的工作原理

　　倘若在外施转矩的作用下,自整角机发送机的励磁绕组顺时针偏转了 θ 角,则如图 12-16(b) 所示。定子电流产生的脉冲磁通势的方位也随转子一起偏转了 θ 角,仍然与励磁绕组的轴线一致。因此与之方位相同的自整角机变压器中,定子脉振磁场便与输出绕组不再垂直,两者的夹角为 $90°-\theta$,将在输出绕组中产生一个正比于 $\cos(90°-\theta)=\sin\theta$ 的感应电动势和输出电压。可见,控制式自整角机可将远处的转角信号变换成近处的电压信号。若想利用控制式自整角机来实现同步连接系统,可将其输出电压经放大器放大后,输入交流伺服电动机的控制绕组,交流伺服电动机便带动负载和自整角机变压器的转子转动,直到重新达到协调位置为止,自整角机变压器的输出电压为零,交流伺服电动机也不再转动。

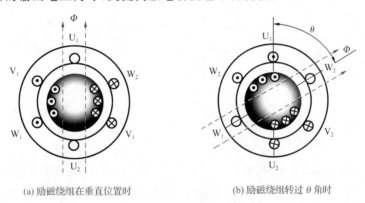

(a) 励磁绕组在垂直位置时　　　　　　(b) 励磁绕组转过 θ 角时

图 12-16　自整角机的脉振磁通势

　　力矩式自整角机系统不需要其他辅助元件,系统结构简单、价格低廉,但带负载能力低,只能带动指针、刻度盘之类的轻负载,而且只能组成开环的自整角机系统,系统的精确度低,一般只适用于对精度要求不高的小负载指示系统。

　　控制式自整角机系统的带负载能力取决于系统中的放大器和伺服电动机的功率,其带负载能力远比力矩式自整角机大。由于是闭环系统,所以精度也比力矩式自整角机高得多。但是控制式自整角机需要增加放大器、伺服电动机和减速机构,结构复杂、价格较贵,一般用于精度要求较高和负载较大的系统中。

12.3.3　自整角机的应用

1. 力矩式自整角机的应用

　　如图 12-17 所示为液面位置指示器系统原理。当液面的高度发生改变时,浮子随着液面的上升或下降,通过滑轮带动自整角机发送机转轴转动,将液面位置的直线变化转换成发送机转子的角度变化。自整角机发送机和接收机之间再通过导线远距离连接起来。

因为自整角机发送机和接收机的转角位置发生了改变，故产生了失调角。根据理论分析，自整角机发送机和接收机这时应该产生转矩，使自整角机发送机和接收机的转角对齐。自整角机发送机产生的力矩和滑索的外力矩平衡，保持静止，自整角机接收机产生的力矩带动表盘指针转过一个失调角，正好指示出角度的改变，实现了远距离的位置指示。这种系统还可以用于电梯和矿井提升机位置的指示及核反应堆中的控制棒指示器等装置中。

2. 控制式自整角机的应用

如图 12-18 所示为雷达高低角自动显示系统原理，图中自整角机发送机转轴直接与雷达天线的高低角 α（俯仰角）耦合，因此雷达天线的高低角 α 就是自整角机发送机的转角。自整角机接收机转轴与由交流伺服电动机驱动的系统负载（刻度盘或火炮等负载）的轴相连，其转角用 β 表示。自整角机接收机转子绕组输出电动势 E_2 与两轴的差角 $\gamma(\alpha-\beta)$ 近似成正比，即

$$E_2 = k(\alpha-\beta) = k\gamma$$

式中　k——常数。

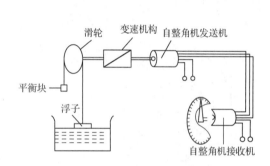

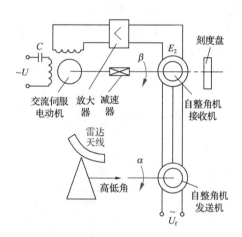

图 12-17　液面位置指示器系统原理　　　　图 12-18　雷达高低角自动显示系统原理

图 12-18 中，E_2 经放大器放大后送至交流伺服电动机的控制绕组中，使交流伺服电动机转动。可见，只要 $\alpha \neq \beta$，即 $\gamma \neq 0$，就有 $E_2 \neq 0$，交流伺服电动机便要转动，使 γ 减小，直至 $\gamma=0$。如果 α 不断变化，系统就会使 β 跟着 α 变化，以保持 $\gamma=0$，这样就达到转角自动跟踪的目的。只要系统的功率足够大，自整角机接收机上便可带动火炮一类阻力矩很大的负载。自整角机发送机和接收机之间只需 3 根连线，便实现了远距离显示和操纵。

12.4　超声波电动机

超声波电动机（UltraSonic Motor，简称 USM）是近年来发展起来的一种全新概念的驱动装置。它具有如下特点：

（1）低速、大转矩。在超声波电动机中，超声波振动的振幅一般不超过几微米，振动速度只有几厘米每秒到几米每秒。无滑动时移动体的速度由振动速度决定，因此超声波电动机的转速一般很低，每分只有十几转到几百转。由于振动体和移动体间靠摩擦力传动，所以若两者之间的压力足够大，转矩就很大。

（2）体积小、重量轻。超声波电动机不用线圈，也没有磁铁，结构相对简单，与普通电动机相比，在输出转矩相同的情况下，可以做得更小、更轻、更薄。

（3）反应速度快，控制特性好。超声波电动机靠摩擦力驱动，移动体的质量较轻，惯性小，响应速度快，启动和停止时间为毫秒量级。因此它可以实现高精度的速度控制和位置控制。

（4）无电磁干扰。超声波电动机没有磁极，因此不受电磁感应影响。同时，它对外界也不产生电磁干扰，特别适合在强磁场的环境工作。在对 EMI（电磁干扰）要求严格的环境下，采用超声波电动机也很合适。

（5）停止时具有保持力矩。超声波电动机的移动体和振动体总是紧密接触，切断电源后，由于静摩擦力的作用，不采用刹车装置仍有很大保持力矩，尤其适合在宇航工业中失重环境下运行。

（6）形式灵活，设计自由度大。超声波电动机驱动力发生部分的结构可以根据需要灵活设计。

12.3.1　超声波电动机的结构

超声波电动机由振动体（定子）和移动体（转子）两部分组成，如图 12-19 所示。其中既没有绕组也没有永磁体，其振动体由弹性体和压电陶瓷构成。

移动体为一个金属板。振动体和移动体在压力作用下紧密接触，为了减小两者之间因相对运动产生的磨损，通常在两者之间加一层摩擦材料。

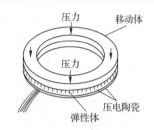

图 12-19　超声波电动机的结构

12.3.2　超声波电动机的工作原理

超声波电动机利用压电陶瓷的逆压电效应产生超声波振动，把电能转换为弹性体的超声波振动，并把这种振动通过摩擦传动的方式驱使移动体做回转或直线运动。当在振动体的压电陶瓷上施加 20 kHz 以上超声波频率的交流电压时，逆压电效应能够在振动体内激发出几十千赫的超声波振动，使振动体表面起驱动作用的质点形成一定运动轨迹的超声波频率的微观振动（振幅一般为数微米），如椭圆、李萨如轨迹等，该微观振动通过振动体和移动体之间的摩擦作用使移动体沿某一方向做连续宏观运动。

因此，超声波电动机是将弹性体的微观形变通过共振放大和摩擦耦合转换成移动体或滑块的宏观运动。

1. 逆压电效应简介

压电效应是在 1880 年由法国的居里兄弟首先发现的。一般在电场作用下，可以引起电介质中带电粒子的相对运动而发生极化，但是某些电介质晶体也可以在纯机械应力作用下发生极化，并导致介质两端表面内出现极性相反的束缚电荷，其电荷密度与外力成正比。这种机械应力的作用使晶体发生极化的现象，称为正压电效应。反之，将一块晶体置于外电场中，在电场的作用下，晶体内部正、负电荷的重心会发生位移。这一极化位移又会导致晶体发生形变。这种外电场的作用使晶体发生形变的现象，称为逆压电效应，也称为电致伸缩效应。

超声波电动机就是利用逆压电效应进行工作的。当对压电陶瓷施加交变电场时，在压电陶瓷中就会激发出某种模态的弹性振动。当外电场的交变频率与压电陶瓷的机械谐振频率一致时，压电陶瓷就进入机械谐振状态，成为压电振子。当振动频率在 20 kHz 以上时，就属于超声波振动。

2. 椭圆运动及其作用

超声波振动是超声波电动机工作的最基本条件，起驱动源的作用。当振动位移的轨迹是一椭圆时，才具有连续的定向驱动作用。

如图 12-20 所示，当振动体产生超声波振动时，其上的接触摩擦点（质点）A 做周期运动，轨迹为一椭圆。当 A 点运动到椭圆的上半圆时，将与移动体表面接触，并通过摩擦作用拨动移动体旋转；当 A 点运动到椭圆的下半圆时，将与移动体表面脱离，并反向回程。如果这种椭圆运动连续不断地进行下去，则对移动体具有连续的定向拨动作用，从而使移动体连续不断地旋转。

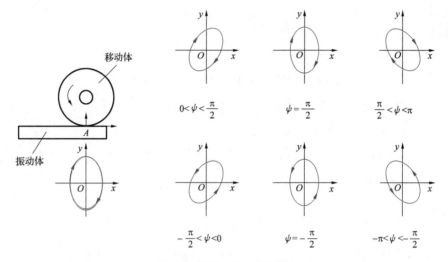

图 12-20　超声波振动移位轨迹

相位差 ψ 的取值决定了椭圆运动的旋转方向。当 $\psi > 0$ 时，椭圆运动为顺时针方向；当 $\psi < 0$ 时，椭圆运动为逆时针方向。由于椭圆运动的旋转方向决定了振动体对移动体的拨动方向，因此也就决定了超声波电动机的移动体转向。

3. 行波的形成及特点

如果一系列质点的连续椭圆运动就可以推动移动体旋转并驱动一定的负载。根据波动学理论，两路幅值相等、频率相同、时间和空间均相差 $\pi/2$ 的两相驻波叠加后，将形成一个合成行波。如图 12-21 所示，将极化方向相反的压电陶瓷依次黏结在弹性体上。当在压电陶瓷极化方向施加交变电压时，压电陶瓷在长度方向将产生交替伸缩形变，在一定的激振电压频率下，弹性体上将产生如图 12-22 所示的驻波。

在环形行波型超声波电动机中，振动体上的压电陶瓷环是行波形成的核心，它的原理如图 12-23 所示。

压电陶瓷按照一定规律分割极化后分为 A、B 两相区。当 A、B 两相分别在弹性体上激起驻波时，两相驻波叠加，就形成一个沿振动体圆周方向的合成行波，从而推动移动体旋转。振动体由弹性环、压电陶瓷环和黏结在其上的带有凸齿的弹性金属环组成，弹性环由不锈钢、硬铝或铜等金属制成。凸齿可以放大振动体表面振动的振幅，使移动体获得较大的输出能量。

移动体由转动环和摩擦材料构成。转动环一般用不锈钢、硬铝或塑料等制成。摩擦材料必须牢固地黏结在移动体的接触表面,从而增大振动体、移动体间的摩擦因数。

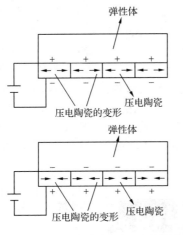

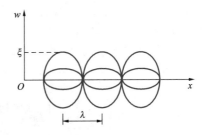

图 12-21　压电陶瓷在长度方向产生交替伸缩形变　　　　图 12-22　弹性体上产生的驻波

4. 工作特性

在行波传播速度 v 为恒值的情况下,改变激振电压的频率可以快速改变转速,但存在一定的非线性。而改变激振电压的大小,即改变行波的振幅,也可以改变转速。如果忽略压电陶瓷逆压电效应的非线性,则转速可以随激振电压做线性变化,这就是超声波电动机变压调速的特点。

超声波电动机的工作特性与电磁式直流伺服电动机类似,转速随着转矩的增大而下降,并且呈现一定的非线性。但超声波电动机的效率则与电磁式直流伺服电动机不同,最大效率出现在低速、大转矩区域,如图 12-24 所示。因此,超声波电动机非常适合低速运行。总体而言,超声波电动机的效率较低,这是它的一个缺点。目前,环形行波型超声波电动机的效率一般不超过 50%。

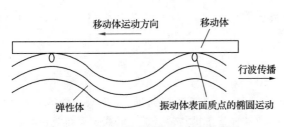

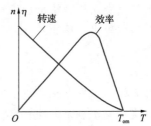

图 12-23　环形行波型超声波电动机的原理　　　　12-24　超声波电动机的工作特性曲线

5. 超声波电动机的缺点

(1)功率输出小,效率较低。超声波电动机工作时存在两个能量的转换过程:一是通过逆压电效应将电能转换为振动体振动的机械能;二是通过摩擦作用将振动体的微幅振动转化为移动体的宏观运动。这两个过程都存在着一定的能量损耗,特别是第二个过程。因此超声波电动机的效率较低,输出功率小于 50 W。

(2)寿命较短,不适合于连续运转的场合。

(3)对驱动信号的要求严格,且成本较高。

6.超声波电动机的应用举例

由于超声波电动机具有电磁式电动机所不具备的许多特点,尽管它的发明与发展仅有 20 多年的历史,但在宇航、机器人、汽车、精密定位、医疗器械、微型机械等领域已得到了成功的应用。

日本佳能公司将超声波电动机用于其 EOS 620/650 自动聚焦单镜头反射式照相机中。欧洲将超声波电动机用于试验平台及微动设备,如 1986 年获诺贝尔物理学奖的扫描隧道显微镜(STM)。美国在宇宙飞船、火星探测器、导弹、核弹头等航空航天工程中也都陆续应用了超声波电动机。美国范德堡大学将超声波电动机应用于微型飞行器。NASA(美国航空航天局)将超声波电动机应用于空间机器人技术中。其中微型机械手 MicroArm Ⅰ 使用了力矩 0.05 N·m 的超声波电动机;火星机械手 MarsArm Ⅱ 使用了3个力矩为 0.68 N·m 和 1 个力矩为 0.11 N·m 的超声波电动机。

思考与练习

12-1　直流测速发电机有哪些优点?
12-2　直流测速发电机有哪些缺点?
12-3　交流测速发电机的误差有哪几种?
12-4　自整角机的用途是什么?
12-5　超声波电动机由哪几部分组成?
12-6　超声波电动机的工作原理是什么?

自测题

一、填空题

1.测速发电机的输出电压和输入转速之间的关系称为(　　　　)。

2.根据输出电压的不同,测速发电机主要分为(　　　)测速发电机和(　　　)测速发电机两大类。

3.直流测速发电机有(　　　)式和(　　　)式两种。

4.直流测速发电机实质上就是一台微型(　　　)。

5.直线电动机是一种直接将电能转换为(　　　)的驱动机械。

6.自整角机按其作用不同,可分为(　　　)式自整角机和(　　　)式自整角机两种。

二、选择题

1.直线电动机由(　)和(　)组成。

A.定子　　　　　　　　B.转子　　　　　　　　C.动子

2.测速发电机的输出电压和输入转速(　)。

A.成正比　　　　　　　B.成反比　　　　　　　C.无关

三、简答题

1.超声波电动机由哪几部分组成?

2.超声波电动机的工作原理是什么?

第13章

电动机的选择

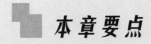 本章要点

本章主要介绍电动机种类、电压、转速、功率、结构形式的选择。

通过本章的学习，应达到以下要求：

- 掌握电动机种类的选择。
- 掌握电动机额定电压的选择。
- 掌握电动机额定转速的选择。
- 掌握电动机结构形式的选择。
- 掌握电动机额定功率（容量）的选择。

13.1 概　述

电动机选择的主要内容包括电动机的种类、结构形式、额定电压、额定转速和额定功率的选择,其中额定功率的选择是最重要的。

13.1.1 电动机选择的一般原则

为适应工农业生产的要求,合理选择电动机,应充分考虑机械和电气两方面的因素并遵循以下几项原则:

(1)选择在结构上与所处环境条件相适应的电动机,如根据使用场合的环境条件选用相适应的防护方式及冷却方式的电动机。

(2)所选择电动机应满足生产机械所提出的各种机械特性要求,如速度、速度的稳定性、速度的调节以及启动、制动时间等。

(3)所选择电动机的功率能被充分利用,防止出现"大马拉小车"现象。通过计算确定出合适的电动机功率,使设备需求的功率与被选电动机的功率相接近。

(4)所选择电动机的可靠性高并且便于维护。

(5)所选择电动机的互换性能要好,一般情况尽量选择标准电动机产品。

(6)综合考虑电动机的极数和电压等级,使电动机在高效率、小损耗状态下可靠运行。

13.1.2 电动机选择的主要步骤

(1)根据生产机械性能的要求,选择电动机的种类。

(2)根据电动机和生产机械安装的位置和场所环境,选择电动机的结构和防护形式。

(3)根据电源的情况,选择电动机额定电压。

(4)根据生产机械所要求的转速以及传动设备的情况,选择电动机额定转速。

(5)根据生产机械所需要的功率和电动机的运行方式,选择电动机的额定功率(容量)。

(6)综合以上因素,根据制造厂的产品目录,选定一台合适的电动机。

13.1.3 电动机工作方式的分类

为了便于电动机的系列生产和用户的选择使用,将电动机分为以下三种工作方式(工作制)。

1. 连续工作制

连续工作制是指电动机带额定负载运行时,工作时间 t_g 很长的工作方式。连续工作制电动机使用很广泛,一般在铭牌上标注 S_1 或不标明工作制。

2. 短时工作制

短时工作制是指电动机带额定负载运行时,工作时间 t_g 很短,停止时间 t_0 很长的工作方式。短时工作制电动机在铭牌上标注 S_2。我国的短时工作制电动机的运行时间有 15 min、30 min、60 min、90 min 四种定额。

3. 断续周期工作制（周期断续工作制/重复短时工作制）

断续周期工作制是指电动机带额定负载运行时，工作时间 t_g 很短，停止时间 t_0 也很短，工作周期小于 10 min 的工作方式。

工作时间占工作周期的百分比称为负载持续率，用 $FC\%$ 表示，即

$$FC\% = \frac{\text{工作时间 } t_g}{\text{工作时间 } t_g + \text{停止时间 } t_0} \times 100\% \tag{13-1}$$

我国的断续周期工作制电动机的负载持续率有 15%、25%、40%、60% 四种定额，每一个工作周期为 10 min。

断续周期工作制电动机在铭牌上标注 S_3。要求频繁启动、制动的电动机常采用断续周期工作制电动机，如拖动电梯、起重机的电动机等。

13.2　电动机种类、结构形式、额定电压、额定转速的选择

13.2.1　电动机种类的选择

选择电动机种类的原则是在满足生产机械对过载能力、启动能力、调速性能指标及运行状态等各方面要求的前提下，优先选用结构简单、运行可靠、维修方便和价格便宜的电动机。

三相笼型异步电动机由于具有结构简单、运行可靠、维修方便和价格便宜等特点，并且采用的动力电源是很普遍的三相交流电源，被广泛应用于国民经济和日常生活的各个领域，是生产量最大、应用面最广的电动机。但它的启动和调速性能差，功率因数小。

对调速、启动性能要求不高的一般生产机械，如机床、水泵、通风机、家用电器等，应优先采用笼型异步电动机。

要求大启动转矩的生产机械，如空气压缩机、皮带运输机、纺织机等，可采用深槽或双笼型异步电动机。

要求有级调速的生产机械，如某些机床，可采用双速、三速或四速等多速笼型异步电动机。

由于绕线式异步电动机可通过转子回路限制启动电流，增大启动、制动转矩，实现一定的调速功能，启动、制动频繁且启动转矩较大并要求有一定调速的生产机械，如起重机、提升机等，可采用绕线式异步电动机。

同步电动机在运行时，可以对电网进行无功补偿，增大功率因数。因生产机械的功率较大而要求改善功率因数并且要求速度恒定的生产机械，如球磨机、破碎机、矿用通风机、空气压缩机等，可采用同步电动机。

要求启动转矩较大、启动性能好、调速范围宽、调速平滑性较好、调速精度高且准确的生产机械，如高精度数控机床、龙门刨床、造纸机、印染机等，应选用他励（复励）直流电动机。

值得注意的是，目前交流电动机变频调速技术发展很快，高性能的交流电动机变频调速系统的技术指标已接近直流电动机调速系统的水平。随着交流调速技术的不断发展，笼型异步电动机将大量用在要求无级调速的生产机械上。

13.2.2 电动机结构形式的选择

电动机的安装形式有卧式和立式两种。一般情况下用卧式,特殊情况用立式。

电动机的外壳防护形式有开启式、防护式、封闭式及防爆式等几种。

(1)开启式电动机在定子两侧与端盖上都有很大的通风口,这种电动机价格便宜、散热条件好,但容易进灰尘、水滴、铁屑等,只能在清洁、干燥的环境中使用。

(2)防护式电动机在机座下面有通风口,散热好,能防止水滴、铁屑等从上方落入电动机内,但不能防止灰尘和潮气侵入,所以,一般在比较干燥、灰尘不多、较清洁的环境中使用。

(3)封闭式电动机有自扇冷式、他扇冷式和密闭式三种:前两种形式的电动机机座及端盖上均无通风孔,外部空气不能进入电动机内部,可用在潮湿、有腐蚀性气体、灰尘多、易受风雨侵蚀等较恶劣的环境中;而外部的气体、液体都不能进入密闭式电动机内部,它一般用于在液体中工作的机械,如潜水泵等。

(4)防爆式电动机适用于有易燃、易爆气体的场所,如油库、煤气站、加油站及矿井等场所。

13.2.3 电动机额定电压的选择

电动机额定电压选择的原则应与供电电网或电源电压一致。

一般工厂、企业低压电网为 380 V。中、小型异步电动机都是低压的,额定电压为 380 V/220 V(星形/三角形连接)、220 V/380 V(三角形/星形连接)及 380 V/660 V(三角形/星形连接)三种。

高压电动机的额定电压为 3 000 V、6 000 V 甚至 10 kV。

一般情况下,电动机额定功率 P_N<100 kW,额定电压选用 380 V;P_N<200 kW,额定电压选用 380 V 或 3 000 V;P_N≥200 kW,额定电压选用 6 000 V;P_N>1 000 kW,额定电压选用 10 kV。

直流电动机的额定电压一般为 110 V、220 V、440 V,大功率电动机可增大到 600 V、800 V 甚至 1 000 V。当直流电动机由晶闸管整流电源供电时,应根据不同的整流形式选取相应的电压等级。

13.2.4 电动机额定转速的选择

就电动机本身而言,额定功率相同的电动机,额定转速越高,电动机的体积越小,质量和成本也就越低,因此选用高速电动机比较经济。但生产机械的转速有一定的要求,电动机转速越高,传动机构的传动比就越大,导致传动机构复杂,传动效率降低。所以选择电动机的额定转速时,要兼顾电动机和传动机构两方面来考虑。

对于启动、制动或反转很少,不需要调速的连续工作制的电动机,可选择相应额定转速的电动机,从而省去减速传动机构。

对于经常启动、制动和反转的生产机械,选择额定转速时则应主要考虑缩短启动、制动时间以提高生产效率。启动、制动时间的长短主要取决于电动机的飞轮矩 CD^2 和额定转速 n_N,应选择较小的飞轮矩和额定转速。

对于调速性能要求不高的生产机械,可选用多速电动机或者选择额定转速稍高于生产机械的电动机配以减速机构,也可以采用电气调速的电动机拖动系统。在可能的情况下,应优先选用电气调速方案。

对于调速性能要求较高的生产机械,应使电动机的最高转速与生产机械的最高转速相适应,直接采用电气调速。

13.3　电动机额定功率的选择

电动机额定功率(容量)的选择是选择电动机最重要的内容,选择电动机额定功率的基本方法是负载图发热校验法。这种选择方式一般按三个步骤:

第一步,计算负载功率 P_L;

第二步,根据第一步的结果,预选电动机的额定功率 P_N;

第三步,校验预选电动机的发热能力、过载能力及启动能力,直至合适为止。

13.3.1　连续工作制电动机额定功率的选择

连续工作制电动机的负载可以分为两类,即恒定负载与连续周期变化负载。负载不同,电动机额定功率的选择方法也不相同。

1.恒定负载下电动机额定功率的选择

某些生产机械,如水泵、鼓风机等一旦启动,便能在恒定负载下连续运行几个小时甚至几天,其启动时间只占整个工作时间的极少部分,启动过程的时间短、发热小,不影响稳态温升,这类生产机械适合选用连续工作制电动机来拖动。选择电动机的额定功率时,根据工作机构的静负载算出电动机轴上的静负载功率 P_L 后,可选择电动机的额定功率为

$$P_N \geqslant P_L$$

若选择电动机的额定功率与计算出的静负载功率 P_L 相同,则在标准环境下,电动机长期运行时,稳态温升等于额定温升(允许温升),电动机能得到充分利用,但是由于电动机系列产品的额定功率具有一定级差,通常难以有额定功率 P_N 等于负载功率 P_L 的产品,因此只能按 P_N 略大于 P_L 来选择电动机的额定功率。几种生产机械的静负载功率计算公式如下:

(1)工作机构做直线运动的生产机械

$$P_L = \frac{Fv}{\eta} \times 10^{-3}$$

式中　P_L——电动机轴上静负载功率,kW;

　　　F——工作机构的静阻力,N;

　　　v——工作机构的线速度,m/s;

　　　η——传动效率。

(2)工作机构做旋转运动的生产机械

$$P_L = \frac{T_N}{9\ 550n}$$

式中　T_N——工作机构的静负载转矩,N·m;

　　　n——工作机构的转速,r/min。

（3）泵类负载

$$P_L=\frac{Q\gamma H}{\eta_1\eta_2}\times10^{-3}$$

式中　Q——泵的流量，m^3/s；

　　　γ——单位体积液体所受到的重力，N/m^3，水为 9 810 N/m^3；

　　　H——馈送高度，等于吸入高度加上扬程，m；

　　　η_1——泵的效率，活塞泵为 0.8～0.9，高压离心泵为 0.5～0.8，低压离心泵为 0.3～0.5；

　　　η_2——传动效率，直接连接时为 1。

（4）鼓风机

$$P_L=\frac{Qh}{\eta_1\eta_2}\times10^{-3}$$

式中　Q——气体流量，m^3/s；

　　　h——鼓风机压力，N/m^2；

　　　η_1——鼓风机效率，大型鼓风机为 0.5～0.8，中型离心泵式鼓风机为 0.3～0.5，小型叶轮式鼓风机为 0.20～0.35；

　　　η_2——传动效率。

以上是按标准环境温度（40 ℃）来选择电动机的额定功率，当环境温度与标准温度相差较大时，应对电动机的额定功率进行修改。

设环境温度为 40 ℃时选择电动机的允许温升为 τ_{max}，额定功率为 P_N，则环境温度为 θ 时，电动机的允许温升为 $\tau_{max}+(40-\theta)$，电动机允许的输出功率为 P，它们之间的关系（推导从略）为

$$P=P_N\sqrt{1+\frac{40-\theta}{\tau_{max}}(k+1)} \tag{13-2}$$

式中　k——不变损耗（空载损耗）与额定负载下可变损耗（铜损耗）之比，$k=\dfrac{P_0}{P_{CuN}}$，其值取决于电动机结构与转速。普通用途直流电动机 $k=1.0$～1.5；起重冶金直流电动机 $k=0.5$～0.9；笼型异步电动机 $k=0.5$～0.7；起重冶金用中、小型绕线式异步电动机 $k=0.45$～0.60；起重冶金用大型绕线式异步电动机 $k=0.9$～1.0。

式（13-2）说明，当 $\theta>40$ ℃时，电动机的允许输出功率 $P<P_N$，而 $\theta<40$ ℃时，$P>P_N$。在实际工作中，当环境温度不同时，电动机的功率可以按表 13-1 进行修正。

表 13-1　　　　　　　　　　　不同环境温度下电动机功率的修正

环境温度/℃	30	35	40	45	50	55
电动机功率增减百分比/%	+8	+5	0	-5	-12.5	-25

此外，电动机工作环境的海拔高度对温升也有影响，海拔增高，虽然气温降低，但由于空气稀薄，散热条件恶化，电动机允许输出功率有所下降。电工标准规定，在海拔高度大于 1 000 m 而小于 4 000 m 时，以 1 000 m 为基础，每增高 100 m，允许温升在原有基础上下降 1%，因此电动机需降低额定功率使用。

例

一台与电动机直接连接的低压离心泵，流量为 $50\ m^3/h$，总馈送高度为 15 m，转速 $n=1\ 450\ r/min$，泵的效率为 0.4，工作环境温度不高于 30 ℃，选择拖动电动机。

解 泵类负载功率为

$$P_L = \frac{Q\gamma H}{\eta_1 \eta_2} \times 10^{-3}$$

已知 $Q=50\ m^3/h=0.013\ 9\ m^3/s$，$\gamma=9\ 810\ N/m^3$，$H=15\ m$，$\eta_1=0.4$，$\eta_2=1$，则

$$P_L = \frac{0.013\ 9 \times 9\ 810 \times 15}{0.4 \times 1} \times 10^{-3} = 5.11\ kW$$

泵类负载应选用封闭自扇冷式 Y 系列电动机，由于 $n=1\ 450\ r/min$，需采用 4 极笼型异步电动机，查产品目录有表 13-2 所列的几种。

表 13-2 几种 4 极笼型异步电动机

型 号	P_N/kW	U_N/V	I_N/A	$n_N/(r \cdot min^{-1})$
Y112M-4	4.0	380	8.8	1 440
Y132S-4	5.5	380	11.6	1 440
Y132M-4	7.5	380	15.4	1 440

因为是连续工作制，按 $P_N=5.5\ kW$，$n_N=1\ 440\ r/min$（虽略低于负载转速，但实际上，由于 $P_L<P_N$ 时，$n>n_N$，转速不会相差多少）选择。

当环境温度按 30 ℃计时，电动机的功率应进行修正。

取 $k=0.6$，电动机为 B 级绝缘，$\tau_{max}=90\ ℃$，则由式（13-2）得

$$P = P_N \sqrt{1 + \frac{40-30}{90}(0.6+1)} = 1.085 P_N$$

当电动机的额定功率提高 8.5% 时，如改选 Y112M-4 型电动机，其 P_N 为 4.0 kW，修正后为 $P=1.085 \times 4.0 = 4.34\ kW$，仍低于负载的机械功率 P_L，故不可选用，只可选用 Y132S-4 型。

2. 连续周期变化负载下电动机额定功率的选择

在连续周期变化负载下，一般选用连续工作制电动机。由于负载是变化的，选择电动机时，既不能按最小负载功率来选，也不能按最大负载功率来选，否则所选电动机在实际工作时不是过载就是轻载。

当负载周期性变化时，负载功率随时间变化关系为 $P_L=f(t)$，称为负载图。电动机的温升在经过若干工作周期后，也在一个小范围内周期变化。如图 13-1 所示，电动机的损耗 ΔP 也代表负载功率，变化周期为 t_z，它包含四段工作时间 t_1、t_2、t_3、t_4。

连续周期变化负载下电动机额定功率选择的一般步骤：

(1)计算并绘制生产机械负载图 $P_L=f(t)$。

(2)求出平均负载功率，即

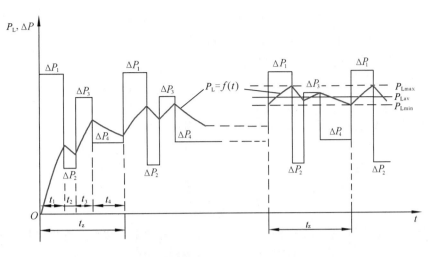

图 13-1 连续周期变化负载下电动机的损耗及温升曲线

$$P_{\text{Ld}} = \frac{P_{\text{L1}}t_1 + P_{\text{L2}}t_2 + \cdots}{t_1 + t_2 + \cdots} = \frac{\sum\limits_{i=1}^{n} P_{\text{L}i}t_i}{t_z}$$

式中 $P_{\text{L}i}$——第 i 段工作时间 t_i 的负载功率。

（3）按 $P_{\text{N}} = (1.1 \sim 1.6) P_{\text{Ld}}$ 预选电动机的额定功率，若工作周期内，负载功率大的时间较多，则应选择较大倍率。

（4）校验所选电动机的温升。

（5）校验所选电动机的过载能力，必要时还要校核启动能力。

（6）当温升和过载能力有一项通不过时，须重选电动机，再进行校验，直至合适为止。

校验电动机发热的方法有平均损耗法和等效法，等效法又包含等效电流法、等效转矩法和等效功率法。

（1）平均损耗法

平均损耗法适用于工作周期内电动机的温升波动不大的情况，国家标准规定，负载变化周期 $t_z \leqslant 10 \text{ min}$ 时，其工作时间远小于发热时间常数，电动机的最高温升 $\tau_{\max}$ 与最低温升 $\tau_{\min}$ 相差不大，可以用平均温升 τ_{d} 来代替最高温升。因此可用平均损耗 ΔP_{d} 来校核发热。平均损耗可计算为

$$\Delta P_{\text{d}} = \frac{\Delta P_1 t_1 + \Delta P_2 t_2 + \cdots}{t_1 + t_2 + \cdots} = \frac{\sum\limits_{i=1}^{n} \Delta P_i t_i}{t_z} \tag{13-3}$$

计算出平均损耗后，满足电动机发热的条件为

$$\Delta P_{\text{d}} \leqslant \Delta P_{\text{N}}$$

式中 ΔP_{N}——所选电动机的额定损耗。

平均损耗法适用于任何类型的电动机。

（2）等效电流法

等效电流法是以一个等效的恒值电流 I_{dx} 来代替变动负载下的变化电流 I_i，使两者产生的损耗相同，电动机的发热也相同。

电动机的损耗分为不变损耗和可变损耗两大类，可变损耗就是铜损耗，它与电流的平方成正比，则有

$$\Delta P = P_0 + P_{Cu} = P_0 + CI^2 \tag{13-4}$$

式中　C——由绕组电阻和电路形式所决定的常数。

将式(13-4)代入式(13-3)可得平均损耗为

$$\Delta P_d = \frac{1}{t_z} \sum_{i=1}^{n} (P_0 + CI_i^2) t_i = P_0 + \frac{C}{t_z} \sum_{i=1}^{n} I_i^2 t_i$$

在恒定的等效电流 I_{dx} 下,若产生相同的平均损耗,则

$$\Delta P_d = P_0 + CI_{dx}^2$$

以上两式相等,便得

$$I_{dx} = \sqrt{\frac{1}{t_z} \sum_{i=1}^{n} I_i^2 t_i} \tag{13-5}$$

对于预选的电动机,满足发热的条件为 $I_{dx} \leqslant I_N$。等效电流法是在平均损耗法基础上导出的,应用时比平均损耗法方便,但应满足以下应用条件:

①工作周期 $t_z \leqslant T$ 或 $t_z \leqslant 10$ min。

②空载损耗 P_0 不变。

③与绕组有关的常数 C 不变。

对于深槽式和双笼型异步电动机,在经常启动、制动和反转时,电阻与铁损耗都有变化,不能用等效电流法,只能用平均损耗法来校核。

(3)等效转矩法

等效转矩法是由等效电流法导出来的。有时我们已知的不是负载电流,而是负载转矩,由于在直流电动机磁通恒定或异步电动机的磁通和功率因数不变时,电动机的转矩与电流成正比,因此可以在式(13-5)中用转矩来代替电流,即得等效转矩的计算式

$$T_{dx} = \sqrt{\frac{1}{t_z} \sum_{i=1}^{n} T_i^2 t_i} \tag{13-6}$$

根据拖动系统的运动方程可知,电动机的输出转矩等于负载转矩加上动态转矩 $\frac{GD^2}{375} \cdot \frac{dn}{dt}$,因此应用等效转矩法时,先作生产机械负载转矩图,$T_L = f(t)$,然后叠加动态转矩,得电动机的转矩图,$T_i = f(t_i)$,再由式(13-6)计算等效转矩,对于预选的电动机,满足发热的条件是

$$T_{dx} \leqslant T_N$$

式中　T_N——所选电动机的额定转矩。

等效转矩法除要满足等效电流的应用条件外,还应满足转矩与电流成正比的条件,因此对于串励直流电动机和频繁启动、制动的异步电动机均不适用。

他励直流电动机改变磁通调速时,如在工作周期内,只有一段时间是弱磁,其余各段都为额定磁通,这种情况原则上只能用等效电流法,而不采用等效转矩法。如要用等效转矩法,则可把这一段弱磁的转矩向额定磁通时折算,折算关系为

$$T_i' = T_i \frac{\Phi_N}{\Phi}$$

式中　T_i'——折算后转矩;

　　　T_i——弱磁转矩;

　　　Φ——弱磁磁通。

当一个周期内同时包括启动、制动、停止等过程时,如果采用自冷式电动机,散热条件将变差,实际温升会高些,这时应将平均损耗、等效电流、等效转矩、等效功率相应提高。

$$T_{dx} = \sqrt{\frac{\sum_{i=1}^{n} T_i^2 t_i}{\alpha t_s + t_c + \alpha t_r + \beta t_0}} \tag{13-7}$$

式中 t_s ——启动时间;

t_c ——恒速运行时间;

t_r ——制动时间;

t_0 ——停止时间;

系数 α、β 因电动机而异:直流电动机 $\alpha=0.75$,$\beta=0.5$;异步电动机 $\alpha=0.5$,$\beta=0.25$。

(4)等效功率法

当电动机在工作期间转速基本不变时,其输出功率近似与转矩成正比,可以用功率来代替式(13-6)中的转矩,得到等效功率

$$P_{dx} = \sqrt{\frac{1}{t_z} \sum_{i=1}^{n} P_i^2 t_i}$$

对于预选电动机,满足发热的条件为

$$P_{dx} \leqslant P_N$$

应用等效功率法除要满足等效转矩法的条件外,还须满足转速基本不变的条件。当环境温度不是标准温度时,电动机的额定功率须在进行修正后,再校验发热。电动机在启动、向下调速、制动阶段运行时,转速是变化的,不宜采用等效功率法,必须对功率进行修正,即

$$P_i' = P_i \frac{n_N}{n} \tag{13-8}$$

例 某生产机械采用 4 极绕线式异步电动机拖动。已知其典型转矩曲线共分为五段,各段的转矩分别为 200 N·m,120 N·m,100 N·m,−100 N·m,0 N·m,各段时间分别为 6 s,40 s,50 s,10 s,20 s,其中第一段是启动,第四段是制动,第五段是停止,周期运行。选择合适的电动机。

解 采用电气启动和制动的绕线式异步电动机,可认为转矩近似与电流成正比,这样可采用等效转矩法。因为启动、制动、停止时散热变差,应采用式(13-6)计算等效转矩,并取 $\alpha=0.5$,$\beta=0.25$。则

$$
\begin{aligned}
T_{dx} &= \sqrt{\frac{T_1^2 t_1 + T_2^2 t_2 + T_3^2 t_3 + T_4^2 t_4}{\alpha t_s + t_c + \alpha t_r + \beta t_0}} \\
&= \sqrt{\frac{200^2 \times 6 + 120^2 \times 40 + 100^2 \times 50 + (-100)^2 \times 10}{0.5 \times 6 + (40+50) + 0.5 \times 10 + 0.25 \times 20}} \\
&= \sqrt{\frac{1\,416\,000}{103}} \\
&\approx 117.25 \text{ N·m}
\end{aligned}
$$

在电动机产品目录中查得接近的小型 4 极绕线式异步电动机数据,并计算出额定转矩,见表 13-3。

表 13-3		小型 4 极绕线式异步电动机数据		
型 号	额定功率/kW	额定转速/(r·min⁻¹)	过载能力 λ_m	额定转矩/(N·m)
YR180L-4	15.6	1 465	3.0	101.69
YR200L$_1$-4	18.5	1 465	3.0	120.60
YR200L$_2$-4	22.0	1 465	3.0	143.41

显然应选 YR200L$_1$-4 型 18.5 kW 的电动机。校核其过载能力,考虑到电网电压可能减小 10%,而最大转矩与电压的平方成正比,则最小临界转矩为

$$T_m = 0.9^2 \lambda_m T_N = 0.9^2 \times 3 \times 120.60 = 293.05 \text{ N·m}$$

T_m 大于最大负载转矩,过载能力校核通过,所选电动机合适。本例中电动机的转矩为已知,因而可直接用等效转矩法来选择电动机的额定功率。若只知负载的转矩曲线,则必须预选电动机,再计算电动机的转矩曲线,难度要大一些。

13.3.2 短时工作制电动机额定功率的选择

短时工作制下,可选用连续工作制的电动机,也可选用专为短时工作制而设计的电动机,甚至还可选用为断续周期工作制而设计的电动机。

1. 选用连续工作制电动机

短时负载功率为 P_g,工作时间为 t_g。在选用连续工作制电动机拖动时,若仍按 $P_N \geqslant P_g$ 选择电动机的额定功率,显然在 $t = t_g$ 时,电动机的实际温升 $\tau_m < \tau_{max}$,电动机不能充分利用。因此,应选择电动机的额定功率 P_N 比 P_g 小,实际达到的最高温升 τ_m 等于(或接近于)电动机连续运行的稳态温升(允许温升)τ_{max},即 $\tau_m = \tau_{max}$,则

$$\tau_m = \frac{\Delta P_g}{A}[1 - \exp(-t_g/T)] = \tau_{max} = \frac{\Delta P_N}{A} \tag{13-9}$$

式中 ΔP_g——功率为 P_g 时的损耗;

ΔP_N——功率为 P_N 时的损耗。

式(13-9)可变为

$$\Delta P_N = \Delta P_g[1 - \exp(-t_g/T)]$$

再进行化简处理(推导从略)可得

$$P_N = P_g \sqrt{\frac{1 - \exp(-t_g/T)}{1 - K\exp(-t_g/T)}}$$

或 $$\lambda_\theta = \frac{P_g}{P_N} = \sqrt{\frac{1 - K\exp(-t_g/T)}{1 - \exp(-t_g/T)}} \tag{13-10}$$

式中 λ_θ——按发热观点得出的功率过载倍数。

根据式(13-10)计算出 λ_θ,然后按 $P_N = P_g/\lambda_\theta$ 选择连续工作制电动机的额定功率,电动机可得到充分利用,也满足发热的条件

应用式(13-10)时,需要注意的是,若 λ_θ 大于电动机的过载倍数 λ_m,则过载能力不能通过,

此时应按 $P_N \geqslant \dfrac{P_g}{0.81\lambda_m}$（0.81 为考虑电网电压向下波动 10% 确定的系数）选择连续工作制电动机的额定功率,同时应考虑电网电压波动。

电动机的过载能力满足要求时,一般发热也能通过,不必再进行发热校核,但对于笼型异步电动机,因为启动转矩一定,且比较小,还必须进行启动能力校核。

例　一台大型车床的刀架快速移动机构,其拖动电动机为短时工作制,刀架重 5 340 N,移动速度为 15 m/min,最大移动距离为 10 m,传动机构速比为 100 r/m,动摩擦因数为 0.1,静摩擦因数为 0.2,传动效率为 0.1。选择电动机的额定功率。

解　刀架行走时,电动机的负载功率 $P_L = f(t)$ 为

$$P_L = \frac{\mu G v}{\eta} \times 10^{-3} = \frac{0.1 \times 5\,340 \times 15}{60 \times 0.1} \times 10^{-3} = 1.335 \text{ kW}$$

该机构最长工作时间为

$$t_g = \frac{10}{15} \approx 0.667 \text{ min}$$

因 $t_g \leqslant T$,因此按电动机的过载能力选择额定功率。

电动机的转速应为

$$n = 100 \times 15 = 1\,500 \text{ r/min}$$

从产品目录查得数据接近的电动机为 Y90S-4 型,其额定功率为 1.1 kW,过载倍数为 2.2,启动转矩倍数为 2.2。

按过载能力选择电动机的功率,这里 $P_g = P_L$。

$$P_N \geqslant \frac{P_g}{0.81\lambda_m} = \frac{1.335}{0.81 \times 2.2} \approx 0.749 \text{ kW}$$

初选电动机的过载能力能通过,但由于机构的静摩擦因数为动摩擦因数的 2 倍,还要校验启动能力。

启动时负载功率为

$$P_{Lst} = 2P_L = 2 \times 1.335 = 2.67 \text{ kW}$$

启动时电动机最大功率为

$$P_{st} = 2.2P_N = 2.2 \times 1.1 = 2.42 \text{ kW}$$

由于 $P_{Lst} > P_{st}$,启动能力检验不能通过。改选额定功率大一级的 Y90L-4 型电动机,额定功率 1.5 kW,过载倍数仍为 2.2,启动转矩倍数为 2.2,额定转速 1 400 r/min,这台电动机的启动功率为

$$P_{st} = 2.2P_N = 2.2 \times 1.5 = 3.3 \text{ kW}$$

满足 $P_{Lst} < P_{st}$,重选电动机校验通过。

---

2. 选用短时工作制电动机

选用连续工作制电动机时,由于实际工作时间短,而以其过载能力来选择电动机的额定功率,在发热上是浪费的。而专为短时工作制设计的电动机,过载能力大。按国家标准,短时工作时间有 15 min、30 min、60 min、90 min 四种。同一台电动机,对应不同的工作时间,其额定功率也不同,关系为 $P_{15} > P_{30} > P_{60} > P_{90}$,过载能力也不同,关系为 $\lambda_{15} < \lambda_{30} < \lambda_{60} < \lambda_{90}$。一般在电动机的铭牌上标的是小时功率,即 P_{60}。

当实际工作时间等于标准工作时间时,可直接按负载功率来选择电动机的功率。若是变化负载,可按算出的等效功率选择电动机,但应校验过载能力和启动能力(笼型异步电动机)。

当电动机的实际工作时间 t_{gx} 与标准时间 t_{gN} 不同时,应将 t_{gx} 的功率 P_{gx} 折算到 t_{gN} 的功率 P_{gN},然后按 P_{gN} 来选择电动机的额定功率。折算仍按损耗相等、发热相同的原则,即

$$\Delta P_{gx} t_{gx} = \Delta P_{gN} t_{gN}$$

设电动机的不变损耗与可变损耗之比 $k = P_0 / P_{CuN}$,则

$$\Delta P_{gx} = P_0 + P_{Cux}$$

$$= P_{CuN}(k + \frac{P_{Cux}}{P_{CuN}})$$

$$= P_{CuN}(k + \frac{I_{gx}^2}{I_{gN}^2})$$

$$= P_{CuN}(k + \frac{P_{gx}^2}{P_{gN}^2})$$

$$\Delta P_{gN} = P_0 + P_{CuN} = P_{CuN}(k+1)$$

即

$$(k + \frac{P_{gx}^2}{P_{gN}^2}) t_{gx} = (k+1) t_{gN}$$

可解得

$$P_{gN} = \frac{P_{gx}}{\sqrt{t_{gN}/t_{gx} + k(t_{gN}/t_{gx} - 1)}} \tag{13-11}$$

当 $t_{gx} \approx t_{gN}$ 时,式(13-11)为

$$P_{gN} = P_{gx} \sqrt{\frac{t_{gx}}{t_{gN}}} \tag{13-12}$$

进行折算时,应取 t_{gx} 与 t_{gN} 最近的值。

如果没有合适的专为短时工作制设计的电动机,可选用下面即将介绍的专为断续周期工作制设计的电动机,其对应关系为:$t_g = 30$ min 相当于 $FC\% = 15\%$;$t_g = 60$ min 相当于 $FC\% = 25\%$;$t_g = 90$ min 相当于 $FC\% = 40\%$。

13.3.3 断续周期工作制电动机额定功率的选择

按标准规定,断续周期工作制每个工作周期不超过 10 min,其中包括启动、运行、制动、停歇各阶段。普通电动机往往不允许这样频繁启动、制动工作,因此,专为这种工作制设计了断续周期工作制的电动机。这类电动机的基本特点:启动能力强,过载能力大,机械强度大,惯性小,绝缘材料等级高,临界转差率 s_m 较大(机械特性较软),功率略低于普通电动机。同一台断续周期工作制电动机在不同的负载持续率 $FC\%$ 下工作时,其额定输出功率不同,$FC\%$ 越小,则额定功率越大,额定转矩越大。但由于最大转矩是一定的,因此 $FC\%$ 越小,过载能力越低。

实际的负载持续率等于标准值时,可以按产品目录直接选用合适的断续周期工作制电动机。如在工作时间内负载是变化的,则与连续工作制变化负载下额定功率的选择一样,在计算

负载功率后作出生产机械的负载图，初步确定负载持续率 $FC\%$，先预选电动机，然后按平均损耗法或等效法校验其温升，必要时还要计算启动能力和过载能力，但不包含停歇时间，因为它已经在 $FC\%$ 值里考虑了。此外，对自冷式电动机，在启动、制动时散热条件变差，在计算 $FC\%$ 值时可以考虑计算为

$$FC\% = \frac{t_1 + t_2 + t_3}{\alpha t_1 + t_2 + \alpha t_3 + t_0} \times 100\%$$

式中 α——直流电动机取 0.75，异步电动机取 0.5；

     t_1——启动时间；

     t_2——稳定运行时间；

     t_3——制动时间；

     t_0——停止时间。

当电动机实际工作的负载持续率 $FC_x\%$ 下功率为 P_x 时，须换算成标准 $FC\%$ 下的功率 P_N，再选择电动机和校验发热。换算方法与短时工作制相似，即实际工作的 $FC_x\%$ 与标准 $FC\%$ 下损耗相等、发热相同，因此有

$$\Delta P_x FC_x\% = \Delta P_N FC\%$$

即

$$(P_0 + P_{CuN}\frac{P_x^2}{P_N^2})FC_x\% = (P_0 + P_{CuN})FC\%$$

$$(k + \frac{P_x^2}{P_N^2})FC_x\% = (k+1)FC\%$$

可解得

$$P_N = \frac{P_x}{\sqrt{FC\%/FC_x\% + k(FC\%/FC_x\% - 1)}}$$

当式中 $FC_x\%$ 与 $FC\%$ 相差不大时，$k(FC\%/FC_x\% - 1)$ 很小，可以忽略不计，可得较简便的换算公式为

$$P_N = P_x\sqrt{\frac{FC_x\%}{FC\%}}$$

应用时，应将 $FC_x\%$ 向最接近的 $FC\%$ 值进行换算。

如果负载持续率 $FC_x\% < 10\%$，可按短时工作制选择电动机；如果 $FC_x\% > 70\%$，可按连续工作制（$FC\% = 100\%$）选择电动机。

> **例** 一台断续周期工作制电动机的功率负载曲线如图 13-2 所示，若选用 YZR180L-6 型绕线式异步电动机，在负载持续率为 $FC\% = 25\%$ 时，额定功率 $P_N = 17$ kW，额定转速 n_N，过载倍数 $\lambda_m = 3$，若电动机为他扇冷式，采用机械制动，在不同输出功率时，其功率因数不变，校验该电动机是否适用。

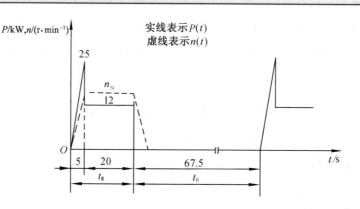

图 13-2　一台断续周期工作制电动机的功率负载曲线

解　由于第一阶段转速是变化的，不能直接用等效功率法进行发热校验，须进行修正

$$P' = P \frac{n_N}{n} = 25 \frac{n_N}{n} = 25 \text{ kW}$$

因为是他扇冷式，在启动、制动过程中散热能力不变，又因采用机械制动，制动过程电动机的电源被断开，则工作期间电动机的等效功率为

$$P_x = \sqrt{\frac{25^2 \times 5 + 12^2 \times 20}{5 + 20}} \approx 15.50 \text{ kW}$$

实际负载持续率为

$$FC_x\% = \frac{5 + 20}{5 + 20 + 67.5} \approx 27\%$$

换算到标准负载持续率时的等效功率为

$$P = P_x \sqrt{\frac{FC_x\%}{FC\%}} = 15.50 \sqrt{\frac{27}{25}} \approx 16.11 \text{ kW}$$

电动机的额定功率 17 kW，发热校验通过。

再校核过载能力，电动机短时允许输出的最大功率为

$$P_{max} = 0.9^2 \lambda_m P_N = 0.9^2 \times 3 \times 17 = 41.31 \text{ kW}$$

$P_{max} > 25$ kW，因此过载能力校验也通过，所选电动机合适。

13.3.4　统计法选择电动机的额定功率

前面我们以电动机的发热理论为基础，介绍了电动机额定功率选择的原则和基本方法，即负载图发热校验法。这种方法虽然准确性高，但是比较复杂，它需要根据生产机械的静负载图来预选电动机，并作出电动机的负载图，然后用平均损耗法或等效法校验电动机的发热。如预选电动机的发热校验通不过，还得重选。特别是当生产工艺复杂时，原始数据往往不足或不准确，不易绘出切合实际的负载图，采用以上方法更为不便。因此，在工程实践中，通过对同类生产机械所选用的电动机额定功率进行统计和分析，获得该类生产机械的拖动电动机与该生

产机械主要参数之间的关系,再根据我国的实际情况,定出相应的指数,从而得出相应的电动机额定功率的计算公式,这种方法就是统计法。

我国机床制造工业应用统计法得出几种常用机床的主要拖动电动机额定功率的计算公式,见表13-4。

表 13-4　　　　几种常用机床的主要拖动电动机额定功率的计算公式

机床名称	拖动电动机额定功率/kW	符号说明
车床	$P = 36.5D^{1.54}$	D 为加工工件的最大直径(m)
立式车床	$P = 20D^{0.88}$	D 为加工工件的最大直径(m)
摇臂钻床	$P = 0.064\,6D^{1.19}$	D 为最大钻孔直径(mm)
外圆镗床	$P = 0.097KB$	B 为砂轮宽度(mm) K 为系数,采用滚动轴承 $K = 0.8 \sim 1.1$,采用滑动轴承 $K = 1.0 \sim 1.3$
卧式镗床	$P = 0.004D^{1.7}$	D 为镗杆直径(mm)
龙门铣床	$P = \dfrac{B^{1.15}}{166}$	B 为工作台宽度(mm)

由于统计法是从同类型生产机械得出的计算公式,不适用于不同类型的生产机械,因此局限性很大。

思考与练习

13-1　电力拖动系统中电动机的选择包括哪些具体内容?

13-2　电动机的输出功率、损耗、温升和温度之间有什么关系?

13-3　电动机的温升与哪些因素有关? 允许温升的高低取决于什么? 影响绝缘材料寿命的是温升还是温度?

13-4　电动机的发热和冷却各按什么规律变化?

13-5　选择电动机的额定功率时,应考虑哪些因素?

13-6　电动机的三种工作制各有何特点? 电动机实际运行时工作制与铭牌上标明的工作制可能有哪些区别?

13-7　选择电动机的额定功率时,一般对哪些方面进行校核?

13-8　电动机的额定功率是根据什么确定的? 当环境温度长期偏离标准环境温度 40 ℃ 时,电动机的额定功率应如何修正?

13-9　叙述连续工作制电动机额定功率选择的基本方法和步骤。

电机与拖动技术（基础篇）

自测题

一、填空题

1.选择电动机的原则是（　　　）、（　　　）、（　　　）和（　　　）。

2.连续周期变化负载下，电动机额定功率选择的步骤为（　　　）、（　　　）、（　　　）、（　　　）、（　　　）。

3.电动机的损耗分为（　　　）和（　　　）两大类。

4.校验电动机发热的方法有（　　　）和（　　　）。

5.按国家标准，短时工作时间有（　　　）、（　　　）、（　　　）、（　　　）。

6.按规定，断续周期工作制每个周期不超过（　　　）min。

7.工作周期包括（　　　）、（　　　）、（　　　）、（　　　）各阶段。

8.等效电流法以一个等效的（　　　）来代替变化负载下的（　　　），使两者产生的（　　　）相同，电动机的（　　　）相同。

9.断续周期工作制电动机的基本特点是（　　　）、（　　　）、（　　　）、（　　　）、（　　　）、（　　　）。

二、选择题

1.电动机的可变损耗与（　　）平方成正比。

A.电压　　　　　B.电流　　　　　C.功率　　　　　D.磁通

2.平均损耗法适用于工作周期内电动机的温升波动（　　）的情况。

A.很大　　　　　B.较大　　　　　C.较小　　　　　D.一般

3.当电动机在工作期间转速基本不变时，其输出功率近似与（　　）成正比。

A.电压　　　　　B.电流　　　　　C.转矩　　　　　D.时间

4.一台电动机选择合理，维护保养得当，可以使用（　　）年以上。

A.5　　　　　　　B.10　　　　　　C.15　　　　　　D.20

5.在一定功率时，电动机的额定转速越高，其（　　）越小。

A.体积　　　　　B.重量　　　　　C.频率　　　　　D.飞轮矩

三、简答题

1.比较等效电流法、等效转矩法、等效功率法及平均损耗法的共同点和不同点，它们分别适用于何种情况？

2.一台离心泵，额定流量为 720 m^3/h，扬程为 21 m，额定转速为 1 000 r/min，水泵效率为 0.78，水的密度为 1 000 kg/m^3，传动效率为 0.98，电动机与离心泵同轴连接。现有一台三相异步电动机，其额定功率为 55 kW，定子电压为 380 V，额定转速为 980 r/min，是否可以用？

3.一台电动机，额定功率为 10 kW，在标准环境温度 40 ℃下，允许温升为 90 ℃，若可变损耗为总损耗的 50%，求在以下环境温度下，电动机的允许输出功率应如何调整：

(1)环境温度为 50 ℃；

(2)环境温度为 20 ℃。

四、计算题

1.拖动某龙门刨床工作台的直流电动机数据如下：ZDB-93 型，P_N＝60 kW，U_N＝220 V，I_N＝305 A，n_N＝1 000 r/min，允许过载倍数 λ_m＝2，有通风机强迫通风。加工一种典型工件时，电动机连续周期性工作,负载图如图 13-3 所示,图中有关数据见表 13-5,校验电动机在标准环境温度下的发热和过载能力。

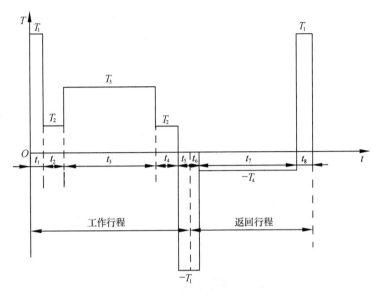

图 13-3　计算题 1 图

表 13-5　　　　　　　　　　　　　　　　计算题 1 数据

工作情况	启动制动				空行程		切削加工	空载返回
转矩/(N·m)	T_1				T_2		T_3	T_4
	1 145				155		600	155
时间/s	t_1	t_5	t_6	t_8	t_2	t_4	t_3	t_7
	0.15	0.12	0.23	0.18	0.54	0.54	9.6	6.5

2. 一台 35 kW、30 min 的短时工作制电动机突然发生故障。现有一台同类型的 20 kW 连续工作制电动机,已知其发热时间常数为 90 min,不变损耗与额定可变损耗之比为 0.7,短时过载能力 $\lambda_m = 2$,则这台电动机能否临时代用?

3. 需要一台电动机来拖动 35 kW、30 min 的短时工作负载,负载功率 20 kW,现有下列两台电动机可供选用:

(1)$P_N = 10$ kW,$n_N = 1$ 460 r/min,$\lambda_m = 2.5$,启动转矩倍数 $k_m = 2$;

(2)$P_N = 14$ kW,$n_N = 1$ 460 r/min,$\lambda_m = 2.8$,启动转矩倍数 $k_m = 2$。

若温升无问题,校验启动和过载能力,决定哪一台电动机适用(校验时应考虑电网电压可能减小 10%)。

参 考 文 献

[1]许晓峰.电机及拖动[M].4版.北京:高等教育出版社,2014.

[2]李光中,周定颐.电机及电力拖动 [M].4版.北京:机械工业出版社,2013.

[3]吴浩烈.电机及拖动基础[M].4版.重庆:重庆大学出版社,2014.

[4]胡幸鸣.电机及拖动基础[M].3版.北京:机械工业出版社,2014.

[7]王广惠,王铁光,李树元.电机与拖动[M].2版.北京:中国电力出版社,2007.

[8]王勇.电机及电力拖动[M].北京:中国农业出版社,2004.

[9]牛永奎,张晶.电机与拖动[M].北京:清华大学出版社;北京交通大学出版社,2007.

[5]王桂英,贾兰英.电机与拖动[M].沈阳:东北大学出版社,2004.

[6]诸葛致.电机及电力拖动[M].重庆:重庆大学出版社,2011.

[10]王石莉,张卫华.电机与拖动技术基础[M].北京:北京航空航天大学出版社,2012

[11]应崇实.电机及拖动基础[M]北京:机械工业出版社,2004.

[12]张曙光.电机与拖动[M].北京:中国农业出版社,2014.

[13]林瑞光.电机与拖动基础[M].3版.杭州:浙江大学出版社,2012.